まえがき

電磁気学は，電気系技術者にとって，その基礎となる科目と位置付けられる。しかしながら，その記述にベクトル解析などの数学が多用されるために，とかく敬遠されがちな科目である。このため，イメージ重視の教科書が数多く出版されている。物理的にどのような現象であるのかを理解するためには，まずイメージを描くことが重要であり，それが読者・学生の強い要望となっている。ところが，演習問題や現実の問題に直面すると，何も先に進めないのも事実である。教科書に記述されている内容を覚え，イメージを構築したつもりになったにもかかわらず，応用する際に必要となる手がかりを探せないようである。その手がかりを与えるのが，手段としての数学であると著者は考えている。式の導出の過程を系統的に丁寧に追うことにより，式の意味するところが理解できるようになる。演習を積み重ねることで，やがては自分で定式化ができるようになる。このため，本書では，あえて他の教科書より式を多用し，式で説明できる事柄は式を利用するという立場をとっている。

電磁気学には，数学と物理の橋渡しをするさまざまなテクニックが登場する。本書では，それらのテクニックを紹介し，式を独力でトレースできるように配慮している。さらに，与えられた手順どおりに計算を進めれば，多少計算が面倒かもしれないが，最終的に答えが出てくるようにも配慮している。特に，付録 C. に本書で利用する積分公式を載せたので，必要に応じて参照してほしい。また，手順や具体的な解答例だけではなく，それを一般化した結果も示してある。一般化することで，より高い視点から問題を考えることができ，つぎの展開を見通すことができるからである。

本書は，筆者が電磁気学の講義と演習を担当することになった 1999 年以来，講義終了後に実施してきた「Q&A の質問票」に寄せられた疑問，質問，感想を基にまとめた講義ノートがベースとなっている。「過去の Q&A から」は 10 年間にわたって蓄積した Q&A データの中から選んである。Q&A データの一部は本文にも取り込まれており，まさに本書は電磁気学を受講した学生との共同作業の成果といっても過言ではない。

紙面の都合で，勾配，発散，回転のベクトル微分演算子，線積分，面積分，体積分の扱い方，ガウスの発散定理，ストークスの定理などのベクトル解析に関して十分に記述できなかった。先に述べたように，ベクトル解析は電磁気学を記述するための数学的手段であり，その習得なしに電磁気学の理解を深めることは難しい。その意味で，電磁気学を学習する際には，ベクトル解析の教科書を一冊手元に置くことを勧めたい。本書と同じ趣旨で記述された教科書として，拙著「要点がわかるベクトル解析」（コロナ社）をあげておく。さらに，章末問題の解答についても巻末に略解を記載するにとどめた。解答例はコロナ社のホームページ http://www.coronasha.co.jp/ の本書関連ページからダウンロードできる。同ページから本書の書名をキーワード検索してほしい。

電磁気学は先生の数だけ教え方がある。学会でお会いする先生の言葉である。電磁気学の理論が確立してから 1 世紀以上経過したのにもかかわらず，その深遠さ故ということであろうか。ともあれ，著者の浅学非才により十分に記述できていないところが多々あると思われる。忌憚のないご意見やご批判をお寄せいただければ幸いである。

最後に，本書の執筆をお勧めいただいた新潟大学 山口芳雄教授に感謝申し上げます。また，執筆にあたり有益なご意見をいただいた新潟大学 山田寛喜教授に感謝申し上げます。本書の出版にあたって，お世話になったコロナ社に感謝の意を表します。誤字脱字のチェックなどに協力してくれた，研究室の大学院生，学部生に謝意を表します。

2009 年 3 月

石井　望

目　　　次

1.　ベクトルと座標系

2.　クーロンの法則

3. ガウスの法則

4. 電　　位

5.　導体・誘電体・静電容量

6.　電 流 と 抵 抗

7.　定 常 磁 界

8.　電磁力・磁性体・インダクタンス

9.　時間変化する電磁界

10.　一様平面波の初歩

1 ベクトルと座標系

ベクトル量である電界および磁界を記述するためには，ベクトルならびに座標系に関する知識が必要である。本章では，ベクトルの内積および外積について復習するとともに，直角座標系，円筒座標系，球座標系について整理し，これらの座標系における線素・面素・体積素についてまとめる。

1.1 ベクトル

点電荷による電界はクーロンの法則で与えられる。高校の段階では，電界の大きさは数学的に記述されたが，その向きは言葉や図を使って表現されるにとどまっていた。本書では，電界を大きさと向きを合わせ持つベクトルとして数学的に扱う。すなわち，単位ベクトルをスカラー倍したり，ベクトルを成分表示したりする。

（1） **スカラーとベクトル**　長さ，質量，時間，温度，エネルギーなど，大きさを指定すれば決まる量を**スカラー**（scalar）という。これに対して，力，速度，加速度，電界，磁界など，大きさと向きを指定すれば決まる量を**ベクトル**（vector）といい，矢印付きの線分（有向線分）で表示する。

（2） **ベクトルの表記**　ベクトルは $\boldsymbol{A}, \boldsymbol{B}, \boldsymbol{C}, \boldsymbol{a}, \boldsymbol{b}, \boldsymbol{c}$ のように太字で表記する。手書きの場合は，$\mathbb{A}$, $\mathbb{B}$, $\mathbb{C}$ のように文字の一部を二重化して表記する。ベクトル $\boldsymbol{A}$ の大きさは，絶対値記号を用いて $|\boldsymbol{A}|$ と表記する。また，混乱が生じない範囲で，A のように細字で表記しても構わない。

（3） **基本ベクトル**　直角座標系の場合，x, y, z 軸の正の方向を向いた大きさ1のベクトルを**基本ベクトル**（base vector）といい，$\boldsymbol{a}_x, \boldsymbol{a}_y, \boldsymbol{a}_z$ で表す。

（4）ベクトルの成分表示　　図**1.1**の $\overrightarrow{\mathrm{OP}}$ を表すベクトル $\boldsymbol{A}$ は

$$\boldsymbol{A} = \overrightarrow{\mathrm{OP}} = \overrightarrow{\mathrm{OQ}} + \overrightarrow{\mathrm{OR}} + \overrightarrow{\mathrm{OS}} = A_x\boldsymbol{a}_x + A_y\boldsymbol{a}_y + A_z\boldsymbol{a}_z \tag{1.1}$$

と表現できる。A_x, A_y, A_z をベクトル $\boldsymbol{A}$ の x, y, z 成分という。ベクトル $\boldsymbol{A}$ の大きさを成分 A_x, A_y, A_z で表すと

$$|\boldsymbol{A}| = \overline{\mathrm{OP}} = \sqrt{\overline{\mathrm{OQ}}^2 + \overline{\mathrm{OR}}^2 + \overline{\mathrm{OS}}^2} = \sqrt{A_x^2 + A_y^2 + A_z^2} \tag{1.2}$$

と与えられる。

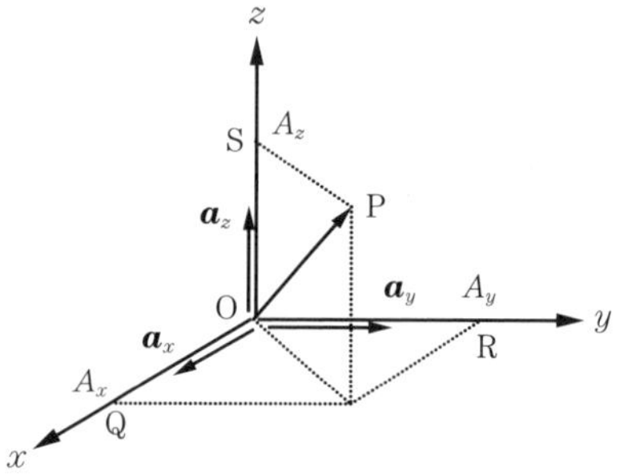

図**1.1**　ベクトルの成分表示

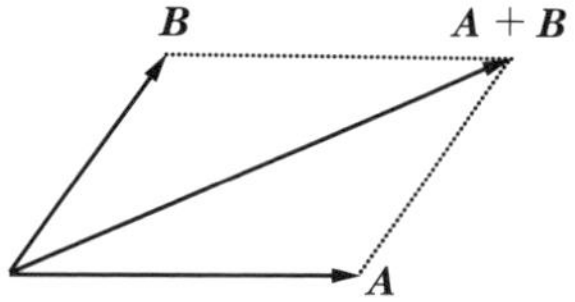

図**1.2**　ベクトルの和

（5）ベクトルの和　　図的には，図**1.2**に示すように，平行四辺形の規則によって合成する。成分は，各成分を足し算することによって与えられる。

$$\begin{aligned}\boldsymbol{A}+\boldsymbol{B} &= (A_x\boldsymbol{a}_x + A_y\boldsymbol{a}_y + A_z\boldsymbol{a}_z) + (B_x\boldsymbol{a}_x + B_y\boldsymbol{a}_y + B_z\boldsymbol{a}_z) \\ &= (A_x + B_x)\boldsymbol{a}_x + (A_y + B_y)\boldsymbol{a}_y + (A_z + B_z)\boldsymbol{a}_z \end{aligned} \tag{1.3}$$

（6）ベクトルのスカラー倍　　図的には，図**1.3**に示すように，$k > 0$ のとき，大きさが $k|\boldsymbol{A}|$ で，$\boldsymbol{A}$ と同じ向きのベクトルとし，$k < 0$ のとき，大き

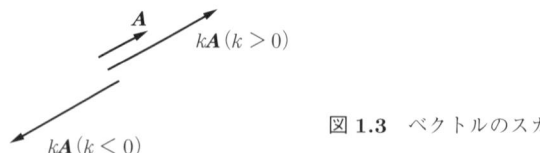

図**1.3**　ベクトルのスカラー倍

さが $|k||\boldsymbol{A}|$ で，$\boldsymbol{A}$ と反対向きのベクトルとする。成分は，各成分をスカラー倍することによって与えられる。

$$\begin{aligned} k\boldsymbol{A} &= k(A_x\boldsymbol{a}_x + A_y\boldsymbol{a}_y + A_z\boldsymbol{a}_z) \\ &= (kA_x)\boldsymbol{a}_x + (kA_y)\boldsymbol{a}_y + (kA_z)\boldsymbol{a}_z \end{aligned} \tag{1.4}$$

（7） **単位ベクトル**　大きさ 1 のベクトルを**単位ベクトル**（unit vector）という。向きは任意である。ベクトル $\boldsymbol{A}$ と同じ向きの単位ベクトル $\boldsymbol{a}_A$ は

$$\boldsymbol{a}_A = \frac{\boldsymbol{A}}{|\boldsymbol{A}|} \tag{1.5}$$

と与えられる。なお，基本ベクトルは座標軸の正の方向を向く単位ベクトルである。基本ベクトルと単位ベクトルを混用しないように注意されたい。

（8） **位置ベクトル**　点の位置を表すベクトルを**位置ベクトル**（position vector）という。**図 1.4** に示すように，点 $\mathrm{P}(x, y, z)$ の位置ベクトル $\boldsymbol{r}$ は

$$\boldsymbol{r} = \overrightarrow{\mathrm{OP}} = x\boldsymbol{a}_x + y\boldsymbol{a}_y + z\boldsymbol{a}_z \tag{1.6}$$

と与えられる。原点 O から点 P までの距離 r は $\boldsymbol{r}$ の大きさで与えられる。

$$r = |\boldsymbol{r}| = \sqrt{x^2 + y^2 + z^2} \tag{1.7}$$

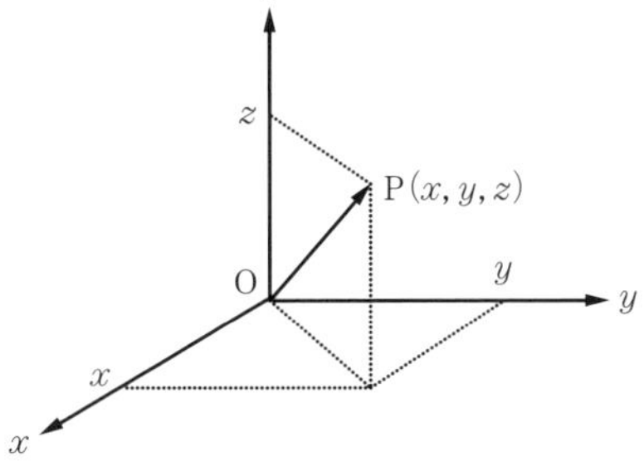

図 1.4　位置ベクトル

1.2 内積と外積

1.2.1 内　　　積

(1) 内積の定義　図 **1.5** に示すように，二つのベクトル $\boldsymbol{A}$ と $\boldsymbol{B}$ のはさむ角を θ とするとき，**内積**（dot product）をつぎのように定義する。

$$\boldsymbol{A}\cdot\boldsymbol{B} = |\boldsymbol{A}||\boldsymbol{B}|\cos\theta \tag{1.8}$$

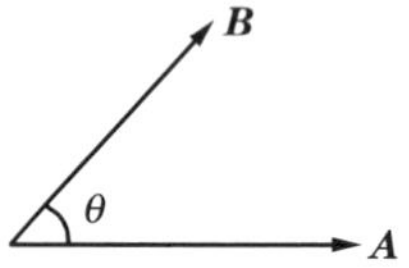

図 **1.5**　ベクトルの内積

(2) 内積の交換性　定義式 (1.8) からつぎの内積の交換性が成り立つ。

$$\boldsymbol{A}\cdot\boldsymbol{B} = \boldsymbol{B}\cdot\boldsymbol{A} \tag{1.9}$$

(3) 基本ベクトル同士の内積　定義式 (1.8) から，基本ベクトル同士の内積は**表 1.1** のようにまとめられる。この表を利用すると，例えば，$\boldsymbol{a}_y\cdot$ の行と $\boldsymbol{a}_z$ の列が交わるセルから，$\boldsymbol{a}_y\cdot\boldsymbol{a}_z = 0$ となることがわかる。

表 1.1　直角座標系における基本ベクトル同士の内積

	$\boldsymbol{a}_x$	$\boldsymbol{a}_y$	$\boldsymbol{a}_z$
$\boldsymbol{a}_x\cdot$	1	0	0
$\boldsymbol{a}_y\cdot$	0	1	0
$\boldsymbol{a}_z\cdot$	0	0	1

(4) 内積の成分表示　基本ベクトル同士の内積の関係から，内積の成分表示は

$$\begin{aligned}\boldsymbol{A}\cdot\boldsymbol{B} &= (A_x\boldsymbol{a}_x + A_y\boldsymbol{a}_y + A_z\boldsymbol{a}_z)\cdot(B_x\boldsymbol{a}_x + B_y\boldsymbol{a}_y + B_z\boldsymbol{a}_z)\\ &= A_xB_x + A_yB_y + A_zB_z\end{aligned} \tag{1.10}$$

と与えられる。上式において $\boldsymbol{B} = \boldsymbol{A}$ とおくと，ベクトル $\boldsymbol{A}$ の大きさと内積の

関係が得られる。

$$\boldsymbol{A}\cdot\boldsymbol{A} = A_x^2 + A_y^2 + A_z^2 = |\boldsymbol{A}|^2 \tag{1.11}$$

（5） **ベクトルの成分抽出**　ベクトル $\boldsymbol{A}$ の単位ベクトル $\boldsymbol{a}_l$ の方向の成分 A_l は，$\boldsymbol{A}$ と $\boldsymbol{a}_l$ の内積によって与えられる。**図 1.6** に示すように，$\boldsymbol{A}$ と $\boldsymbol{a}_l$ のなす角を θ_l として

$$A_l = \boldsymbol{A}\cdot\boldsymbol{a}_l = |\boldsymbol{A}||\boldsymbol{a}_l|\cos\theta_l = |\boldsymbol{A}|\cos\theta_l \tag{1.12}$$

の関係が成り立つ。ここで，$|\boldsymbol{a}_l| = 1$ であることを用いた。この関係を利用して，ベクトル $\boldsymbol{A}$ の x, y, z 成分への分解はつぎのように表現できる。

$$\begin{aligned}\boldsymbol{A} &= A_x\boldsymbol{a}_x + A_y\boldsymbol{a}_y + A_z\boldsymbol{a}_z \\ &= (\boldsymbol{A}\cdot\boldsymbol{a}_x)\boldsymbol{a}_x + (\boldsymbol{A}\cdot\boldsymbol{a}_y)\boldsymbol{a}_y + (\boldsymbol{A}\cdot\boldsymbol{a}_z)\boldsymbol{a}_z\end{aligned} \tag{1.13}$$

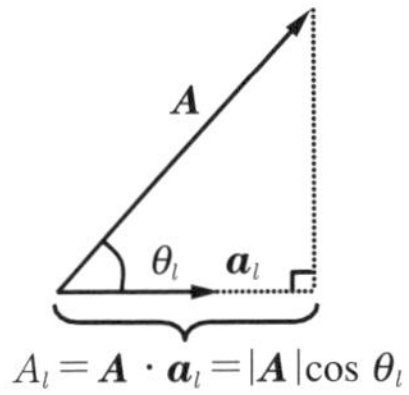

図 1.6　ベクトルの成分抽出

1.2.2 外　　　積

（1） **外積の定義**　**図 1.7** に示すように，二つのベクトル $\boldsymbol{A}$ と $\boldsymbol{B}$ のはさむ角を θ とするとき，**外積**（cross product）をつぎのように定義する。

$$\boldsymbol{A}\times\boldsymbol{B} = (|\boldsymbol{A}||\boldsymbol{B}|\sin\theta)\boldsymbol{a}_n \tag{1.14}$$

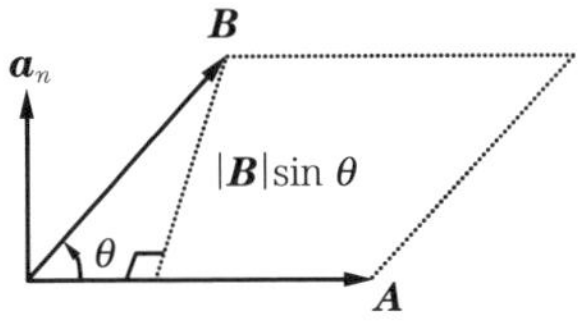

図 1.7　ベクトルの外積

ただし，$\boldsymbol{a}_n$ は，$\boldsymbol{A}$ から $\boldsymbol{B}$ へ右ねじを回すとき，ねじの進む向きの単位ベクトルとする。外積の大きさ $|\boldsymbol{A}\times\boldsymbol{B}| = |\boldsymbol{A}||\boldsymbol{B}||\sin\theta|$ は $\boldsymbol{A}$ と $\boldsymbol{B}$ がなす平行四辺形の面積に等しい。

（2）　外積の反交換性　　定義式 (1.14) から，外積 $\boldsymbol{A}\times\boldsymbol{B}$ において $\boldsymbol{A}$ と $\boldsymbol{B}$ の順序を反転すると，その大きさは同じであるが，向きは逆になる。

$$\boldsymbol{B}\times\boldsymbol{A} = -\boldsymbol{A}\times\boldsymbol{B} \tag{1.15}$$

（3）　基本ベクトル同士の外積　　定義式 (1.14) から，基本ベクトル同士の外積は**表 1.2** のようにまとめられる。この表を利用すると，例えば，$\boldsymbol{a}_y\times$ の行と $\boldsymbol{a}_z$ の列が交わるセルから，$\boldsymbol{a}_y\times\boldsymbol{a}_z = \boldsymbol{a}_x$ となることがわかる。

表 1.2　直角座標系における基本ベクトル同士の外積

	$\boldsymbol{a}_x$	$\boldsymbol{a}_y$	$\boldsymbol{a}_z$
$\boldsymbol{a}_x\times$	$\boldsymbol{0}$	$\boldsymbol{a}_z$	$-\boldsymbol{a}_y$
$\boldsymbol{a}_y\times$	$-\boldsymbol{a}_z$	$\boldsymbol{0}$	$\boldsymbol{a}_x$
$\boldsymbol{a}_z\times$	$\boldsymbol{a}_y$	$-\boldsymbol{a}_x$	$\boldsymbol{0}$

（4）　外積の成分表示　　基本ベクトル同士の外積の関係から，外積の成分表示は

$$\begin{aligned}\boldsymbol{A}\times\boldsymbol{B} &= (A_x\boldsymbol{a}_x + A_y\boldsymbol{a}_y + A_z\boldsymbol{a}_z)\times(B_x\boldsymbol{a}_x + B_y\boldsymbol{a}_y + B_z\boldsymbol{a}_z)\\ &= (A_yB_z - A_zB_y)\boldsymbol{a}_x + (A_zB_x - A_xB_z)\boldsymbol{a}_y\\ &\quad + (A_xB_y - A_yB_x)\boldsymbol{a}_z\\ &= \begin{vmatrix}\boldsymbol{a}_x & \boldsymbol{a}_y & \boldsymbol{a}_z\\ A_x & A_y & A_z\\ B_x & B_y & B_z\end{vmatrix}\end{aligned} \tag{1.16}$$

と与えられる。外積の成分表示は行列式の形で覚えておくと便利である。

（5）　ベクトルの三重積

（a）　スカラー三重積　　ベクトル $\boldsymbol{A}$ と外積 $\boldsymbol{B}\times\boldsymbol{C}$ の内積 $\boldsymbol{A}\cdot(\boldsymbol{B}\times\boldsymbol{C})$ を**スカラー三重積**（scalar triple product）と定義する。スカラー三重積に対して

$$\boldsymbol{A}\cdot(\boldsymbol{B}\times\boldsymbol{C})=\boldsymbol{B}\cdot(\boldsymbol{C}\times\boldsymbol{A})=\boldsymbol{C}\cdot(\boldsymbol{A}\times\boldsymbol{B}) \tag{1.17}$$

の関係が成り立つ。**図 1.8** において底面を $\boldsymbol{B}$ と $\boldsymbol{C}$ のなす平行四辺形であるとすれば，その面積 $S=|\boldsymbol{B}\times\boldsymbol{C}|$ と高さ $h=|\boldsymbol{A}||\cos\theta|$ の積より，スカラー三重積の大きさ $|\boldsymbol{A}\cdot(\boldsymbol{B}\times\boldsymbol{C})|$ は $\boldsymbol{A},\boldsymbol{B},\boldsymbol{C}$ のなす平行六面体の体積を表すことがわかる。

$$v=Sh=|\boldsymbol{B}\times\boldsymbol{C}|\ (|\boldsymbol{A}||\cos\theta|)=|\boldsymbol{A}\cdot(\boldsymbol{B}\times\boldsymbol{C})| \tag{1.18}$$

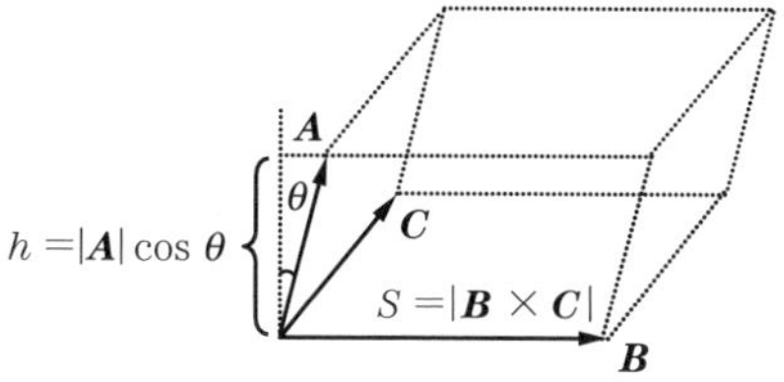

図 **1.8** スカラー三重積

（b） ベクトル三重積 ベクトル $\boldsymbol{A}$ と外積 $\boldsymbol{B}\times\boldsymbol{C}$ の外積 $\boldsymbol{A}\times(\boldsymbol{B}\times\boldsymbol{C})$ を**ベクトル三重積**（vector triple product）と定義する。ベクトル三重積に対して

$$\boldsymbol{A}\times(\boldsymbol{B}\times\boldsymbol{C})=(\boldsymbol{A}\cdot\boldsymbol{C})\boldsymbol{B}-(\boldsymbol{A}\cdot\boldsymbol{B})\boldsymbol{C} \tag{1.19}$$

の関係が成り立つ。なお，一般に $(\boldsymbol{A}\times\boldsymbol{B})\times\boldsymbol{C}\neq\boldsymbol{A}\times(\boldsymbol{B}\times\boldsymbol{C})$ である。

1.3 代表的な座標系

本書で利用する座標系は，**直角座標系**（Cartesian coordinate system，**デカルト座標系**），**円筒座標系**（cylindrical coordinate system），**球座標系**（spherical coordinate system）の三つである。円筒座標系は軸対称構造に対して，球座標系は球対称構造に対して適用すると便利である。前節までは，直角座標系 (x,y,z) について扱ってきた。本節では，基本ベクトルを再定義した後，円筒座標系 (ρ,ϕ,z) と球座標系 (r,θ,ϕ) について紹介する。

基本ベクトルの再定義　　各座標値が増える方向の単位ベクトルとして，基本ベクトルを再定義する。一般に u 座標に対する基本ベクトルは

$$\boldsymbol{a}_u = \frac{\partial \boldsymbol{r}}{\partial u} \Bigg/ \left| \frac{\partial \boldsymbol{r}}{\partial u} \right| \tag{1.20}$$

と与えられる。ここで，$\boldsymbol{r}$ は位置ベクトルである。

1.3.1　円筒座標系 (ρ, ϕ, z)

図 1.9 に示すように，$\rho = \sqrt{x^2 + y^2}$ は z 軸からの距離であり，$\phi = \tan^{-1}(y/x)$ は x 軸と ρ 軸のなす角である。z は直角座標系の z と共通である。ただし，$0 \leqq \phi < 2\pi$ とする。x, y は ρ, ϕ を用いてつぎのように表される。

$$x = \rho \cos\phi \tag{1.21a}$$

$$y = \rho \sin\phi \tag{1.21b}$$

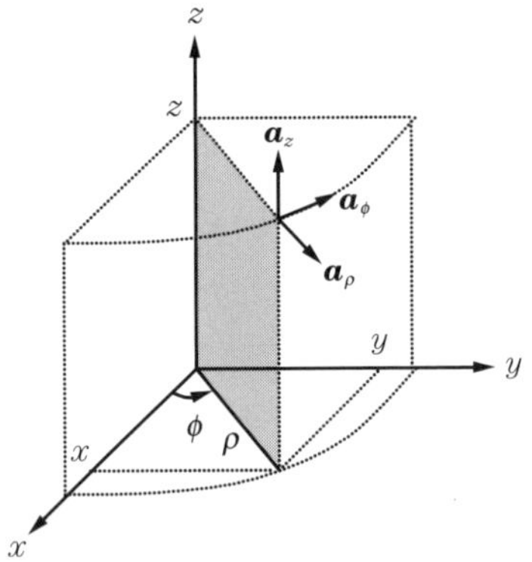

図 1.9　円筒座標系

（1）　基本ベクトル $\boldsymbol{a}_\rho$, $\boldsymbol{a}_\phi$, $\boldsymbol{a}_z$　　式 (1.6), (1.21a), (1.21b) から

$$\boldsymbol{r} = \rho \cos\phi \boldsymbol{a}_x + \rho \sin\phi \boldsymbol{a}_y + z\boldsymbol{a}_z \tag{1.22}$$

となるので，$\boldsymbol{a}_\rho$, $\boldsymbol{a}_\phi$ は

$$\boldsymbol{a}_\rho = \frac{\partial \boldsymbol{r}}{\partial \rho} \Bigg/ \left| \frac{\partial \boldsymbol{r}}{\partial \rho} \right| = \cos\phi \boldsymbol{a}_x + \sin\phi \boldsymbol{a}_y \tag{1.23a}$$

$$\boldsymbol{a}_\phi = \frac{\partial \boldsymbol{r}}{\partial \phi} \Bigg/ \left| \frac{\partial \boldsymbol{r}}{\partial \phi} \right| = -\sin\phi \boldsymbol{a}_x + \cos\phi \boldsymbol{a}_y \tag{1.23b}$$

と与えられる。これらの関係を**図 1.10** に示す。$\boldsymbol{a}_\rho$, $\boldsymbol{a}_\phi$ は ϕ の関数である。$\boldsymbol{a}_z$

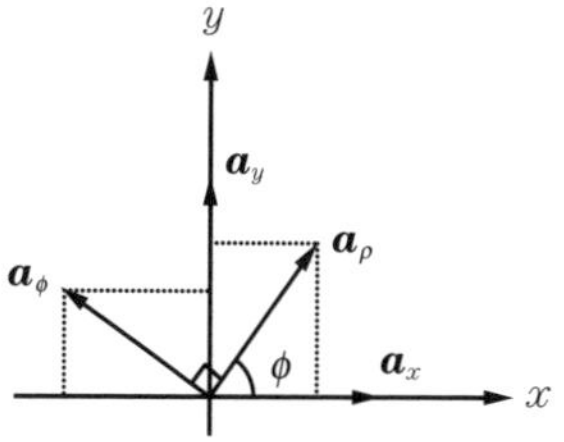

図 1.10 直角座標系と円筒座標系の関係

表 1.3 直角座標系と円筒座標系の間の基本ベクトルの関係

	$\boldsymbol{a}_\rho$	$\boldsymbol{a}_\phi$	$\boldsymbol{a}_z$
$\boldsymbol{a}_x\cdot$	$\cos\phi$	$-\sin\phi$	0
$\boldsymbol{a}_y\cdot$	$\sin\phi$	$\cos\phi$	0
$\boldsymbol{a}_z\cdot$	0	0	1

は直角座標系の $\boldsymbol{a}_z$ と共通である。以上をまとめると，**表 1.3** のようになる。

(2) 基本ベクトル同士の内積と外積　基本ベクトル同士の内積は**表 1.4**，外積は**表 1.5** のようにまとめられる。

表 1.4 円筒座標系における基本ベクトル同士の内積

	$\boldsymbol{a}_\rho$	$\boldsymbol{a}_\phi$	$\boldsymbol{a}_z$
$\boldsymbol{a}_\rho\cdot$	1	0	0
$\boldsymbol{a}_\phi\cdot$	0	1	0
$\boldsymbol{a}_z\cdot$	0	0	1

表 1.5 円筒座標系における基本ベクトル同士の外積

	$\boldsymbol{a}_\rho$	$\boldsymbol{a}_\phi$	$\boldsymbol{a}_z$
$\boldsymbol{a}_\rho\times$	$\boldsymbol{0}$	$\boldsymbol{a}_z$	$-\boldsymbol{a}_\phi$
$\boldsymbol{a}_\phi\times$	$-\boldsymbol{a}_z$	$\boldsymbol{0}$	$\boldsymbol{a}_\rho$
$\boldsymbol{a}_z\times$	$\boldsymbol{a}_\phi$	$-\boldsymbol{a}_\rho$	$\boldsymbol{0}$

(3) ベクトルの成分表示　式 (1.12) から，基本ベクトル $\boldsymbol{a}_\rho$, $\boldsymbol{a}_\phi$, $\boldsymbol{a}_z$ を用いて，任意のベクトル $\boldsymbol{A}$ の成分表示は

$$\begin{aligned}\boldsymbol{A} &= A_\rho\boldsymbol{a}_\rho + A_\phi\boldsymbol{a}_\phi + A_z\boldsymbol{a}_z \\ &= (\boldsymbol{A}\cdot\boldsymbol{a}_\rho)\boldsymbol{a}_\rho + (\boldsymbol{A}\cdot\boldsymbol{a}_\phi)\boldsymbol{a}_\phi + (\boldsymbol{A}\cdot\boldsymbol{a}_z)\boldsymbol{a}_z \end{aligned} \tag{1.24}$$

と与えられる。

(4) 位置ベクトルの成分表示　式 (1.22), (1.23a) から，位置ベクトル $\boldsymbol{r}$ の成分表示は

$$\boldsymbol{r} = \rho\boldsymbol{a}_\rho + z\boldsymbol{a}_z \tag{1.25}$$

と与えられる。

1.3.2 球座標系 (r, θ, ϕ)

図 1.11 に示すように，$r = \sqrt{x^2 + y^2 + z^2}$ は原点からの距離であり，$\theta =$

$\tan^{-1}(\sqrt{x^2+y^2}/z)$ は z 軸と r 軸のなす角である。ϕ は円筒座標系の ϕ と共通である。ただし，$0 \leqq \theta \leqq \pi$, $0 \leqq \phi < 2\pi$ とする。円筒座標系の ρ に対して，$\rho = r\sin\theta$ の関係がある。x, y, z は r, θ, ϕ を用いてつぎのように表される。

$$x = r\sin\theta\cos\phi \tag{1.26a}$$

$$y = r\sin\theta\sin\phi \tag{1.26b}$$

$$z = r\cos\theta \tag{1.26c}$$

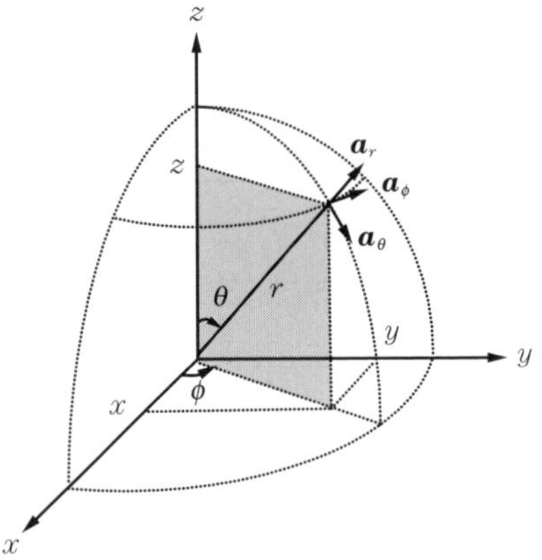

図 **1.11**　球座標系

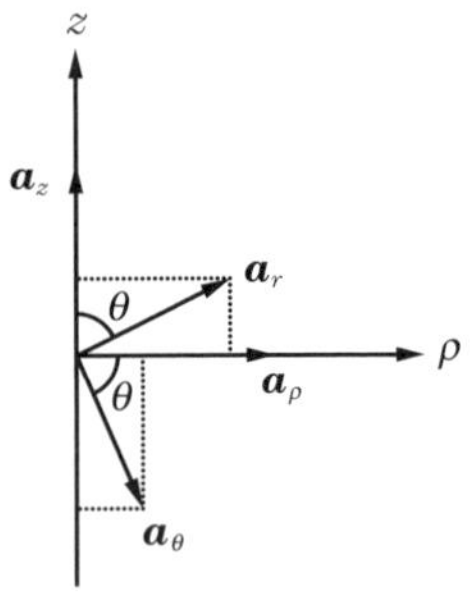

図 **1.12**　円筒座標系と球座標系の関係

（1）　基本ベクトル $\boldsymbol{a}_r, \boldsymbol{a}_\theta, \boldsymbol{a}_\phi$　　式 (1.6), (1.26a), (1.26b), (1.26c) から

$$\boldsymbol{r} = r\sin\theta\cos\phi\boldsymbol{a}_x + r\sin\theta\sin\phi\boldsymbol{a}_y + r\cos\theta\boldsymbol{a}_z \tag{1.27}$$

となるので，$\boldsymbol{a}_r$, $\boldsymbol{a}_\theta$, $\boldsymbol{a}_\phi$ は

$$\boldsymbol{a}_r = \frac{\partial \boldsymbol{r}}{\partial r}\bigg/\left|\frac{\partial \boldsymbol{r}}{\partial r}\right| = \sin\theta\cos\phi\boldsymbol{a}_x + \sin\theta\sin\phi\boldsymbol{a}_y + \cos\theta\boldsymbol{a}_z \tag{1.28a}$$

$$\boldsymbol{a}_\theta = \frac{\partial \boldsymbol{r}}{\partial \theta}\bigg/\left|\frac{\partial \boldsymbol{r}}{\partial \theta}\right| = \cos\theta\cos\phi\boldsymbol{a}_x + \cos\theta\sin\phi\boldsymbol{a}_y - \sin\theta\boldsymbol{a}_z \tag{1.28b}$$

$$\boldsymbol{a}_\phi = \frac{\partial \boldsymbol{r}}{\partial \phi}\bigg/\left|\frac{\partial \boldsymbol{r}}{\partial \phi}\right| = -\sin\phi\boldsymbol{a}_x + \cos\phi\boldsymbol{a}_y \tag{1.28c}$$

と与えられる。これらの関係を図 **1.12** に示す。$\boldsymbol{a}_r$, $\boldsymbol{a}_\theta$, $\boldsymbol{a}_\phi$ は θ と ϕ の関数である。なお，$\boldsymbol{a}_\phi$ は円筒座標系の $\boldsymbol{a}_\phi$ と共通であることに注意されたい。以上をまとめると，**表 1.6** のようになる。

表 1.6 直角座標系と球座標系の間の基本ベクトルの関係

	$\boldsymbol{a}_r$	$\boldsymbol{a}_\theta$	$\boldsymbol{a}_\phi$
$\boldsymbol{a}_x\cdot$	$\sin\theta\cos\phi$	$\cos\theta\cos\phi$	$-\sin\phi$
$\boldsymbol{a}_y\cdot$	$\sin\theta\sin\phi$	$\cos\theta\sin\phi$	$\cos\phi$
$\boldsymbol{a}_z\cdot$	$\cos\theta$	$-\sin\theta$	0

(2) 基本ベクトル同士の内積と外積　基本ベクトル同士の内積は**表 1.7**，外積は**表 1.8** のようにまとめられる。

表 1.7 球座標系における基本ベクトル同士の内積

	$\boldsymbol{a}_r$	$\boldsymbol{a}_\theta$	$\boldsymbol{a}_\phi$
$\boldsymbol{a}_r\cdot$	1	0	0
$\boldsymbol{a}_\theta\cdot$	0	1	0
$\boldsymbol{a}_\phi\cdot$	0	0	1

表 1.8 球座標系における基本ベクトル同士の外積

	$\boldsymbol{a}_r$	$\boldsymbol{a}_\theta$	$\boldsymbol{a}_\phi$
$\boldsymbol{a}_r\times$	$\boldsymbol{0}$	$\boldsymbol{a}_\phi$	$-\boldsymbol{a}_\theta$
$\boldsymbol{a}_\theta\times$	$-\boldsymbol{a}_\phi$	$\boldsymbol{0}$	$\boldsymbol{a}_r$
$\boldsymbol{a}_\phi\times$	$\boldsymbol{a}_\theta$	$-\boldsymbol{a}_r$	$\boldsymbol{0}$

(3) ベクトルの成分表示　式 (1.12) から，基本ベクトル $\boldsymbol{a}_r, \boldsymbol{a}_\theta, \boldsymbol{a}_\phi$ を用いて，任意のベクトル $\boldsymbol{A}$ の成分表示は

$$
\begin{aligned}
\boldsymbol{A} &= A_r\boldsymbol{a}_r + A_\theta\boldsymbol{a}_\theta + A_\phi\boldsymbol{a}_\phi \\
&= (\boldsymbol{A}\cdot\boldsymbol{a}_r)\boldsymbol{a}_r + (\boldsymbol{A}\cdot\boldsymbol{a}_\theta)\boldsymbol{a}_\theta + (\boldsymbol{A}\cdot\boldsymbol{a}_\phi)\boldsymbol{a}_\phi
\end{aligned}
\tag{1.29}
$$

と与えられる。

(4) 位置ベクトルの成分表示　式 (1.27), (1.28a) から，位置ベクトル $\boldsymbol{r}$ の成分表示は

$$
\boldsymbol{r} = r\boldsymbol{a}_r \tag{1.30}
$$

と与えられる。

過去のQ&Aから

Q1.1: 基本ベクトルの方向について具体的に教えて下さい。

A1.1: 直角座標系の場合，$\boldsymbol{a}_x$ は x の値が増える向きとなります。残りの $\boldsymbol{a}_y, \boldsymbol{a}_z$ も同様に y, z の値が増える向きとなります。円筒座標系の場合，$\boldsymbol{a}_\rho$ は ρ が増える向きとなります。$\boldsymbol{a}_\phi$ は ϕ が増える方向，つまり，位置ベクトル $\boldsymbol{r}$ の ϕ に関する微分の向き（接線の向き）となります。球座標の場合，$\boldsymbol{a}_r$ は r が増える方向となります。$\boldsymbol{a}_\theta, \boldsymbol{a}_\phi$ は，円筒座標系の $\boldsymbol{a}_\phi$ の場合と同様に，位置ベクトル $\boldsymbol{r}$ のそれぞれ θ, ϕ を増分させたときの接線の方向となります。

Q1.2: 座標変換の計算を具体的に教えて下さい。

A1.2: 直角座標系から円筒座標系へ変換する場合，あるいは，その逆の場合は表1.3を利用します。例として，位置ベクトル $\boldsymbol{r} = x\boldsymbol{a}_x + y\boldsymbol{a}_y + z\boldsymbol{a}_z$ を円筒座標系に変換します。表1.3の $\boldsymbol{a}_x\cdot$ の行から，$\boldsymbol{a}_x = \cos\phi\boldsymbol{a}_\rho - \sin\phi\boldsymbol{a}_\phi$ となります。同様に，$\boldsymbol{a}_y = \sin\phi\boldsymbol{a}_\rho + \cos\phi\boldsymbol{a}_\phi$ となりますから

$$
\begin{aligned}
\boldsymbol{r} &= x\boldsymbol{a}_x + y\boldsymbol{a}_y + z\boldsymbol{a}_z \\
&= \rho\cos\phi(\cos\phi\boldsymbol{a}_\rho - \sin\phi\boldsymbol{a}_\phi) + \rho\sin\phi(\sin\phi\boldsymbol{a}_\rho + \cos\phi\boldsymbol{a}_\phi) + z\boldsymbol{a}_z \\
&= \rho\boldsymbol{a}_\rho + z\boldsymbol{a}_z
\end{aligned}
$$

と変換できます。

直角座標系から球座標系へ変換する場合，あるいは，その逆の場合は表1.6を利用します。例として，位置ベクトル $\boldsymbol{r} = x\boldsymbol{a}_x + y\boldsymbol{a}_y + z\boldsymbol{a}_z$ を球座標系に変換します。表1.6の $\boldsymbol{a}_x\cdot$ の行から，$\boldsymbol{a}_x = \sin\theta\cos\phi\boldsymbol{a}_r + \cos\theta\cos\phi\boldsymbol{a}_\theta - \sin\phi\boldsymbol{a}_\phi$ となります。同様に，$\boldsymbol{a}_y = \sin\theta\sin\phi\boldsymbol{a}_r + \cos\theta\sin\phi\boldsymbol{a}_\theta + \cos\phi\boldsymbol{a}_\phi$，$\boldsymbol{a}_z = \cos\theta\boldsymbol{a}_r - \sin\theta\boldsymbol{a}_\theta$ となりますから

$$
\begin{aligned}
\boldsymbol{r} &= x\boldsymbol{a}_x + y\boldsymbol{a}_y + z\boldsymbol{a}_z \\
&= r\sin\theta\cos\phi(\sin\theta\cos\phi\boldsymbol{a}_r + \cos\theta\cos\phi\boldsymbol{a}_\theta - \sin\phi\boldsymbol{a}_\phi) \\
&\quad + r\sin\theta\sin\phi(\sin\theta\sin\phi\boldsymbol{a}_r + \cos\theta\sin\phi\boldsymbol{a}_\theta + \cos\phi\boldsymbol{a}_\phi) \\
&\quad + r\cos\theta(\cos\theta\boldsymbol{a}_r - \sin\theta\boldsymbol{a}_\theta) \\
&= r\boldsymbol{a}_r
\end{aligned}
$$

と変換できます。

1.4　線素・面素・体積素

2 章で説明するように，連続的に分布する電荷による静電界を求める場合，電荷を点電荷の集合と考え，まず点電荷による電界を計算し，その電界の重ね合わせを考える。その際，微小な長さに含まれる電荷，微小な面積に含まれる電荷，微小な領域に含まれる電荷を表すため，線素，面素，体積素を利用する。本節では，各座標系における線素，面素，体積素の数学的表現を与える。

1.4.1　線　　素

図 1.13 に示すように，点 $\mathrm{P}(x, y, z)$ を $\mathrm{P}'(x+dx, y+dy, z+dz)$ に移動させるとき，その位置ベクトルの差 $d\boldsymbol{r}$ を**線素**（line element）という。

$$\begin{aligned} d\boldsymbol{r} &= (x+dx)\boldsymbol{a}_x + (y+dy)\boldsymbol{a}_y + (z+dz)\boldsymbol{a}_z \\ &\quad - (x\boldsymbol{a}_x + y\boldsymbol{a}_y + z\boldsymbol{a}_z) \\ &= dx\boldsymbol{a}_x + dy\boldsymbol{a}_y + dz\boldsymbol{a}_z \end{aligned} \tag{1.31}$$

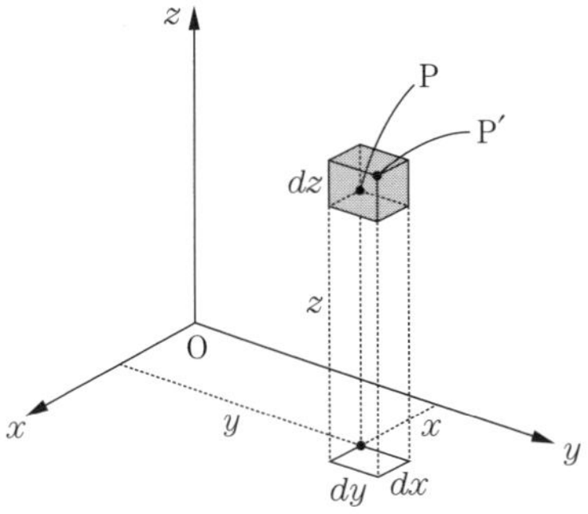

図 1.13　直角座標系の線素・面素・体積素

線素は微小な有向弧長（向きを含めた弧長）と考えられ，その大きさ $|d\boldsymbol{r}|$ を線積分することにより長さが求まる。

各座標系における線素は，図的に PP' を対角線とする微小六面体の辺の長さと向きを調べることによって求められる。円筒座標系および球座標系の線素について，**図 1.14**, **図 1.15** を参照して図的に確認してほしい。数式的には，位置ベクトル $\boldsymbol{r}$ の全微分を考えることによって線素は導かれる。このために，座標値 u に対して線素の向き付きの u 成分

$$d\boldsymbol{r}_u = \frac{\partial \boldsymbol{r}}{\partial u} du = \left| \frac{\partial \boldsymbol{r}}{\partial u} \right| du \boldsymbol{a}_u = h_u du \boldsymbol{a}_u \tag{1.32}$$

を定義する。上式の 2 番目の等号は式 (1.20) による。また，$h_u = |\partial \boldsymbol{r}/\partial u|$ とする。

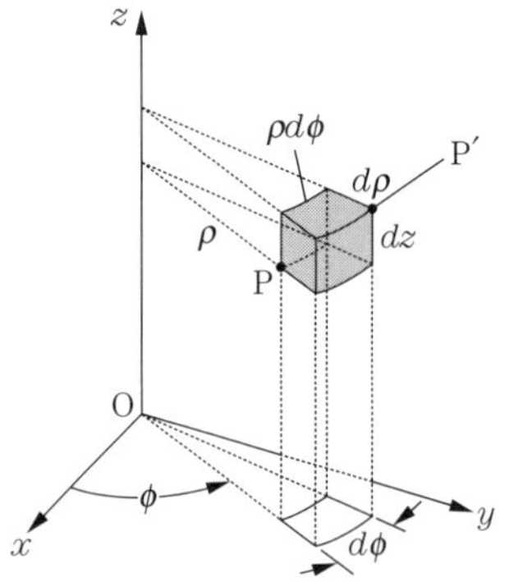

図 1.14　円筒座標系の線素・面素・体積素

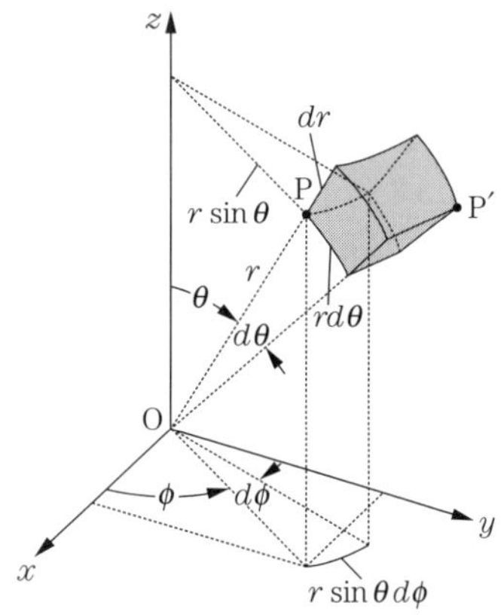

図 1.15　球座標系の線素・面素・体積素

（1）　直角座標系の線素　　位置ベクトル $\boldsymbol{r}$ が x, y, z の関数であるとして，その全微分を考えると，式 (1.32) から

$$d\boldsymbol{r} = \frac{\partial \boldsymbol{r}}{\partial x} dx + \frac{\partial \boldsymbol{r}}{\partial y} dy + \frac{\partial \boldsymbol{r}}{\partial z} dz = dx\boldsymbol{a}_x + dy\boldsymbol{a}_y + dz\boldsymbol{a}_z \tag{1.33}$$

となる。ここで，式 (1.6) から，$h_x = h_y = h_z = 1$ となることを利用した。

（2）　円筒座標系の線素　　位置ベクトル $\boldsymbol{r}$ が ρ, ϕ, z の関数であるとして，その全微分を考えると，式 (1.32) から

$$d\boldsymbol{r} = \frac{\partial \boldsymbol{r}}{\partial \rho} d\rho + \frac{\partial \boldsymbol{r}}{\partial \phi} d\phi + \frac{\partial \boldsymbol{r}}{\partial z} dz = d\rho\boldsymbol{a}_\rho + \rho d\phi\boldsymbol{a}_\phi + dz\boldsymbol{a}_z \tag{1.34}$$

となる。ここで，式 (1.22) から，$h_\rho = h_z = 1$, $h_\phi = \rho$ となることを利用した。

（3） **球座標系の線素**　位置ベクトル $\boldsymbol{r}$ が r, θ, ϕ の関数であるとして，その全微分を考えると，式 (1.32) から

$$d\boldsymbol{r} = \frac{\partial \boldsymbol{r}}{\partial r}dr + \frac{\partial \boldsymbol{r}}{\partial \theta}d\theta + \frac{\partial \boldsymbol{r}}{\partial \phi}d\phi = dr\boldsymbol{a}_r + rd\theta\boldsymbol{a}_\theta + r\sin\theta d\phi\boldsymbol{a}_\phi \quad (1.35)$$

となる。ここで，式 (1.27) から，$h_r = 1$, $h_\theta = r$, $h_\phi = r\sin\theta$ となることを利用した。

1.4.2 面　素

点 $\mathrm{P}(x, y, z)$ を点 $\mathrm{P}'(x + dx, y + dy, z + dz)$ に移動させるときにできる微小六面体の各面に垂直な微小な有向面積（面ベクトル）を**面素**（surface element）という。さて，u, v, w は，直角座標系では x, y, z，円筒座標系では ρ, ϕ, z，球座標系では r, θ, ϕ の連環の順（サイクリック）とする。座標値 w に関する基本ベクトル $\boldsymbol{a}_w$ に垂直な面内における面素を

$$d\boldsymbol{S}_w = d\boldsymbol{r}_u \times d\boldsymbol{r}_v = h_u h_v dudv\boldsymbol{a}_w = dS_w\boldsymbol{a}_w \quad (1.36)$$

と定義する。式 (1.36) の等号は，式 (1.32) および $\boldsymbol{a}_u \times \boldsymbol{a}_v = \boldsymbol{a}_w$ による。また，$dS_w = h_u h_v dudv$ は面素の大きさに対応し，これを面積分することにより面積が求まる。以下，各座標系の面素を与えておく。なお，図 1.13〜図 1.15 を参照し，図的にも求められる。

（1） **直角座標系の面素**　$d\boldsymbol{r}_x = dx\boldsymbol{a}_x$, $d\boldsymbol{r}_y = dy\boldsymbol{a}_y$, $d\boldsymbol{r}_z = dz\boldsymbol{a}_z$ から

$$d\boldsymbol{S}_x = d\boldsymbol{r}_y \times d\boldsymbol{r}_z = dydz\boldsymbol{a}_x \quad (1.37a)$$

$$d\boldsymbol{S}_y = d\boldsymbol{r}_z \times d\boldsymbol{r}_x = dzdx\boldsymbol{a}_y \quad (1.37b)$$

$$d\boldsymbol{S}_z = d\boldsymbol{r}_x \times d\boldsymbol{r}_y = dxdy\boldsymbol{a}_z \quad (1.37c)$$

と与えられる。

（2） **円筒座標系の面素**　$d\boldsymbol{r}_\rho = d\rho\boldsymbol{a}_\rho$, $d\boldsymbol{r}_\phi = \rho d\phi\boldsymbol{a}_\phi$, $d\boldsymbol{r}_z = dz\boldsymbol{a}_z$ から

$$d\boldsymbol{S}_\rho = d\boldsymbol{r}_\phi \times d\boldsymbol{r}_z = \rho d\phi dz\boldsymbol{a}_\rho \quad (1.38a)$$

$$dS_\phi = dr_z \times dr_\rho = d\rho dz a_\phi \tag{1.38b}$$

$$dS_z = dr_\rho \times dr_\phi = \rho d\rho d\phi a_z \tag{1.38c}$$

と与えられる。

（3）　**球座標系の面素**　　$dr_r = dra_r$, $dr_\theta = rd\theta a_\theta$, $dr_\phi = r\sin\theta d\phi a_\phi$ から

$$dS_r = dr_\theta \times dr_\phi = r^2 \sin\theta d\theta d\phi a_r \tag{1.39a}$$

$$dS_\theta = dr_\phi \times dr_r = r\sin\theta dr d\phi a_\theta \tag{1.39b}$$

$$dS_\phi = dr_r \times dr_\theta = r dr d\theta a_\phi \tag{1.39c}$$

と与えられる。

1.4.3　体　　積　　素

点 $\mathrm{P}(x, y, z)$ を点 $\mathrm{P}'(x+dx, y+dy, z+dz)$ に移動させるときにできる微小六面体の体積を**体積素**（volume element）という。したがって，体積素は

$$\begin{aligned} dV &= dS_w \cdot dr_w = (dr_u \times dr_v) \cdot dr_w \\ &= (h_u h_v du dv a_w) \cdot (h_w dw a_w) = h_u h_v h_w du dv dw \end{aligned} \tag{1.40}$$

と与えられる。体積素 dV を領域を設定して体積分すると，その領域の体積が求まる。以下，各座標系の体積素を与えておく。なお，図 1.13〜図 1.15 を参照し，図的にも求められる。

（1）　**直角座標系の体積素**

$$dV = (dr_x \times dr_y) \cdot dr_z = dx dy dz \tag{1.41}$$

（2）　**円筒座標系の体積素**

$$dV = (dr_\rho \times dr_\phi) \cdot dr_z = \rho d\rho d\phi dz \tag{1.42}$$

（3） 球座標系の体積素

$$dV = (d\boldsymbol{r}_r \times d\boldsymbol{r}_\theta) \cdot d\boldsymbol{r}_\phi = r^2 \sin\theta dr d\theta d\phi \tag{1.43}$$

2 章以降では，大文字の V はもっぱら電位を表すために使われるので，体積素を dv のように小文字の v を使って表すことにする。

過去の Q&A から

Q1.3: $d\boldsymbol{r}_\phi = \rho d\phi \boldsymbol{a}_\phi$ の ρ の図的な意味がわかりません。

A1.3: 線素は長さの次元を持っていますから，$d\phi\boldsymbol{a}_\phi$ としてはいけません。この場合，扇形の弧長の公式 $l = r\theta$ から，半径 ρ，中心角 $d\phi$ の弧長 $\rho d\phi$ が対応します。このため，$d\boldsymbol{r}_\phi = \rho d\phi \boldsymbol{a}_\phi$ となります。

Q1.4: 面素，体積素の考え方がよくわかりません。

A1.4: 線素は三つのベクトル $d\boldsymbol{r}_u$, $d\boldsymbol{r}_v$, $d\boldsymbol{r}_w$ から構成されますね。そのうちの二つにより構成される平行四辺形に対して面素を定義しています。大きさは平行四辺形の面積，向きはベクトルの外積の定義に従います。このため，面素は線素を構成する二つのベクトルの外積として定義されるのです。体積素は，三つのベクトル $d\boldsymbol{r}_u$, $d\boldsymbol{r}_v$, $d\boldsymbol{r}_w$ より構成される平行六面体の体積によって定義されます。三つの一次独立なベクトルからなる平行六面体の体積はスカラー三重積の大きさで与えられるので，体積素は三つのベクトル $d\boldsymbol{r}_u$, $d\boldsymbol{r}_v$, $d\boldsymbol{r}_w$ のスカラー三重積で与えられることになります。

章　末　問　題

【1】 式 (1.17) を確認せよ。

【2】 式 (1.19) を確認せよ。

【3】 $\boldsymbol{A} = -\dfrac{y}{x^2+y^2}\boldsymbol{a}_x + \dfrac{x}{x^2+y^2}\boldsymbol{a}_y$

を円筒座標系の基本ベクトルを用いて表せ。ただし，$x^2 + y^2 \neq 0$ とする。

【4】 円筒座標系の線素を利用して，円の弧長を計算せよ。

【5】 球座標系の面素を利用して，円錐（すい）の側面積を計算せよ。

【6】 円筒座標系の体積素を利用して，円柱の体積を計算せよ。

【7】 球座標系の体積素を利用して，球の体積を計算せよ。

2 クーロンの法則

2章と3章では，電磁気学の実験法則であるクーロンの法則から出発して，そのベクトル表現，連続的に分布した電荷による電界の計算，ガウスの法則ならびにその微分形の導出を行う。この微分形はいわゆるマクスウェルの方程式の一つである。2章から5章までは，時間的に変化しない電界，すなわち，静電界について扱う。**静的**（static）とは，時刻 t に関する変化がない（$\partial/\partial t = 0$），あるいは，周波数が 0 Hz となる状態である。さらに，2章から4章までは，物質中ではなく，**自由空間**（free space）における電界について扱う。物質中における静電界については5章で扱うことにする。

2章ではクーロンの法則のベクトル化を行う。このため，クーロンの法則で与えられる電荷に作用する力に関して，その大きさを $|\boldsymbol{F}|$ として，その力の向きを単位ベクトル $\boldsymbol{a}_F$ で表し，$\boldsymbol{F} = |\boldsymbol{F}|\boldsymbol{a}_F$ のように，力 $\boldsymbol{F}$ をベクトル表現する。

連続的に分布した電荷による電界の扱いについては，電荷分布を無限個に分割して点電荷の集合とみなし，それぞれの点電荷に対してクーロンの法則を適用して電界を求め，それらの和として電界を算出する。計算の際，分布形状に応じて，線積分，面積分，体積分を行うことになる。

2.1 電　荷　分　布

2.1.1 電 荷 の 定 義

摩擦による帯電実験の結果から，電気（電荷）には①～④の性質があることが知られている。

① 電気は 2 種類存在する。一方に正 (+)，他方に負 (−) の符号をつける。

② 異種の電気を帯びた二つの物体はたがいに引き合う。

③ 同種の電気を帯びた二つの物体はたがいに反発し合う。

④ 帯電していない物体は，両種の電気を等量ずつ含み，外部に対して何ら電気的性質を表さない。摩擦などによって，これら両種の電気が分離される。

このように，**電荷** (charge) は帯電体 (電気を帯びた物体) の持つ電気と定義される。電荷は正負いずれかの値を持つが，空間的に方向に無関係なスカラー量である。単位はクーロン〔C〕である。

2.1.2 電荷分布とその数学的表現

原子の大きさ程度の微視的なレベルでは，電子が電荷素量 $e = -1.6 \times 10^{-19}$C の負の電荷を持ち，原子核の陽子が正の電荷を持つ。原子の大きさに比べて十分に大きな巨視的なレベルでは，**図 2.1** に示すように，**電荷分布** (charge distribution) にはつぎの四つの形態がある。

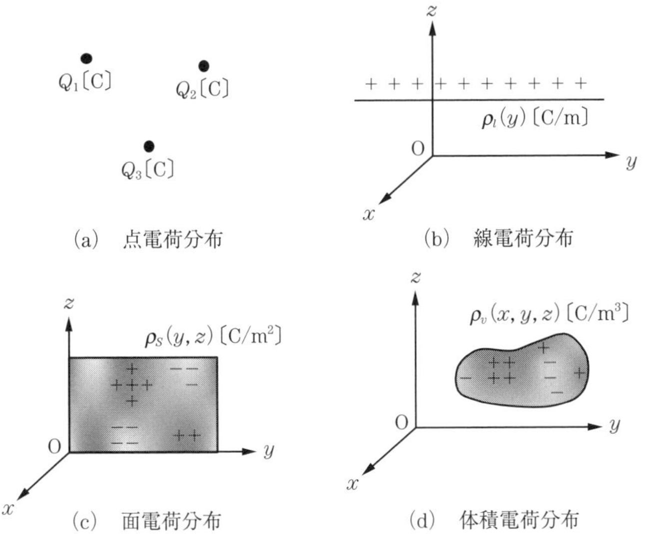

図 2.1 電荷分布の例

(1) **点電荷分布**　　複数の離散的な点に電荷が集中して存在する分布を**点電荷分布**という（図 (a) 参照）。あるいは，そのような電荷を単に**点電荷**（point charge）という。数学的には，点 P_i を指定して電荷 Q_i を配置することで記述される。

(2) **線電荷分布**　　ある曲線に沿って連続的に電荷が存在する分布を**線電荷分布**という（図 (b) 参照）。数学的には，単位長さ当りの電荷として定義される**線電荷密度**（line charge density）ρ_l によって記述される。線電荷密度の単位は〔C/m〕である。曲線 C 上の線素 $d\boldsymbol{r}$ に含まれる電荷は $dQ = \rho_l dl$ であり，それを曲線 C 上で積分することで曲線 C 上に含まれる全電荷 Q は

$$Q = \int_C \rho_l dl \quad \text{〔C〕} \tag{2.1}$$

によって与えられる。ここで，dl † $= |d\boldsymbol{r}|$ とする。

(3) **面電荷分布**　　ある曲面上に連続的に電荷が存在する分布を**面電荷分布**という（図 (c) 参照）。数学的には，単位面積当りの電荷として定義される**面電荷密度**（surface charge density）ρ_s によって記述される。面電荷密度の単位は〔C/m^2〕である。曲面 S 上の面素 $d\boldsymbol{S}$ に含まれる電荷は $dQ = \rho_s dS$ であり，それを曲面 S で積分することで曲面 S に含まれる全電荷 Q は

$$Q = \iint_S \rho_s dS \quad \text{〔C〕} \tag{2.2}$$

によって与えられる。ここで，$dS = |d\boldsymbol{S}|$ とする。

(4) **体積電荷分布**　　ある領域（3 次元領域）内に電荷が連続的に存在する分布を**体積電荷分布**という（図 (d) 参照）。数学的には，単位体積当りの電荷として定義される**体積電荷密度**（volume charge density）ρ_v によって記述される。体積電荷密度の単位は〔C/m^3〕である。領域 v 内の体積素 dv に含まれる電荷は $dQ = \rho_v dv$ であり，それらを領域 v で積分することで領域 v に含まれる全電荷 Q は

† 本来ならば dr と記述するところであるが，球座標系の r と区別するため，あえて dl で表記している。

$$Q = \iiint_v \rho_v dv \quad \text{〔C〕} \tag{2.3}$$

によって与えられる。

（5） **一様な電荷分布**　与えられた範囲で線電荷密度 ρ_l，面電荷密度 ρ_s，体積電荷密度 ρ_v が一定である分布を**一様な電荷分布**（uniform charge distribution）という。

過去の Q&A から

Q2.1: 電荷を積分する理由を教えて下さい。積分は何を意味しているのですか。

A2.1: 体積電荷密度の体積分を例に説明しましょう。電荷が分布している領域 v を n 分割し，そのうちの一つの微小領域 Δv_i を考えます。この微小領域に含まれる電荷量 ΔQ_i を点電荷で代表させます。この微小領域の体積 Δv_i を十分小さくとれば，その領域内において電荷密度を一定とみなすことができます。言い替えると，分割数を増やすと体積 Δv_i は小さくなり，微小領域で体積電荷密度 ρ_v を一定とみなすことができるようになります。したがって，$\Delta Q_i = \rho_v \Delta v_i$ という関係が成り立ちます。これらの総和をとり，分割数 n を無限大にするという極限の下で

$$Q = \lim_{n\to\infty} \sum_{i=1}^{n} \Delta Q_i = \lim_{n\to\infty} \sum_{i=1}^{n} \rho_v \Delta v_i = \iiint_v \rho_v dv \quad \text{〔C〕}$$

という関係が得られます。このように，体積分を用いて体積電荷分布 ρ_v と総電荷量 Q は関係付けられます。つまり，領域を限りなく小さく分割して得られる微小領域において，その領域に含まれる電荷 dQ は体積電荷密度 ρ_v と体積素 dv の積で与えられ（$dQ = \rho_v dv$），それらを領域 v 全体にわたって足し算をする操作が積分というわけです。

2.2　クーロンの法則

（1） **クーロンの法則とそのベクトル表現**　点電荷の間に作用する力について，1785 年，クーロンは実験により ① ～ ④ の性質を見いだした。

① 点電荷の間に作用する力の大きさは，それぞれの電荷の積に比例する。

② 点電荷の間に作用する力の大きさは，それらの距離の2乗に反比例する。

③ 点電荷の間に作用する力の方向は，それらを結んだ直線に沿う。

④ 同種の電荷の間に反発力が作用し，異種の電荷の間に引力が作用する。

数式を用いてこれらの性質を表現しよう。**図2.2** に示すように，位置ベクトル $\boldsymbol{r}_1$，$\boldsymbol{r}_2$ で表される点に電荷 Q_1, Q_2 の点電荷を配置する。このとき，$\boldsymbol{R}_{21} = \boldsymbol{r}_2 - \boldsymbol{r}_1$ の大きさ $R_{21} = |\boldsymbol{R}_{21}|$ が点電荷の間の距離である。まず，性質①は Q_1Q_2 で与えられ，性質②は $1/R_{21}^2$ で与えられる。点電荷 Q_2 について，性質③は $\boldsymbol{R}_{21}$ の向きに対応する。この向きの単位ベクトルは $\boldsymbol{a}_{R_{21}} = \boldsymbol{R}_{21}/R_{21}$ である。性質④については，同種の電荷ならば，Q_1, Q_2 は同符号であって，$Q_1Q_2 > 0$ となり，異種の電荷ならば，Q_1, Q_2 は異符号であって，$Q_1Q_2 < 0$ となることに着目する。以上から，点電荷 Q_1 が点電荷 Q_2 に作用する力 $\boldsymbol{F}_{21}$ は

$$\boldsymbol{F}_{21} = k\frac{Q_1Q_2}{R_{21}^2}\boldsymbol{a}_{R_{21}} = \frac{Q_1Q_2}{4\pi\varepsilon_0}\frac{\boldsymbol{R}_{21}}{R_{21}^3} = \frac{Q_1Q_2}{4\pi\varepsilon_0}\frac{\boldsymbol{r}_2 - \boldsymbol{r}_1}{|\boldsymbol{r}_2 - \boldsymbol{r}_1|^3} \quad \text{〔N〕} \tag{2.4}$$

となる。これが**クーロンの法則**（Coulomb's law）のベクトル表現である。ここで，比例定数 $k = 1/4\pi\varepsilon_0$ に含まれる ε_0 は自由空間の**誘電率**（permittivity）と呼ばれる定数であって，その値は $\varepsilon_0 = 8.854 \times 10^{-12}$ F/m† と与えられる。

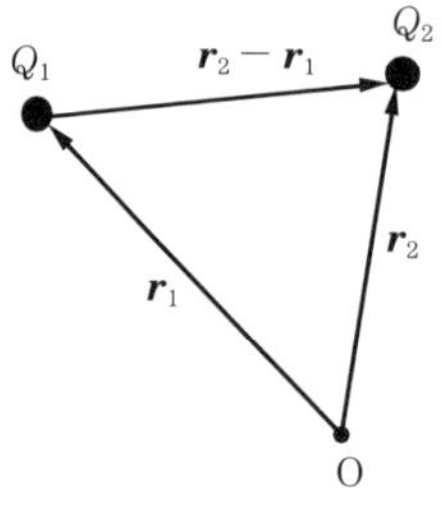

図 2.2　クーロンの法則における点電荷の位置関係

（2）作用・反作用の法則　　点電荷 Q_2 が点電荷 Q_1 に作用する力 $\boldsymbol{F}_{12}$ は，点電荷 Q_1 が点電荷 Q_2 に作用する力 $\boldsymbol{F}_{21}$ と大きさが同じで，向きが逆である。

$$\boldsymbol{F}_{12} = \frac{Q_2Q_1}{4\pi\varepsilon_0}\frac{\boldsymbol{r}_1 - \boldsymbol{r}_2}{|\boldsymbol{r}_1 - \boldsymbol{r}_2|^3} = -\frac{Q_1Q_2}{4\pi\varepsilon_0}\frac{\boldsymbol{r}_2 - \boldsymbol{r}_1}{|\boldsymbol{r}_2 - \boldsymbol{r}_1|^3} = -\boldsymbol{F}_{21} \tag{2.5}$$

† 〔F〕は静電容量の単位で，ファラド（farad）と読む。5.7 節を参照のこと。

（3） 重ね合わせの原理（線形性）　**図 2.3** に示すように，複数個の電荷による力は，たがいに作用せず，単にベクトル的に加算される。この性質を**重ね合わせの原理（線形性）**（principle of superposition, linearity）という。すなわち，点電荷 Q_j が点電荷 Q_i に作用する力を $\boldsymbol{F}_{ij}$ とするとき，点電荷 $Q_1, Q_2, \cdots, Q_n$ が点電荷 Q_0 に作用する力 $\boldsymbol{F}_0$ は

$$\boldsymbol{F}_0 = \boldsymbol{F}_{01} + \boldsymbol{F}_{02} + \cdots + \boldsymbol{F}_{0n} = \sum_{i=1}^{n} \boldsymbol{F}_{0i} \tag{2.6}$$

と与えられる。また，電荷量が k 倍となるとき，作用する力も k 倍（スカラー倍）される。例えば，点電荷 Q_1 が点電荷 kQ_2 に作用する力は

$$\frac{Q_1(kQ_2)}{4\pi\varepsilon_0}\frac{\boldsymbol{r}_2 - \boldsymbol{r}_1}{|\boldsymbol{r}_2 - \boldsymbol{r}_1|^3} = k\,\frac{Q_1Q_2}{4\pi\varepsilon_0}\frac{\boldsymbol{r}_2 - \boldsymbol{r}_1}{|\boldsymbol{r}_2 - \boldsymbol{r}_1|^3} = k\,\boldsymbol{F}_{21} \tag{2.7}$$

と与えられる。さらに，$\boldsymbol{r}_1, \boldsymbol{r}_2, \cdots, \boldsymbol{r}_n$ に点電荷 $Q_1, Q_2, \cdots, Q_n$ が存在するとき，点 $\boldsymbol{r}$ に存在する点電荷 Q に作用する力 $\boldsymbol{F}$ は

$$\begin{aligned}\boldsymbol{F} &= \frac{Q_1Q}{4\pi\varepsilon_0}\frac{\boldsymbol{r} - \boldsymbol{r}_1}{|\boldsymbol{r} - \boldsymbol{r}_1|^3} + \frac{Q_2Q}{4\pi\varepsilon_0}\frac{\boldsymbol{r} - \boldsymbol{r}_2}{|\boldsymbol{r} - \boldsymbol{r}_2|^3} + \cdots + \frac{Q_nQ}{4\pi\varepsilon_0}\frac{\boldsymbol{r} - \boldsymbol{r}_n}{|\boldsymbol{r} - \boldsymbol{r}_n|^3} \\ &= Q\sum_{i=1}^{n}\frac{Q_i}{4\pi\varepsilon_0}\frac{\boldsymbol{r} - \boldsymbol{r}_i}{|\boldsymbol{r} - \boldsymbol{r}_i|^3}\end{aligned} \tag{2.8}$$

と与えられる。

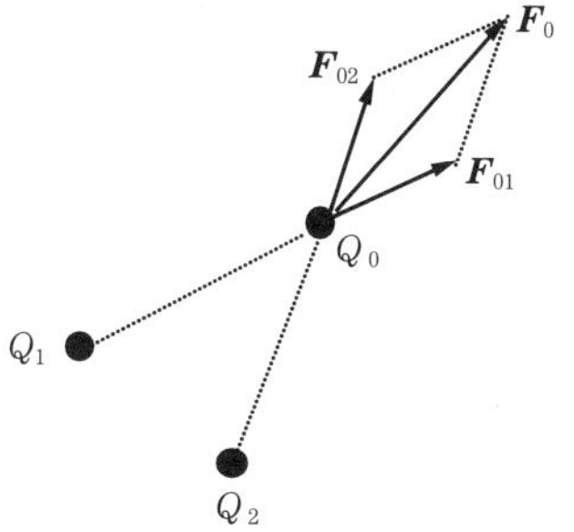

図 2.3　複数個の点電荷がある点電荷に及ぼす力

過去の Q&A から

Q2.2: クーロンの法則について，$|\boldsymbol{r}_2 - \boldsymbol{r}_1|$ の 2 乗に反比例するとありましたが，式 (2.4) では $|\boldsymbol{r}_2 - \boldsymbol{r}_1|$ の 3 乗に反比例しています。説明をお願いします。

A2.2: 点電荷に作用する力の大きさは $F_{21} = \dfrac{1}{4\pi\varepsilon_0}\dfrac{Q_1Q_2}{|\boldsymbol{r}_2-\boldsymbol{r}_1|^2}$ と与えられます。力 $\boldsymbol{F}_{21}$ は，その向きを表す単位ベクトル $\boldsymbol{a}_{R_{21}} = \dfrac{\boldsymbol{r}_2-\boldsymbol{r}_1}{|\boldsymbol{r}_2-\boldsymbol{r}_1|}$ を大きさ F_{21} だけスカラー倍することにより与えられます。すなわち

$$\boldsymbol{F}_{21} = F_{21}\boldsymbol{a}_{R_{21}} = \left(\frac{1}{4\pi\varepsilon_0}\frac{Q_1Q_2}{|\boldsymbol{r}_2-\boldsymbol{r}_1|^2}\right)\frac{\boldsymbol{r}_2-\boldsymbol{r}_1}{|\boldsymbol{r}_2-\boldsymbol{r}_1|}$$

となります。このように，単位ベクトルで向きを表現するために，分母のみに着目すると，$|\boldsymbol{r}_2-\boldsymbol{r}_1|$ の 3 乗に反比例しているように見えますが，大きさを計算すると，$|\boldsymbol{F}_{21}| = F_{21}$ となり，実際には，大きさは $|\boldsymbol{r}_2-\boldsymbol{r}_1|$ の 2 乗に反比例していることになります。

2.3　電荷分布と電界

2.3.1　点電荷による電界の定義

クーロンの法則に従って電荷に力が作用する空間を**電界**（electric field）といい，1C の単位点電荷に作用する力として電界を定義する。点 $\boldsymbol{r}'$ [†1]に位置する点電荷 Q により観測点 $\boldsymbol{r}$ に生じる電界は

$$\boldsymbol{E} = \frac{Q}{4\pi\varepsilon_0}\frac{\boldsymbol{r}-\boldsymbol{r}'}{|\boldsymbol{r}-\boldsymbol{r}'|^3} \quad 〔\mathrm{V/m}〕 \tag{2.9}$$

と与えられる。単位の〔V/m〕は〔N/C〕[†2]に等しい。

式 (2.8) より，$\boldsymbol{r}_1, \boldsymbol{r}_2, \cdots, \boldsymbol{r}_n$ に位置する複数個の点電荷 $Q_1, Q_2, \cdots, Q_n$ による電界は

$$\boldsymbol{E} = \sum_{i=1}^{n}\frac{Q_i}{4\pi\varepsilon_0}\frac{\boldsymbol{r}-\boldsymbol{r}_i}{|\boldsymbol{r}-\boldsymbol{r}_i|^3} = \sum_{i=1}^{n}\boldsymbol{E}_i \tag{2.10}$$

---

†1 プライム記号 $'$ は微分を表す記号でない。本書では，電磁気学の慣例に従い，プライム記号 $'$ を源（source, 電界や磁界の源）に関連する座標・位置ベクトルを明示するために使用する。これに対して，プライム記号 $'$ なしは，電界や磁界の観測点（observation point）に関連した座標・位置ベクトルに対応する。

†2 〔V〕=〔J/C〕,〔J〕=〔N·m〕より，〔V/m〕=〔J/C/m〕=〔N·m/C/m〕=〔N/C〕となる。

となり，点電荷 Q_i による電界 $\boldsymbol{E}_i$ のベクトル和として与えられる。このように，電界に関して重ね合わせの原理が成り立つ。

2.3.2 連続的な電荷分布による電界

（1） 考 え 方　電荷分布の存在する領域は線素，面素，体積素に分割できる。線素，面素，体積素に含まれる電荷 dQ を点電荷とみなし，式 (2.9) によって微小電界 $d\boldsymbol{E}$ を計算する。

$$d\boldsymbol{E} = \frac{dQ}{4\pi\varepsilon_0}\frac{\boldsymbol{R}}{R^3} \tag{2.11}$$

ここで，$\boldsymbol{R} = \boldsymbol{r} - \boldsymbol{r}'$, $R = |\boldsymbol{R}|$ とする。$\boldsymbol{r}$ は観測点の位置ベクトル，$\boldsymbol{r}'$ は線素，面素，体積素の位置ベクトルである。連続的に分布した電荷による全体の電界 $\boldsymbol{E}$ は，これらの微小電界 $d\boldsymbol{E}$ を電荷が分布する領域全体でベクトル的に加算して得られる。

$$\boldsymbol{E} = \int d\boldsymbol{E} = \int \frac{dQ}{4\pi\varepsilon_0}\frac{\boldsymbol{R}}{R^3} \tag{2.12}$$

線素，面素，体積素は十分に小さい極限を考えるため，式 (2.12) においてベクトル和は積分となっている。具体的には，電荷の分布形態により，積分を線積分，面積分，体積分とすればよい。

（2） 線電荷分布による電界　曲線 C 上の線素の大きさ dl' に含まれる電荷量は $dQ = \rho_l(\boldsymbol{r}')dl'$ であるから，線積分を用いて電界 $\boldsymbol{E}$ は式 (2.13) のように与えられる。

$$\boldsymbol{E} = \int_C \frac{\rho_l(\boldsymbol{r}')dl'}{4\pi\varepsilon_0}\frac{\boldsymbol{R}}{R^3} \tag{2.13}$$

ここで，線電荷密度 ρ_l が $\boldsymbol{r}'$ の関数であることを強調するため，$\rho_l(\boldsymbol{r}')$ と表している。

（3） 面電荷分布による電界　曲面 S 上の面素の大きさ dS' に含まれる電荷量は $dQ = \rho_s(\boldsymbol{r}')dS'$ であるから，面積分を用いて電界 $\boldsymbol{E}$ は式 (2.14) のように与えられる。

$$\boldsymbol{E} = \iint_S \frac{\rho_s(\boldsymbol{r}')dS'}{4\pi\varepsilon_0} \frac{\boldsymbol{R}}{R^3} \tag{2.14}$$

ここで，面電荷密度 ρ_s が $\boldsymbol{r}'$ の関数であることを強調するため，$\rho_s(\boldsymbol{r}')$ と表している。

(4) 体積電荷分布による電界　領域 v 内の体積素 dv' に含まれる電荷量は $dQ = \rho_v(\boldsymbol{r}')dv'$ であるから，体積分を用いて電界 $\boldsymbol{E}$ は式 (2.15) のように与えられる。

$$\boldsymbol{E} = \iiint_v \frac{\rho_v(\boldsymbol{r}')dv'}{4\pi\varepsilon_0} \frac{\boldsymbol{R}}{R^3} \tag{2.15}$$

ここで，体積電荷密度 ρ_v が $\boldsymbol{r}'$ の関数であることを強調するため，$\rho_v(\boldsymbol{r}')$ と表している。

過去の Q&A から

Q2.3: 連続的に分布した電荷による電界について，もう少し説明して下さい。

A2.3: 領域 v に電荷が連続的に存在する場合を考えます。まず，領域 v を非常に細かく分割します。そのうちの一つの微小領域 Δv_i を考えます。細かく分割しますから，領域 Δv_i は点とみなすことができます（点とみなせるまで細かく分割します）。このとき，領域 Δv_i に含まれる電荷量を ΔQ_i とします。体積電荷密度の定義から

$$\Delta Q_i = \rho_v(\boldsymbol{r}_i)\Delta v_i$$

が成り立ちます。ここで，領域 Δv_i は点とみなせるので，その位置ベクトルを $\boldsymbol{r}_i$ で代表させました。領域 v 全体に分布する電荷による電界は，式 (2.10) から

$$\boldsymbol{E}(\boldsymbol{r}) \fallingdotseq \sum_{i=1}^{n} \frac{\Delta Q_i}{4\pi\varepsilon_0} \frac{\boldsymbol{r} - \boldsymbol{r}_i}{|\boldsymbol{r} - \boldsymbol{r}_i|^3} = \sum_{i=1}^{n} \frac{\rho_v(\boldsymbol{r}_i)}{4\pi\varepsilon_0} \frac{\boldsymbol{r} - \boldsymbol{r}_i}{|\boldsymbol{r} - \boldsymbol{r}_i|^3} \Delta v_i$$

と近似できます。分割数を無限大とすれば $(n \to \infty)$，体積分の定義から

$$\boldsymbol{E}(\boldsymbol{r}) = \lim_{n \to \infty} \sum_{i=1}^{n} \frac{\rho_v(\boldsymbol{r}_i)}{4\pi\varepsilon_0} \frac{\boldsymbol{r} - \boldsymbol{r}_i}{|\boldsymbol{r} - \boldsymbol{r}_i|^3} \Delta v_i = \iiint_v \frac{\rho_v(\boldsymbol{r}')}{4\pi\varepsilon_0} \frac{\boldsymbol{r} - \boldsymbol{r}'}{|\boldsymbol{r} - \boldsymbol{r}'|^3} dv'$$

となり，式 (2.15) が導かれます。

2.3.3 代表的な電荷分布による電界

例題を通して，直線上に電荷が一様に分布する場合（例題 2.1）と，平面上に電荷が一様に分布する場合（例題 2.2）の，電界を計算する手順を確認してほしい。また，これら二つの電荷分布による電界は公式として利用されることが多い。

例題 2.1　z 軸に沿って $-\infty < z < \infty$ に電荷が一様に分布している。線電荷密度を ρ_l とするとき，電界を計算せよ。

【解答】　電荷分布は z 軸に対して線対称なので，円筒座標系を利用する。式 (1.25) から，電界の観測点を $\boldsymbol{r} = \rho \boldsymbol{a}_\rho + z\boldsymbol{a}_z$ とする。これに対して，電荷の分布する点は $\boldsymbol{r}' = z'\boldsymbol{a}_z$ $(-\infty < z' < \infty)$ と表現できる。$dl' = dz'$ であるから，この点における微小電荷は $dQ = \rho_l dl' = \rho_l dz'$ となる。この様子を図 **2.4** に示す。ここで

$$\boldsymbol{R} = \boldsymbol{r} - \boldsymbol{r}' = \rho \boldsymbol{a}_\rho + (z - z')\boldsymbol{a}_z$$

$$R = |\boldsymbol{R}| = \sqrt{\rho^2 + (z - z')^2}$$

であるから，式 (2.13) より

$$\boldsymbol{E} = \int_{-\infty}^{\infty} \frac{\rho_l dz'}{4\pi\varepsilon_0} \frac{\rho \boldsymbol{a}_\rho + (z - z')\boldsymbol{a}_z}{\{\rho^2 + (z - z')^2\}^{3/2}}$$

となる。変数変換 $t = -(z - z')$ を行い，被積分関数の偶奇性を考慮すると

$$\boldsymbol{E} = \frac{\rho_l \rho}{4\pi\varepsilon_0} \int_{-\infty}^{\infty} \frac{dt}{(t^2 + \rho^2)^{3/2}} \boldsymbol{a}_\rho - \frac{\rho_l}{4\pi\varepsilon_0} \int_{-\infty}^{\infty} \frac{tdt}{(t^2 + \rho^2)^{3/2}} \boldsymbol{a}_z$$

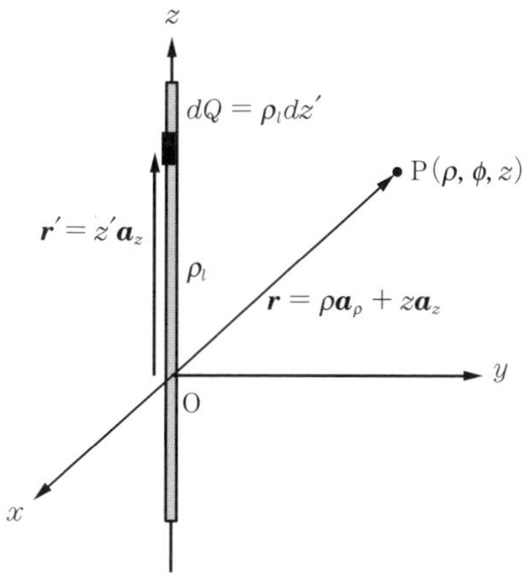

図 **2.4**　z 軸に沿った直線上に分布する線電荷による電界

$$
= \frac{\rho_l \rho}{2\pi\varepsilon_0} \int_0^{\infty} \frac{dt}{(t^2+\rho^2)^{3/2}} \boldsymbol{a}_\rho = \frac{\rho_l \rho}{2\pi\varepsilon_0} \left[\frac{t}{\rho^2 \sqrt{t^2+\rho^2}} \right]_0^{\infty} \boldsymbol{a}_\rho
$$

$$
= \frac{\rho_l}{2\pi\varepsilon_0 \rho} \boldsymbol{a}_\rho \tag{2.16}
$$

を得る。なお，上の計算で積分公式 (C.1) を利用した。 ◇

(1) 直線上に電荷が一様に分布する場合の電界　例題 2.1 から，直線上に一様分布した電荷による電界について，つぎのような性質がわかる。

- 大きさは，直線からの距離に反比例する。
- 向きは，直線に対して垂直である。

一般に，無限長の直線上に線電荷密度 ρ_l で一様に電荷が分布する場合，**図 2.5** に示すように，直線から観測点までの垂線ベクトルを $\boldsymbol{L}$ とするとき，電界はつぎのように与えられる。

$$
\boldsymbol{E} = \frac{\rho_l}{2\pi\varepsilon_0 L} \boldsymbol{a}_L = \frac{\rho_l}{2\pi\varepsilon_0} \frac{\boldsymbol{L}}{L^2} \quad \text{〔V/m〕} \tag{2.17}
$$

ここで，$L = |\boldsymbol{L}|$, $\boldsymbol{a}_L = \boldsymbol{L}/L$ とする。

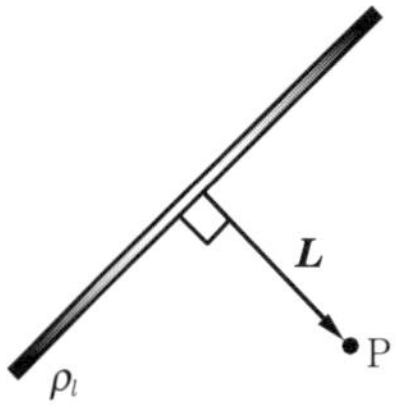

図 2.5　任意の直線上に一様に分布する線電荷による電界

過去の Q&A から

Q2.4: 偶関数と奇関数の見分け方を教えて下さい。

A2.4: **偶関数**（even function）は $f(-x) = f(x)$ となる関数です。$y = f(x)$ のグラフは y 軸に対して線対称となります。これに対して，**奇関数**（odd function）は $f(-x) = -f(x)$ となる関数です。$y = f(x)$ のグラフは原点に対して点対称となります。したがって，$f(x)$ を $-a \leqq x \leqq a$ の範囲で積分すると（$-a \leqq x \leqq a$ において，x 軸と $y = f(x)$ に囲まれた部分の符号付き面積を求めると），$f(x)$ が偶関数の場合，$-a \leqq x \leqq 0$ と $0 \leqq x \leqq a$ の部分は y 軸で折り返しただけなので，これら二つの範囲の（符号付き）

面積は同じとなります。これを式で表現すると

$$\int_{-a}^{a} f(x)dx = 2\int_{0}^{a} f(x)dx$$

となります。奇関数の場合は，$-a \leqq x \leqq 0$ と $0 \leqq x \leqq a$ の部分の面積は同じであるが，原点に関して点対称，すなわち，符号付き面積でいうと -1 を掛けるかどうかの違いがあります。このため，$-a \leqq x \leqq a$ の範囲では

$$\int_{-a}^{a} f(x)dx = 0$$

となります。

例題 2.2 xy 平面全体に電荷が一様に分布している。面電荷密度を ρ_s とするとき，電界を計算せよ。

【解答】 2 通りの解法を示す。

a) xy 平面上に一様に電荷が分布するため，電界は観測点の座標の x, y の関数でない。このため，一般性を失うことなく，観測点を $\boldsymbol{r} = z\boldsymbol{a}_z$ とおくことができる。一方，電荷が存在する点は $\boldsymbol{r}' = x'\boldsymbol{a}_x + y'\boldsymbol{a}_y$ $(-\infty < x' < \infty,\ -\infty < y' < \infty)$ と表現できる。xy 平面上の面素の大きさ dS' に含まれる電荷は $dQ = \rho_s dS' = \rho_s dx'dy'$ である。この様子を図 **2.6** に示す。このとき

$$\boldsymbol{R} = \boldsymbol{r} - \boldsymbol{r}' = -x'\boldsymbol{a}_x - y'\boldsymbol{a}_y + z\boldsymbol{a}_z$$

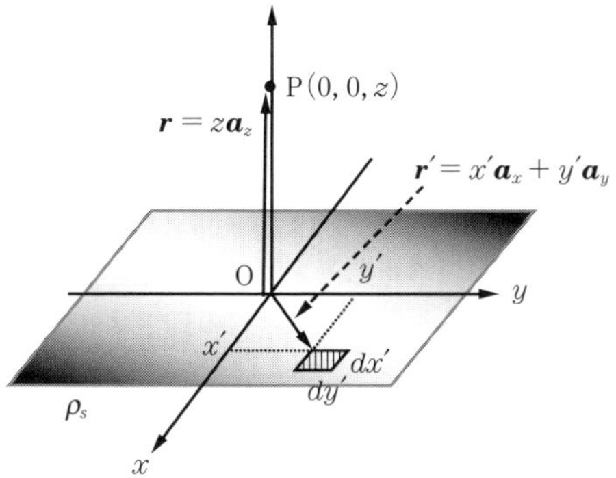

図 **2.6** 面素分割を用いた xy 平面上に一様に分布する面電荷による電界の計算

$$R = |\boldsymbol{R}| = \sqrt{x'^2 + y'^2 + z^2}$$

であるから，式 (2.14) より

$$\boldsymbol{E} = \int_{-\infty}^{\infty}\int_{-\infty}^{\infty} \frac{\rho_s dx' dy'}{4\pi\varepsilon_0} \frac{-x'\boldsymbol{a}_x - y'\boldsymbol{a}_y + z\boldsymbol{a}_z}{(x'^2 + y'^2 + z^2)^{3/2}}$$

と与えられる。被積分関数の偶奇性を考慮して

$$\boldsymbol{E} = \frac{\rho_s z}{\pi\varepsilon_0} \int_0^{\infty}\int_0^{\infty} \frac{dx' dy'}{(x'^2 + y'^2 + z^2)^{3/2}} \boldsymbol{a}_z \tag{2.18}$$

となる。ここで，極座標変換 $x' = \rho' \cos\phi'$，$y' = \rho' \sin\phi'$ を行うと

$$\begin{aligned}\boldsymbol{E} &= \frac{\rho_s z}{\pi\varepsilon_0} \int_0^{\pi/2} d\phi' \int_0^{\infty} \frac{\rho' d\rho'}{(\rho'^2 + z^2)^{3/2}} \boldsymbol{a}_z \\ &= \frac{\rho_s z}{\pi\varepsilon_0} \frac{\pi}{2} \left[-\frac{1}{\sqrt{\rho'^2 + z^2}} \right]_0^{\infty} \boldsymbol{a}_z = \frac{\rho_s}{2\varepsilon_0} \mathrm{sgn}(z) \boldsymbol{a}_z\end{aligned}$$

を得る。ここで，積分公式 (C.2) を利用した。また，sgn(x) は符号関数であり，つぎのように定義される。

$$\mathrm{sgn}(x) = \begin{cases} 1 & \text{for } x > 0 \\ -1 & \text{for } x < 0 \end{cases} \tag{2.19}$$

二重積分 (2.18) は，累次積分により，つぎのように計算することもできる。

$$\begin{aligned}\boldsymbol{E} &= \frac{\rho_s z}{\pi\varepsilon_0} \int_0^{\infty} dy' \int_0^{\infty} \frac{dx'}{(x'^2 + y'^2 + z^2)^{3/2}} \boldsymbol{a}_z \\ &= \frac{\rho_s z}{\pi\varepsilon_0} \int_0^{\infty} \left[\frac{x'}{(y'^2 + z^2)\sqrt{x'^2 + y'^2 + z^2}} \right]_0^{\infty} dy' \boldsymbol{a}_z \\ &= \frac{\rho_s z}{\pi\varepsilon_0} \int_0^{\infty} \frac{dy'}{y'^2 + z^2} \boldsymbol{a}_z = \frac{\rho_s z}{\pi\varepsilon_0} \left[\frac{1}{z} \tan^{-1} \frac{y'}{z} \right]_0^{\infty} \boldsymbol{a}_z \\ &= \frac{\rho_s}{2\varepsilon_0} \mathrm{sgn}(z) \boldsymbol{a}_z\end{aligned}$$

ここで，積分公式 (C.1), (C.3) を利用した。

b)　a) と同じ議論により，観測点を $\boldsymbol{r} = z\boldsymbol{a}_z$ とおく。つぎに，xy 平面を y 方向に幅 dy' の短冊（たんざく）に分割する。この短冊の線電荷密度は $\rho_l = \rho_s dy'$ となる。**図 2.7** の短冊から観測点におろした垂線ベクトルと垂線の長さは

$$\boldsymbol{L} = \overrightarrow{\mathrm{P'P}} = \overrightarrow{\mathrm{OP}} - \overrightarrow{\mathrm{OP'}} = z\boldsymbol{a}_z - y'\boldsymbol{a}_y$$

$$L = |\boldsymbol{L}| = \sqrt{z^2 + y'^2}$$

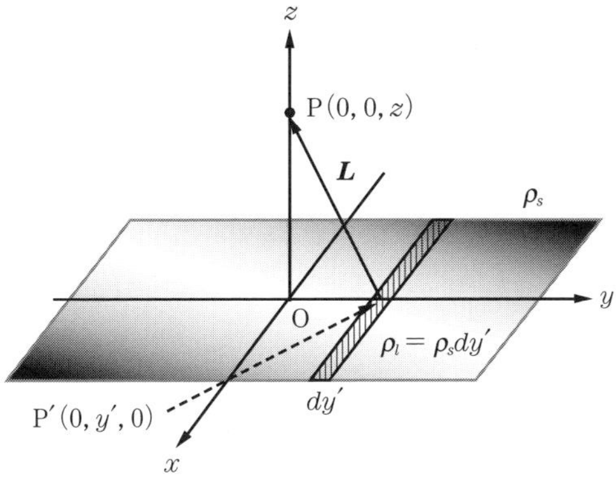

図 2.7 直線電流分割を用いた xy 平面上に一様に分布する面電荷による電界の計算

と与えられる。式 (2.17) より，図 2.7 の短冊に分布した電荷による電界は

$$d\boldsymbol{E} = \frac{\rho_s dy'}{2\pi\varepsilon_0}\frac{z\boldsymbol{a}_z - y'\boldsymbol{a}_y}{z^2 + y'^2} = \frac{\rho_s dy'}{2\pi\varepsilon_0}\left(\frac{z}{z^2+y'^2}\boldsymbol{a}_z - \frac{y'}{z^2+y'^2}\boldsymbol{a}_y\right)$$

となる。xy 平面全体に分布した電荷による電界は，この短冊による電界を y' に関して積分することで得られる。

$$\boldsymbol{E} = \frac{\rho_s z}{2\pi\varepsilon_0}\int_{-\infty}^{\infty}\frac{dy'}{y'^2+z^2}\boldsymbol{a}_z - \frac{\rho_s}{2\pi\varepsilon_0}\int_{-\infty}^{\infty}\frac{y'dy'}{y'^2+z^2}\boldsymbol{a}_y$$

被積分関数の偶奇性を考慮して

$$\boldsymbol{E} = \frac{\rho_s z}{\pi\varepsilon_0}\int_0^{\infty}\frac{dy'}{y'^2+z^2}\boldsymbol{a}_z = \frac{\rho_s z}{\pi\varepsilon_0}\left[\frac{1}{z}\tan^{-1}\frac{y'}{z}\right]_0^{\infty}\boldsymbol{a}_z$$
$$= \frac{\rho_s}{2\varepsilon_0}\mathrm{sgn}(z)\boldsymbol{a}_z$$

を得る。ここで，積分公式 (C.3) を利用した。 ◇

(2) 平面上に電荷が一様に分布する場合の電界　例題 2.2 から，平面上に一様分布した電荷による電界について，つぎのような性質がわかる。

- 大きさは，一定である。
- 向きは，平面に垂直で，平面から遠ざかる向きである。

一般に，無限大の平面上に面電荷密度 ρ_s で一様に電荷が分布する場合の電界は，**図 2.8** に示すように，その平面の観測点の側を向いた法単位ベクトルを $\boldsymbol{a}_n$ とするとき，式 (2.20) で与えられる。

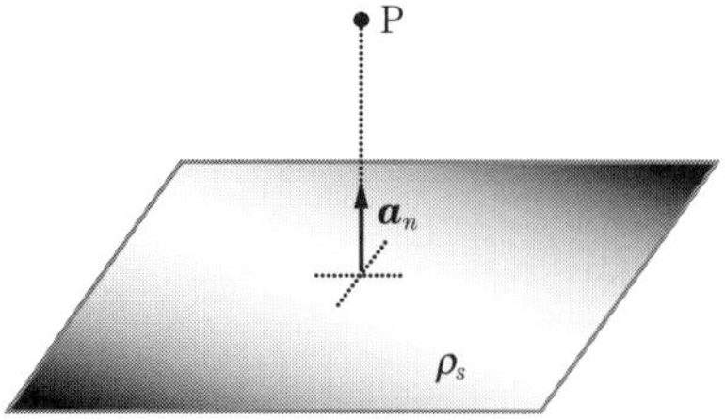

図 2.8　任意の平面上に一様に分布する面電荷による電界

$$\boldsymbol{E} = \frac{\rho_s}{2\varepsilon_0}\boldsymbol{a}_n \quad 〔\mathrm{V/m}〕 \tag{2.20}$$

過去の Q&A から

Q2.5: 例題 2.2【解答】a) の極座標変換を詳しく説明して下さい。

A2.5: 二重積分の変数変換公式

$$\iint_R f(x,y)dxdy = \iint_D f(u,v)\left|\frac{\partial(x,y)}{\partial(u,v)}\right|dudv$$

を利用します。極座標変換 $x=\rho\cos\phi, y=\rho\sin\phi$ に対して，ヤコビアン（ヤコビの行列式，Jacobian）は

$$\frac{\partial(x,y)}{\partial(\rho,\phi)} = \begin{vmatrix} \dfrac{\partial x}{\partial\rho} & \dfrac{\partial x}{\partial\phi} \\ \dfrac{\partial y}{\partial\rho} & \dfrac{\partial y}{\partial\phi} \end{vmatrix} = \begin{vmatrix} \dfrac{\partial}{\partial\rho}(\rho\cos\phi) & \dfrac{\partial}{\partial\phi}(\rho\cos\phi) \\ \dfrac{\partial}{\partial\rho}(\rho\sin\phi) & \dfrac{\partial}{\partial\phi}(\rho\sin\phi) \end{vmatrix}$$
$$= \begin{vmatrix} \cos\phi & -\rho\sin\phi \\ \sin\phi & \rho\cos\phi \end{vmatrix} = \rho$$

となるので，極座標変換に関しては

$$\iint_R f(x,y)dxdy = \iint_D f(\rho,\phi)\rho\,d\rho\,d\phi$$

という関係が成り立ちます。

Q2.6: もう少し詳しく $\boldsymbol{r}$ と $\boldsymbol{r}'$ の違いを教えてください。問題を解いていると，プライムを付けるべきかどうか混乱してしまいます。

A2.6: 点 $\boldsymbol{r}'$ に電荷を置き，点 $\boldsymbol{r}$ における電界を計算しますので，プライムの有無を区別する必要があります。観測点に関する座標系（プライムなし）と電荷に関する座標系（プライムあり）は，別物と考えて下さい。$\boldsymbol{r} = x\boldsymbol{a}_x + y\boldsymbol{a}_y + z\boldsymbol{a}_z$，$\boldsymbol{r}' = x'\boldsymbol{a}_{x'} + y'\boldsymbol{a}_{y'} + z'\boldsymbol{a}_{z'}$ のように，本来はプライムの有無で観測点と電

荷に関する座標系を区別しなければなりません。厄介なのは，二つの座標系の座標軸（基本ベクトル）が一致する場合です。先程の例では，$\boldsymbol{a}_{x'} = \boldsymbol{a}_x$，$\boldsymbol{a}_{y'} = \boldsymbol{a}_y$, $\boldsymbol{a}_{z'} = \boldsymbol{a}_z$ となりますから，$\boldsymbol{r}' = x'\boldsymbol{a}_x + y'\boldsymbol{a}_y + z'\boldsymbol{a}_z$ と記述できます。円筒座標系を用いる場合，$\boldsymbol{r} = \rho\boldsymbol{a}_\rho + z\boldsymbol{a}_z$，$\boldsymbol{r}' = \rho'\boldsymbol{a}_{\rho'} + z'\boldsymbol{a}_{z'}$ ですが，$\boldsymbol{a}_{z'} = \boldsymbol{a}_z$ となりますから，$\boldsymbol{r}' = \rho'\boldsymbol{a}_{\rho'} + z'\boldsymbol{a}_z$ と記述されます。この場合，$\boldsymbol{a}_\rho$ と $\boldsymbol{a}_{\rho'}$ は異なる向きの基本ベクトルです。このことは，直角座標系で成分表示することによって理解できます。

$$\boldsymbol{a}_\rho = \cos\phi\boldsymbol{a}_x + \sin\phi\boldsymbol{a}_y$$

$$\boldsymbol{a}_{\rho'} = \cos\phi'\boldsymbol{a}_x + \sin\phi'\boldsymbol{a}_y$$

例題 2.3 **図 2.9** に示すように，平面 $z = 0$ に面電荷密度 ρ_s で一様に電荷が分布し，平面 $z = d$ $(d > 0)$ に面電荷密度 $-\rho_s$ で一様に電荷が分布している。これらの電荷分布による電界を決定せよ。

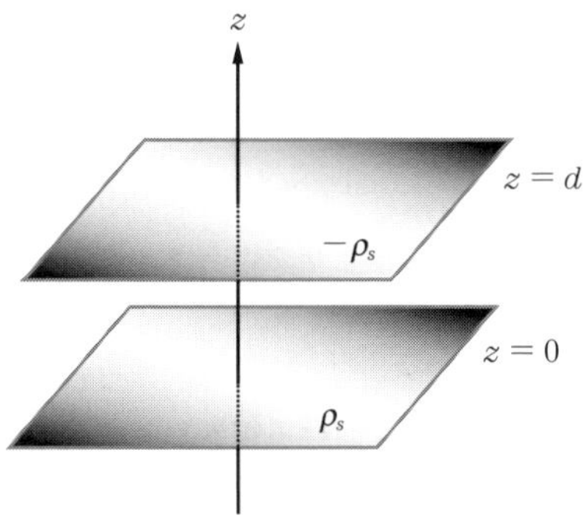

図 2.9 正負に帯電した平行な面電荷による電界

【解答】 平面 $z = 0$ と $z = d$ に一様に分布する面電荷による電界を重ね合わせればよい。式 (2.20) から，平面 $z = 0$ に分布する面電荷による電界は $\boldsymbol{E}^+ = (\rho_s/2\varepsilon_0)\mathrm{sgn}(z)\boldsymbol{a}_z$ と与えられ，平面 $z = d$ に分布する面電荷による電界は $\boldsymbol{E}^- = -(\rho_s/2\varepsilon_0)\mathrm{sgn}(z-d)\boldsymbol{a}_z$ と与えられる。これから

$$\begin{aligned}\boldsymbol{E} = \boldsymbol{E}^+ + \boldsymbol{E}^- &= \frac{\rho_s}{2\varepsilon_0}\left\{\mathrm{sgn}(z) - \mathrm{sgn}(z-d)\right\}\boldsymbol{a}_z \\ &= \begin{cases} \dfrac{\rho_s}{\varepsilon_0}\boldsymbol{a}_z & \text{for} \quad 0 < z < d \\ \boldsymbol{0} & \text{for} \quad z < 0 \ \text{or} \ z > d \end{cases}\end{aligned} \tag{2.21}$$

を得る。この結果は，平行平板コンデンサの極板間に生じる電界として，例題 5.4 で利用する。 ◇

章　末　問　題

【1】 点 A$(1,1,0)$ に点電荷 Q を，点 A と異なる点 B $(1,\sqrt{b},\sqrt{c})$ に点電荷 $-Q$ を置く。原点 O $(0,0,0)$ における電界 $\boldsymbol{E}$ の向きが x 軸に平行となるように，点 B の位置を決定せよ。ただし，$b \geqq 0, c \geqq 0$ とする。

【2】 z 軸に沿って $0 \leqq z < \infty$ に電荷が一様に分布している。線電荷密度を ρ_l とするとき，電界を計算せよ。

【3】 ρ_l の一様電荷分布をした長さ $2L$ の直線電荷について，直線電荷の中点から垂直に ρ 離れた位置における電界を計算せよ。また $L \to \infty$ とするとき，電界はどうなるか。

【4】 半径 a の円周上に，線電荷密度 ρ_l の一様な線電荷が分布している。

(1) 円周の中心軸上における電界を計算せよ。

(2) 円周の中心では，電界はどうなるか。この結果を物理的に説明せよ。

(3) 中心軸上で，電界の大きさが最大となる点を求めよ。また，最大値を求めよ。

【5】 半径 a の円板が一様な面電荷密度 ρ_s で帯電している。円板の中心軸上における電界を計算せよ。この結果において $a \to \infty$ とすることで，無限大平面上に一様な面電荷密度 ρ_s が分布している場合の電界を求めよ。

【6】 幅 $2W$ の無限長の短冊上に，一様な面電荷密度 ρ_s の電荷が分布している。短冊の中心から，短冊面に垂直に z 離れた位置における電界を計算せよ。この結果において $W \to \infty$ とすることで，無限大平面上に一様な面電荷密度 ρ_s が分布している場合の電界を求めよ。

3 ガウスの法則

電界に沿って電荷が移動していく様は，水流に沿って流れる落ち葉のようである。ある閉曲面を考え，その内部のいくつかの点で，水が湧(わ)き出したり，吸い込まれている様子を思い浮かべてほしい。我々は，閉曲面を通過して外に流れていく水の総量は，その中で湧き出したり，吸い込まれたりした水量の総和であることを経験的に知っている。実は，これと同じ現象が電荷および静電界に対して起きている。電荷が電界の湧出し口や吸込み口になり，電界はあたかも電荷の流れの大きさと向きを表している。

さて，ある閉曲面に対して垂直な電界成分の総和を計算する，すなわち，面積分を行うと，その値はその閉曲面の内部に含まれる電荷量に対応する。これをガウスの法則という。本章ではこのガウスの法則について解説を行う。クーロンの法則からガウスの法則を導いた後，ガウスの法則を用いることで球対称・軸対称・面対称の電荷分布に対して容易に電界が求められることを示す。さらに，単位体積当りのベクトル場の湧出し量を表す「発散」と呼ばれるベクトル微分演算を導入し，ガウスの法則の微分形を導出する。この微分形はマクスウェルの方程式の一つとなっている。

3.1 電　　束

（1） 電気力線　ファラデーは静電界が作用する理由として，正負の電荷の間に，目に見えない線が張られており，クーロンの法則による力はこの線に沿って作用すると考えた。このように，電界 $\boldsymbol{E}$ に接する曲線群，すなわち，

$\boldsymbol{E} \,/\!/\, d\boldsymbol{r}$ となる曲線群を**電気力線**（electric field line）という。

（2）　**電束と電束密度**　　図 **3.1** の電気力線の様子は，電界に沿って，正の点電荷から負の点電荷への流れと解釈することもできる。この流量を数学的に扱うために，面素 $d\boldsymbol{S}$ を通過する**電束**（electric flux）$d\Psi$ を

$$d\Psi = \boldsymbol{D} \cdot d\boldsymbol{S} \quad \text{〔C〕} \tag{3.1}$$

と定義する。$\boldsymbol{D}$ はその大きさが流れの密度（単位面積当りの流量）を，向きが流れの向きを表すベクトルであり，**電束密度**（electric flux density）と呼ばれる。図 **3.2** に示すように，$d\Psi$ は $\boldsymbol{D}$ の面素 $d\boldsymbol{S}$ の面に垂直な成分 $D\cos\theta$ に面積 dS を乗じた量 $(D\cos\theta)dS = |\boldsymbol{D}||d\boldsymbol{S}|\cos\theta = \boldsymbol{D} \cdot d\boldsymbol{S}$ となる。また，曲面 S を通過する電束 Ψ は，式 (3.1) を面積分することによって

$$\Psi = \iint_S \boldsymbol{D} \cdot d\boldsymbol{S} \quad \text{〔C〕} \tag{3.2}$$

と与えられる。面素 $d\boldsymbol{S}$ の向きは，閉曲面 S で囲まれた領域の内側から外側への向きに選ぶ。以上から，図 3.1 の正の点電荷を取り囲む閉曲面 S に対して，式 (3.2) で定義される電束 Ψ は正の点電荷の電荷量 Q に等しいことになる。このように，電束は与えられた曲面を通過する電荷の総量を表す。

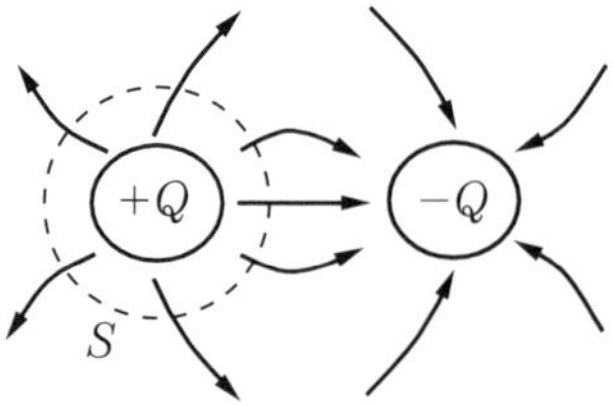

図 **3.1**　正負の点電荷の間の電気力線

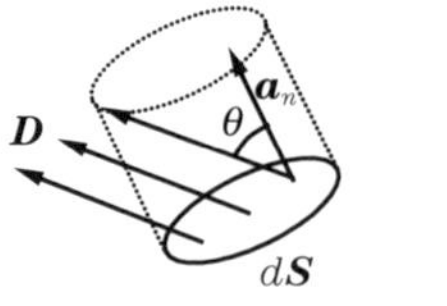

図 **3.2**　面素 $d\boldsymbol{S}$ を通過する電束 $d\Psi$

（3）　**電界と電束密度**　　原点 O に点電荷 Q を置くとき，点 $\boldsymbol{r}$ における電束密度を考えよう。電束は半径 r の球面を通過する電荷量 Q に等しいから，電束密度の大きさは $D = Q/4\pi r^2$ となる。電荷の流れは球面に垂直であるから，その向きを表す単位ベクトルは $\boldsymbol{a}_r = \boldsymbol{r}/r$ である。したがって，電束密度 $\boldsymbol{D}$ は

$$\boldsymbol{D} = \frac{Q}{4\pi r^2}\boldsymbol{a}_r \tag{3.3}$$

と与えられ，電界 $\boldsymbol{E} = (Q/4\pi\varepsilon_0 r^2)\boldsymbol{a}_r$ の ε_0 倍となっている。自由空間における電束密度 $\boldsymbol{D}$ と電界 $\boldsymbol{E}$ の間には，一般に

$$\boldsymbol{D} = \varepsilon_0 \boldsymbol{E} \quad \text{〔C/m}^2\text{〕} \tag{3.4}$$

という関係が成り立つ。

3.2 ガウスの法則

（1）立　体　角　ある点から曲面 S を見込むとき，その点と曲面 S 上の任意の点を結ぶ線分が，その点を中心とする単位球面（半径 1 の球面）と交わる面積を**立体角**（solid angle）という。ある点が閉曲面で覆われるとき，その点から閉曲面を見込む立体角は単位球面の面積 4π となる。これを全立体角という。また，**図 3.3** に示すように，原点 O から曲面 S 上の面素 $d\boldsymbol{S}$ を見込む立体角 $d\Omega$ に対して，曲面 S 上の位置ベクトル $\boldsymbol{r}$ に関する単位ベクトル $\boldsymbol{a}_r$ と面素 $d\boldsymbol{S}$ の法単位ベクトル $\boldsymbol{a}_n$ のなす角を ψ とすれば

$$r^2 d\Omega = \pm dS \cos\psi = \pm \boldsymbol{a}_r \cdot d\boldsymbol{S} \tag{3.5}$$

の関係が成り立つ†。複号 ± は，ψ が鋭角のとき正号 + とし，ψ が鈍角のとき負号 − とする。

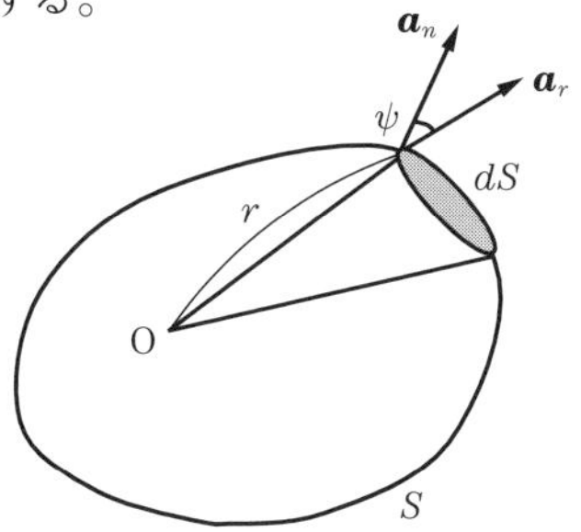

図 3.3　点電荷が閉曲面 S の内部に存在する場合

---

† 閉曲面を扱う場合，面素 $d\boldsymbol{S}$ の向きは閉曲面の内側から外側の向きに選ぶことにする。

（2） ガウスの法則の導出　図 3.3 に示すように，閉曲面 S の内部に点電荷が存在する場合を考える。原点 O に点電荷 Q を置くとき，閉曲面 S を通過する電束 Ψ は，式 (3.5) の関係を利用して

$$\Psi = \oiint_S \boldsymbol{D} \cdot d\boldsymbol{S} = \oiint_S \frac{Q}{4\pi r^2} \boldsymbol{a}_r \cdot d\boldsymbol{S} = \frac{Q}{4\pi} \iint_\Omega d\Omega = Q \tag{3.6}$$

となる。左辺の積分記号の ◯ は面積分を行う領域が閉曲面であることを示している。ここで，$\iint_\Omega d\Omega = 4\pi$ は全立体角に対応している。つぎに，**図 3.4** に示すように，閉曲面 S の外部に点電荷が存在する場合を考える。原点 O を頂点とする微小な錐体によって切り取られる閉曲面 S 上の面素 $d\boldsymbol{S}_1$ および $d\boldsymbol{S}_2$ に着目すると，式 (3.3), (3.5) の関係に注意して

$$\begin{aligned} \boldsymbol{D}_1 \cdot d\boldsymbol{S}_1 + \boldsymbol{D}_2 \cdot d\boldsymbol{S}_2 &= \frac{Q}{4\pi r_1^2} \boldsymbol{a}_r \cdot d\boldsymbol{S}_1 + \frac{Q}{4\pi r_2^2} \boldsymbol{a}_r \cdot d\boldsymbol{S}_2 \\ &= \frac{Q}{4\pi r_1^2}(-r_1^2 d\Omega) + \frac{Q}{4\pi r_2^2}(r_2^2 d\Omega) = 0 \end{aligned} \tag{3.7}$$

となる。このことから，閉曲面 S の外部に点電荷が存在する場合

$$\Psi = \oiint_S \boldsymbol{D} \cdot d\boldsymbol{S} = 0 \tag{3.8}$$

となる。このように，閉曲面 S の内部に点電荷が存在するとき，電束 Ψ はその電荷量に一致し，閉曲面 S の内部に点電荷が存在しないとき，電束 Ψ は 0 となる。説明は省略するが，上記の結果は形状が屈曲するなどの複雑な閉曲面に対しても成り立つ。

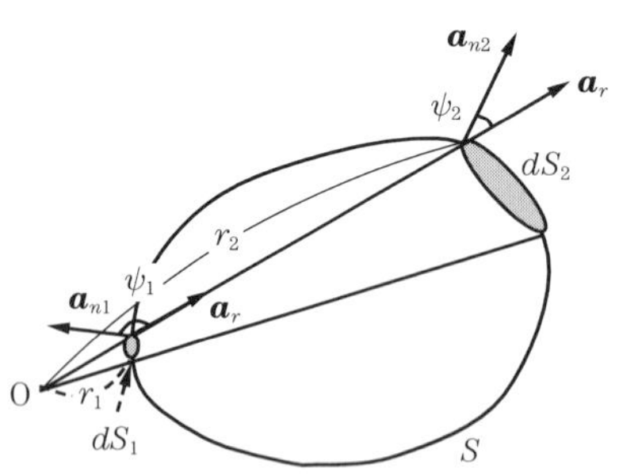

図 3.4　点電荷が閉曲面 S の外部に存在する場合

点電荷が複数個ある場合あるいは電荷が連続的に分布する場合に対しても，閉曲面 S に囲まれた電荷の総量 $Q_{\text{enclosed by } S}$ は，重ね合わせの原理により，閉曲面 S を貫く電束 Ψ に等しくなる。すなわち

$$\oiint_S \boldsymbol{D} \cdot d\boldsymbol{S} = Q_{\text{enclosed by } S} \tag{3.9}$$

という関係が成り立つ。この関係を**ガウスの法則**（Gauss' law）あるいはガウスの法則の積分形という。なお，閉曲面 S に囲まれた電荷の総量 $Q_{\text{enclosed by } S}$ を体積電荷密度 ρ_v の体積分として表現すれば，ガウスの法則は

$$\oiint_S \boldsymbol{D} \cdot d\boldsymbol{S} = \iiint_v \rho_v dv \tag{3.10}$$

と与えられる。

過去の Q&A から

Q3.1: 式 (3.10) のように，体積電荷密度 ρ_v によって点電荷，線電荷，面電荷を表現しても構わないのですか。

A3.1: 詳細は省略しますが，Dirac のデルタ関数を用いると，点電荷，線電荷密度，面電荷密度を体積電荷密度によって数式表現できます（p.47，66 の脚注参照）。このため，式 (3.10) では閉曲面 S の内部の電荷量を体積電荷密度の体積分で表しています。

3.3　ガウスの法則の適用

（1）適用の原則　　つぎの二つの条件を満足するように閉曲面 S を選択すると，ガウスの法則 (3.9) の面積分が簡単になる。

1) 電束密度 $\boldsymbol{D}$ が，閉曲面 S 上の面素 $d\boldsymbol{S}$ に対して平行もしくは垂直である。閉曲面 S に対して $\boldsymbol{D}$ が垂直であるとき，S 上の面素 $d\boldsymbol{S}$ に対して $\boldsymbol{D}$ が平行となるので，$\boldsymbol{D} \cdot d\boldsymbol{S} = D_n dS$ となる。ここで，D_n は $\boldsymbol{D}$ の閉曲面 S に対する法線成分とする。また，閉曲面 S に対して $\boldsymbol{D}$ が平行であるとき，S 上の面素 $d\boldsymbol{S}$ に対して $\boldsymbol{D}$ が垂直となるので，$\boldsymbol{D} \cdot d\boldsymbol{S} = 0$ となる。

2) 電束密度 $\boldsymbol{D}$ に垂直な閉曲面 S の部分を S_i ($i=1,2,\cdots,m$) とすれば，各 S_i において D_n が一定値 D_i となる。

以上の条件より，式 (3.9) の面積分は

$$\oiint_S \boldsymbol{D}\cdot d\boldsymbol{S} = \sum_{i=1}^{m}\iint_{S_i} D_n dS = \sum_{i=1}^{m} D_i \iint_{S_i} dS = \sum_{i=1}^{m} D_i \times (S_i \text{ の面積})$$

と変形されるので，式 (3.9) はつぎのように簡単化される。

$$\sum_{i=1}^{m} D_i \times (S_i\text{の面積}) = Q_{\text{enclosed by } S} \tag{3.11}$$

（2）解法のパターン　簡単化されたガウスの法則 (3.11) を利用するためには，与えられた電荷分布の対称性に着目し，クーロンの法則によって電界の形について予測する必要がある。電荷分布の対称性により，代表的な解法のパターンは**表 3.1** に示す三つに分類できる。

表 3.1　対称性と閉曲面の選択

電荷分布	選択すべき閉曲面 S	S_i	簡単化されたガウスの法則
球対称	球面	球面	$D_r \cdot 4\pi r^2 = Q_{\text{enclosed by } S}$
軸対称	円筒面	側面	$D_\rho \cdot 2\pi\rho L = Q_{\text{enclosed by } S}$
面対称	円筒面	上下の底面	$D_z \cdot 2A = Q_{\text{enclosed by } S}$

（a）球対称分布の場合　原点に対して球対称な分布の場合，球座標系を用いる。クーロンの法則から，r 成分以外の成分は打ち消し合い，$\boldsymbol{D} = D_r(r)\boldsymbol{a}_r$ となる。閉曲面 S として，**図 3.5** に示すように，原点が中心で半径 r の球面を選ぶ。この閉曲面 S の法単位ベクトル $\boldsymbol{a}_n$ は $\boldsymbol{a}_r$ となり，電束密度 $\boldsymbol{D}$ と平行で

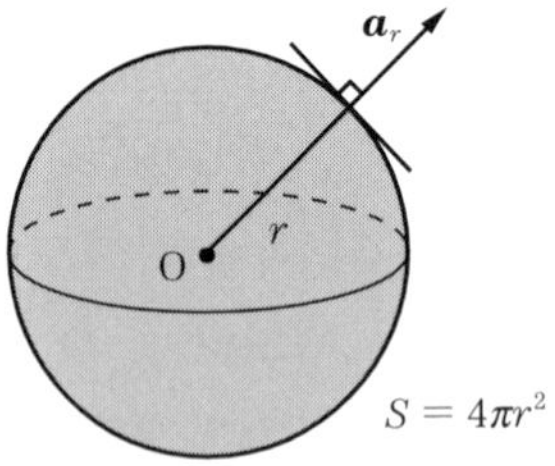

図 3.5　球対称の電荷分布

ある。式 (3.11) により

$$D_r \cdot 4\pi r^2 = Q_{\text{enclosed by } S} \tag{3.12}$$

の関係が得られる。これから，電束密度 $\boldsymbol{D}$ は

$$\boldsymbol{D} = \frac{Q_{\text{enclosed by } S}}{4\pi r^2}\boldsymbol{a}_r = \left(\frac{1}{r^2}\int_0^r \rho_v(r')r'^2 dr'\right)\boldsymbol{a}_r \tag{3.13}$$

と与えられる。ここで，$\rho_v(r)$ は体積電荷密度であり，r のみの関数である。

例題 3.1 原点に位置する点電荷 Q による電束密度 $\boldsymbol{D}$ を求めよ。

【解答】 閉曲面 S として，原点が中心で，半径 r の球面を選ぶ。$Q_{\text{enclosed by } S} = Q$ なので，式 (3.13) より

$$\boldsymbol{D} = \frac{Q}{4\pi r^2}\boldsymbol{a}_r$$

となる。 ◇

（b） 軸対称分布の場合 z 軸に対して軸対称な分布の場合，円筒座標系を用いる。クーロンの法則から，ρ 成分以外の成分は打ち消し合い，$\boldsymbol{D} = D_\rho(\rho)\boldsymbol{a}_\rho$ となる。閉曲面 S として，**図 3.6** に示すように，長さ L の円筒面を選ぶ。底面は，xy 平面に平行で，中心が z 軸上にあり，半径 ρ である円とする。上下の底面の法単位ベクトルはそれぞれ $\pm\boldsymbol{a}_z$ であり，$\boldsymbol{a}_\rho$ と直交している。ゆえに，上下の底面は式 (3.9) の面積分に寄与しない。一方，側面の法単位ベクトルは $\boldsymbol{a}_\rho$ であり，電束密度 $\boldsymbol{D}$ と平行である。式 (3.11) により

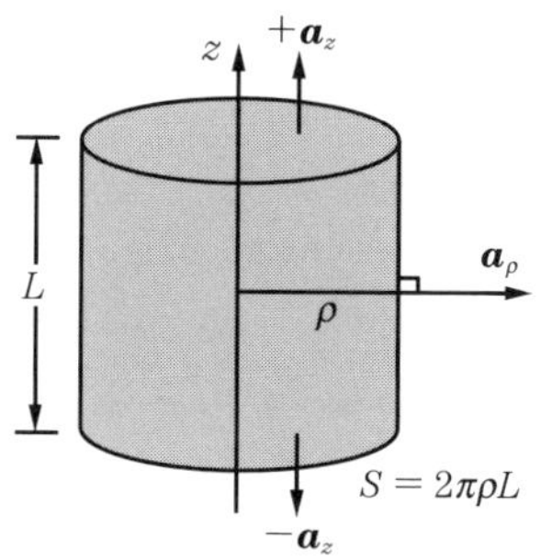

図 3.6 軸対称の電荷分布

$$D_\rho \cdot 2\pi\rho L = Q_{\text{enclosed by } S} \tag{3.14}$$

の関係が得られる。これから，電束密度 $\boldsymbol{D}$ は

$$\boldsymbol{D} = \frac{Q_{\text{enclosed by } S}}{2\pi\rho L}\boldsymbol{a}_\rho = \left(\frac{1}{\rho}\int_0^\rho \rho_v(\rho')\rho' d\rho'\right)\boldsymbol{a}_\rho \tag{3.15}$$

と与えられる。ここで，$\rho_v(\rho)$ は体積電荷密度であり，ρ のみの関数である。

例題 3.2　z 軸に沿って無限長の一様な線電荷が分布するときの電束密度 $\boldsymbol{D}$ を求めよ。ただし，線電荷密度を ρ_l とする。

【解答】　閉曲面 S として，長さ L の円筒面を選ぶ。底面は，xy 平面に平行で，中心が z 軸上にあり，半径 ρ である円とする。$Q_{\text{enclosed by } S} = \rho_l L$ であるから，式 (3.15) より

$$\boldsymbol{D} = \frac{\rho_l}{2\pi\rho}\boldsymbol{a}_\rho$$

となる。◇

例題 3.3　図 3.7 に示す半径 a の内導体 A と半径 b の外導体 B の無限長の同軸円筒導体を考える†。内導体 A の外側表面に線電荷密度 ρ_l，外導体 B の内側表面に線電荷密度 $-\rho_l$ の一様な電荷を与える。電束密度 $\boldsymbol{D}$ を求めよ。

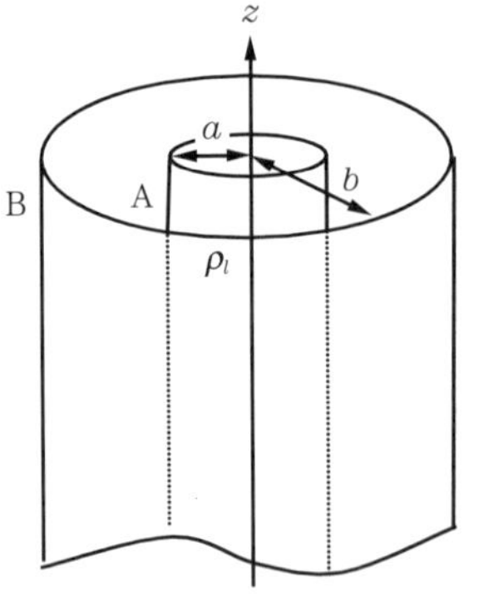

図 3.7　無限長の同軸円筒導体

---

† このような構造の伝送線路は同軸ケーブルと呼ばれており，アンテナからテレビへの給電線として利用されている。

【解答】 閉曲面 S として，長さ L の円筒面を選ぶ。底面は，xy 平面に平行で，中心が z 軸上にあり，半径 ρ である円とする。

a) $\rho < a$ のとき，$Q_{\text{enclosed by } S} = 0$ なので，式 (3.15) より

$$\boldsymbol{D} = \boldsymbol{0}$$

b) $a < \rho < b$ のとき，閉曲面 S に含まれる電荷は内導体 A の外側表面の面電荷のみであり，$Q_{\text{enclosed by } S} = \rho_l \cdot L$ となるので，式 (3.15) より

$$\boldsymbol{D} = \frac{\rho_l}{2\pi\rho}\boldsymbol{a}_\rho$$

となる。これは例題 3.2 の結果と同一である。

c) $\rho > b$ のとき，閉曲面 S に含まれる電荷は，内導体 A の外部表面の面電荷と外導体 B の内側表面の面電荷の総和であるから

$$Q_{\text{enclosed by } S} = \rho_l \cdot L + (-\rho_l) \cdot L = 0$$

となるので，式 (3.15) より

$$\boldsymbol{D} = \boldsymbol{0}$$

となる。このように，同軸円筒導体の外部には電界が存在しない。この現象を遮蔽（しゃへい）効果という。 ◇

（c） 面対称分布の場合　**図 3.8** に示すように，xy 平面に対して面対称な分布の場合，直角座標系を用いる。クーロンの法則から，z 成分以外の成分は打ち消し合い，$\boldsymbol{D} = D_z(z)\boldsymbol{a}_z$ となる。ただし，$D_z(-z) = -D_z(z)$ である。閉曲面 S として，上面と下面が xy 平面の両側に同じ距離 $|z|$ だけ離れた円筒面を選ぶ。円筒面の側面の法単位ベクトルは $\boldsymbol{a}_z$ と直交している。ゆえに，側面は

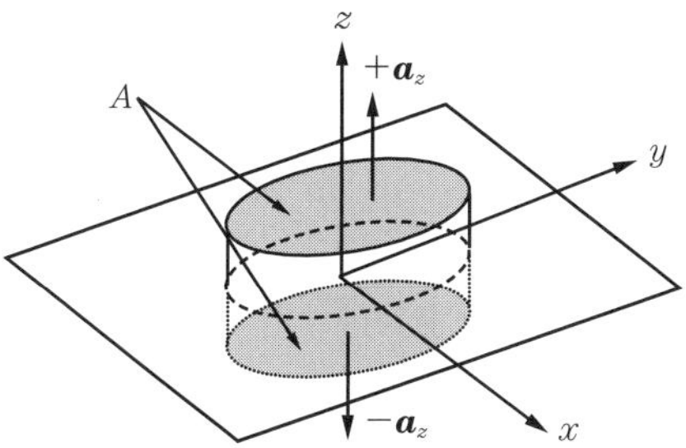

図 3.8　面対称の電荷分布

式 (3.9) の面積分に寄与しない。一方，上面と下面の法単位ベクトルはそれぞれ $\boldsymbol{a}_z$ および $-\boldsymbol{a}_z$ であり，電束密度 $\boldsymbol{D}$ と平行である。式 (3.11) により

$$D_z(z)A + \{-D_z(-z)\}A = Q_{\text{enclosed by } S} \tag{3.16}$$

となる。ここで，上面と下面の面積を A とする。これから，電束密度 $\boldsymbol{D}$ は

$$\boldsymbol{D} = \frac{Q_{\text{enclosed by } S}}{2A}\text{sgn}(z)\boldsymbol{a}_z = \left(\int_{+0}^{|z|} \rho_v(z')dz'\right)\text{sgn}(z)\boldsymbol{a}_z \tag{3.17}$$

と与えられる。ここで，$\rho_v(z)$ は体積電荷密度であり，z に関する偶関数である。

例題 3.4　xy 平面に一様に面電荷が分布するときの電束密度 $\boldsymbol{D}$ を求めよ。ただし，面電荷密度を ρ_s とする。

【解答】　閉曲面 S として，上面と下面が xy 平面の両側に同じ距離 $|z|$ だけ離れた円筒面を選ぶ。ただし，上面と下面の面積を A とする。$Q_{\text{enclosed by } S} = \rho_s A$ であるから，式 (3.17) より

$$\boldsymbol{D} = \frac{\rho_s}{2}\text{sgn}(z)\boldsymbol{a}_z$$

となる。◇

過去の Q&A から

Q3.2: ガウスの法則を適用できない場合を教えて下さい。

A3.2: ガウスの法則が威力を発揮するのは，電荷分布が対称性を持つ場合です。適用できない例としては，2 章の章末問題【 **2** 】〜【 **6** 】があります。

Q3.3: 例題 3.3 で場合分けを行う理由がわかりません。

A3.3: $Q_{\text{enclosed by } S}$ の意味がまだ理解できていないようですね。$Q_{\text{enclosed by } S}$ は文字どおり，閉曲面 S に含まれる電荷の総量です。例題 3.3 において，電荷は $\rho = a$ および $\rho = b$ の面に存在しており，$\rho < a$ では，閉曲面 S 内に電荷は存在せず（$Q_{\text{enclosed by } S} = 0$），$a < \rho < b$ では，閉曲面 S 内に $\rho = a$ に存在する電荷のみが含まれ（$Q_{\text{enclosed by } S} = \rho_l \cdot L$），$\rho > b$ では，閉曲面 S 内に $\rho = a$ および $\rho = b$ に存在する電荷が含まれます（$Q_{\text{enclosed by } S} = \rho_l \cdot L + (-\rho_l) \cdot L = 0$）。

3.4 発散とガウスの発散定理

3.4.1 発　　　散

(1) 微小直方体におけるガウスの法則　**図 3.9** に示すように，点 (x, y, z) と点 $(x+\Delta x, y+\Delta y, z+\Delta z)$ を結ぶ線分が対角線となるような直方体を考える。Δx, Δy, Δz は十分に小さいと仮定する。また，直方体の表面を ΔS とする。このとき，ガウスの法則 (3.9) の面積分を評価しよう。まず，面積分を $x = x$, $x = x + \Delta x$, $y = y$, $y = y + \Delta y$, $z = z$, $z = z + \Delta z$ の六つの面に分ける。

$$\oiint_{\Delta S} \boldsymbol{D} \cdot d\boldsymbol{S} = \iint_{x} + \iint_{x+\Delta x} + \iint_{y} + \iint_{y+\Delta y} + \iint_{z} + \iint_{z+\Delta z}$$

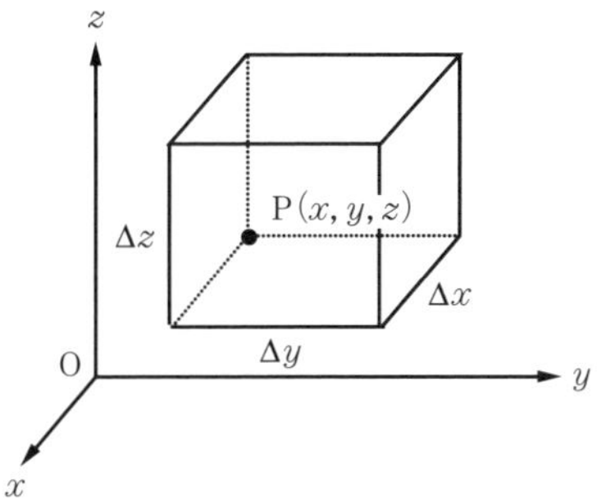

図 3.9　微小直方体における ガウスの法則

各面は十分に小さいので，各面において電束密度 $\boldsymbol{D}$ は定ベクトルとみなすことができる。例えば

$$\begin{aligned}\iint_{x} + \iint_{x+\Delta x} &\fallingdotseq \boldsymbol{D}(x, y, z) \cdot \iint_{x} d\boldsymbol{S} + \boldsymbol{D}(x+\Delta x, y, z) \cdot \iint_{x+\Delta x} d\boldsymbol{S} \\ &= \boldsymbol{D}(x, y, z) \cdot (-\Delta y \Delta z \boldsymbol{a}_x) + \boldsymbol{D}(x+\Delta x, y, z) \cdot (\Delta y \Delta z \boldsymbol{a}_x) \\ &= \frac{D_x(x+\Delta x, y, z) - D_x(x, y, z)}{\Delta x} \Delta x \Delta y \Delta z \fallingdotseq \frac{\partial D_x}{\partial x} \Delta v\end{aligned}$$

と変形できる。ここで，$\Delta v = \Delta x \Delta y \Delta z$ は直方体の体積である。同様に

$$\iint_{y} + \iint_{y+\Delta y} \fallingdotseq \frac{\partial D_y}{\partial y}\Delta v$$

$$\iint_{z} + \iint_{z+\Delta z} \fallingdotseq \frac{\partial D_z}{\partial z}\Delta v$$

と変形できるので，ガウスの法則 (3.9) の面積分は

$$\oiint_{\Delta S} \boldsymbol{D}\cdot d\boldsymbol{S} \fallingdotseq \left(\frac{\partial D_x}{\partial x} + \frac{\partial D_y}{\partial y} + \frac{\partial D_z}{\partial z}\right)\Delta v \tag{3.18}$$

と近似できる。ガウスの法則 (3.9) によれば，この面積分は直方体に含まれる電荷 $\Delta Q = \rho_v \Delta v$ に等しい。ここで，ρ_v は体積電荷密度である。したがって，Δv を十分に小さくする極限において，式 (3.9) は

$$\begin{aligned}\frac{\partial D_x}{\partial x} + \frac{\partial D_y}{\partial y} + \frac{\partial D_z}{\partial z} &= \lim_{\Delta v \to 0} \frac{1}{\Delta v} \oiint_{\Delta S} \boldsymbol{D}\cdot d\boldsymbol{S} \\ &= \lim_{\Delta v \to 0} \frac{\Delta Q}{\Delta v} = \rho_v \end{aligned} \tag{3.19}$$

と書き直すことができる。

（**2**）　**発散の定義**　　閉曲面 ΔS で囲まれた領域の体積を Δv とするとき

$$\nabla\cdot\boldsymbol{A} = \lim_{\Delta v \to 0} \frac{1}{\Delta v} \oiint_{\Delta S} \boldsymbol{A}\cdot d\boldsymbol{S} \tag{3.20}$$

をベクトル場 $\boldsymbol{A}$ の**発散**（divergence）という。

物理的には，単位体積当りその閉曲面から流出するベクトル場の流量を表す。つまり，発散が正であればその点でベクトル場が湧き出ており，負であればベクトル場が吸い込まれていることになる。発散が 0 であるということは，湧出しも吸込みもないということである。川の流れ（湧き水，伏流水など）をイメージするとわかりやすい。

（**3**）　**発散の成分表示**　　直角座標系における成分表示は式 (3.18) からただちに得られる。円筒座標系，球座標系についても同様に導くことができる†。円筒座標系，球座標系の成分表示は，直角座標系のように形式的に ∇ と $\boldsymbol{A}$ の内積の成分表示の形でないことに注意しよう。

† 章末問題【**9**】,【**10**】を参照されたい。

（a） 直角座標系

$$\nabla \cdot \boldsymbol{A} = \frac{\partial A_x}{\partial x} + \frac{\partial A_y}{\partial y} + \frac{\partial A_z}{\partial z} \tag{3.21a}$$

（b） 円筒座標系

$$\nabla \cdot \boldsymbol{A} = \frac{1}{\rho}\frac{\partial}{\partial \rho}(\rho A_\rho) + \frac{1}{\rho}\frac{\partial A_\phi}{\partial \phi} + \frac{\partial A_z}{\partial z} \tag{3.21b}$$

（c） 球 座 標 系

$$\nabla \cdot \boldsymbol{A} = \frac{1}{r^2}\frac{\partial}{\partial r}\left(r^2 A_r\right) + \frac{1}{r\sin\theta}\frac{\partial}{\partial \theta}(\sin\theta A_\theta) + \frac{1}{r\sin\theta}\frac{\partial A_\phi}{\partial \phi} \tag{3.21c}$$

（4） ガウスの法則の微分形　　発散を用いて，式 (3.19) は

$$\nabla \cdot \boldsymbol{D} = \rho_v \tag{3.22}$$

と書き直すことができる。この関係を**ガウスの法則の微分形**（point form of Gauss' law）という。このように，電束密度 $\boldsymbol{D}$ の湧出し，吸込みはその点での体積電荷密度 ρ_v によって決まる。

例題 3.5　原点に位置する点電荷 Q による電束密度 $\boldsymbol{D}$ の発散を求めよ。ただし，原点は除外する。

【解答】　例題 3.1 の結果から，$D_r = Q/4\pi r^2$, $D_\theta = D_\phi = 0$ となる。式 (3.21c) から

$$\nabla \cdot \boldsymbol{D} = \frac{1}{r^2}\frac{d}{dr}\left(r^2 \frac{Q}{4\pi r^2}\right) = \frac{1}{r^2}\frac{d}{dr}\left(\frac{Q}{4\pi}\right) = 0$$

となる。これから，ガウスの法則の微分形 (3.22) によれば，点電荷（$r = 0$）を除いて，体積電荷密度 ρ_v は 0 である。なお，ガウスの法則 (3.10) において，点電荷を含む領域での ρ_v の体積分は Q となることに注意されたい†。　◇

3.4.2 ガウスの発散定理

（1） 導　　出　　ガウスの法則 (3.10) にその微分形 (3.22) を代入し，体積電荷密度 ρ_v を消去することで，ガウスの発散定理を導く。すなわち

† Dirac のデルタ関数 $\delta(r)$ を用いて，$\rho_v = (Q/4\pi)\delta(r)$ と記述できる。

$$\oiint_S \boldsymbol{D}\cdot d\boldsymbol{S} = \iiint_v \rho_v dv = \iiint_v \nabla\cdot\boldsymbol{D}\,dv$$

となる。$\boldsymbol{D}$ を $\boldsymbol{A}$ に置き換えて，**ガウスの発散定理** (Gauss' divergence theorem)

$$\oiint_S \boldsymbol{A}\cdot d\boldsymbol{S} = \iiint_v \nabla\cdot\boldsymbol{A}dv \tag{3.23}$$

を得る。この数学定理は，閉曲面 S における任意のベクトル場 $\boldsymbol{A}$ の法線成分に関する面積分が，閉曲面 S で囲まれた領域 v におけるベクトル場の発散 $\nabla\cdot\boldsymbol{A}$ に関する体積分に等しいことを示している。

（2） 物理的な意味　図 **3.10** に示す閉曲面 S で囲まれた領域 v を考える。領域 v を大きさの異なる多数のセル（小区画）の領域に分割する。そのうちの一つのセルから出る流量は，隣り合うセルに流入する。したがって，領域 v 全体で総計すると，閉曲面 S を通過する正味の流量を計算したことになる。

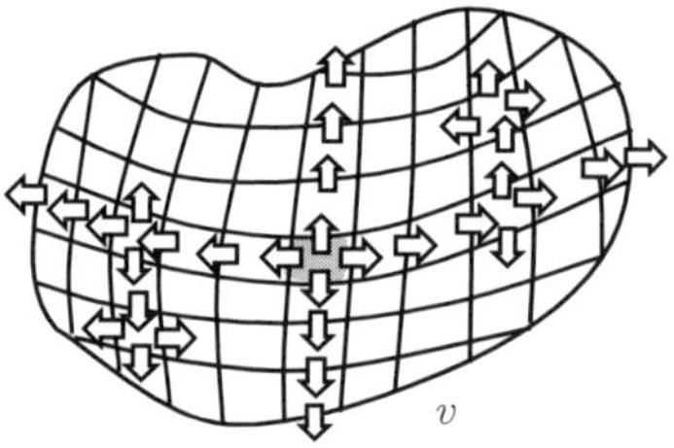

図 **3.10**　ガウスの発散定理の物理的な意味

例題 3.6　原点を中心とする半径 a の球面を閉曲面 S として，ベクトル場 $\boldsymbol{A} = f(r)\boldsymbol{a}_r$ に対してガウスの発散定理 (3.23) が成り立つことを確認せよ。

【解答】　ガウスの発散定理の面積分は

$$\oiint_S \boldsymbol{A}\cdot d\boldsymbol{S} = \int_{\phi=0}^{2\pi}\int_{\theta=0}^{\pi} f(a)\boldsymbol{a}_r\cdot(a^2\sin\theta d\theta d\phi\boldsymbol{a}_r)$$

$$= a^2 f(a)\int_0^{2\pi} d\phi\int_0^{\pi}\sin\theta d\theta = 4\pi a^2 f(a)$$

と計算される。一方，$A_r = f(r)$, $A_\theta = A_\phi = 0$ であるから，式 (3.21c) より

$$\nabla\cdot\boldsymbol{A} = \frac{1}{r^2}\frac{d}{dr}\left(r^2 f(r)\right)$$

となり，ガウスの発散定理の体積分は

$$\iiint_v \nabla \cdot \boldsymbol{A} dv = \int_{\phi=0}^{2\pi} \int_{\theta=0}^{\pi} \int_{r=0}^{a} \frac{1}{r^2} \frac{d}{dr} \left(r^2 f(r)\right) r^2 \sin\theta dr d\theta d\phi$$
$$= \int_0^{2\pi} d\phi \int_0^{\pi} \sin\theta d\theta \int_0^a \frac{d}{dr} \left(r^2 f(r)\right) dr$$
$$= 4\pi \left[r^2 f(r)\right]_0^a = 4\pi a^2 f(a)$$

と計算される。以上により，球面 $r = a$ を閉曲面に選んだ場合，$\boldsymbol{A} = f(r)\boldsymbol{a}_r$ に対してガウスの発散定理 (3.23) が成り立つことが確認された。 ◇

過去の Q&A から

Q3.4: 発散と発散定理がよくイメージできません。

A3.4: 発散は点で，ガウスの発散定理は領域で，同じ現象を扱っています。ここでは，ガウスの発散定理の意味をもう一度説明しましょう。ある領域内で，その境界面を通過する正味のベクトルの成分（面に対して垂直な成分）をすべて加算すると〔面積分〕，それは領域内でのそのベクトルの発散の総和〔体積分〕に等しいということでしたね。イメージしやすいように，水槽内の水流を考えてみましょう。水槽内に何らかの工夫をして水を送り込みます。水が送り込まれた個々の点では，水が湧き出し，水流の発生源となっており，その単位体積当りの量を発散と定義しています。湧き出した水は元々あった水面を上昇させることになります。これは元々の水面を境界面とするような閉曲面から水が外に流れ出たために起きたとも考えられます。つまり，領域内部の各点で湧き出た水の総量は，領域の境界面を通過した水の量を観測すればわかるわけです。

章　末　問　題

【1】 xy 平面全体に一様な面電荷密度 ρ_s の電荷が分布するとき，電気力線はどのような曲線群であるか。

【2】 z 軸上の点 $(0, 0, a)$ に電荷量 Q の点電荷を置く。中心が原点 O で，半径が r であるような球面を S とする。このとき，ガウスの法則を利用せずに，曲面 S を貫く電束 Ψ を計算せよ。

【3】 球対称，軸対称，面対称の電荷分布による電界が，それぞれ式 (3.13), (3.15),

(3.17) により与えられることを確認せよ。

【4】 半径 a の球面に面電荷密度 ρ_s で一様に電荷が分布するとき，ガウスの法則を利用して電界を求めよ。

【5】 半径 a の球形領域に体積電荷密度 ρ_v で一様に電荷が分布するとき，ガウスの法則を利用して電界を求めよ。

【6】 半径 a の円を断面とする無限長円柱の側面に面電荷密度 ρ_s で一様に電荷が分布するとき，ガウスの法則を利用して電界を求めよ。

【7】 半径 a の円を断面とする無限長円柱内に体積電荷密度 ρ_v で一様に電荷が分布するとき，ガウスの法則を利用して電界を求めよ。

【8】 $z = -d$ の平面と $z = d$ の平面の間に体積電荷密度 ρ_v の電荷が一様に分布するとき，ガウスの法則を利用して電界を求めよ。

【9】 図 1.14 に示される円筒座標系の体積素に対する発散を計算することにより，円筒座標系における発散の成分表示 (3.21b) を確認せよ。

【10】 図 1.15 に示される球座標系の体積素に対する発散を計算することにより，球座標系における発散の成分表示 (3.21c) を確認せよ。

4 電　　　位

電位には三つの面がある。一つ目の面は，静電界中において単位電荷を移動するのに要する仕事という面である。すなわち，電位は電界の線積分で与えられる。二つ目の面は，点電荷による電位の重ね合わせという面である。クーロンの法則と同じように，連続的な電荷分布を細分化し，その細分化された点電荷による電位を足し合わせることにより，電位を計算することができる。三つ目の面は，電位の「勾配」が電界を与えるという面である。ここで，勾配とはスカラー場の空間的な変化の割合を表すベクトル微分演算子である。本章では，これら電位の三つの面に加え，正負の点電荷が近接した電気双極子による電位および電界について調べるとともに，ポアソンの方程式およびラプラスの方程式について触れる。

4.1　電荷移動による仕事

（1）静電界中で点電荷を移動させるために要する仕事　　静電界 $\boldsymbol{E}$ 中で，点電荷 Q に作用する力は $\boldsymbol{F} = Q\boldsymbol{E}$ である。それゆえ，点電荷が同じ位置にとどまる場合，これと反対の方向に $\boldsymbol{F}_a = -Q\boldsymbol{E}$ の力が作用しなければならない。つまり，$\boldsymbol{F}_a$ の力を加えることで点電荷は静止する。したがって，図 **4.1** に示すように，この力を加えながら電界に逆らって点電荷 Q を微小変位 $\Delta\boldsymbol{r}$ だけ移動させるのに要する**仕事**（work）は

$$\Delta W = \boldsymbol{F}_a \cdot \Delta\boldsymbol{r} = -Q\boldsymbol{E} \cdot \Delta\boldsymbol{r} \quad 〔\mathrm{J}〕 \tag{4.1}$$

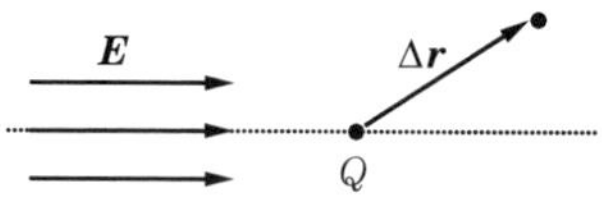

図 **4.1**　微小変位による仕事

と与えられる。$\Delta W > 0$ ならば電界に逆らって仕事を**し**たことになり，$\Delta W < 0$ ならば電界によって仕事が**さ**れたことになる。

（2）　点電荷を曲線に沿って移動させるために要する仕事　　曲線 C を多数の微小区間 C_i（$i = 1, 2, \cdots, n$）に分割し，その区間を直線とみなす。すなわち，図 **4.2** に示すように，曲線 C を折れ線近似する。微小区間 C_i における静電界が $\boldsymbol{E}_i$ であるとき，点電荷 Q を $\Delta \boldsymbol{r}_i$ だけ移動させるために要する仕事は，式 (4.1) から，$\Delta W_i = -Q\boldsymbol{E}_i \cdot \Delta \boldsymbol{r}_i$ で与えられる。これから，曲線 C に沿って点 B から点 A まで移動させるために要する仕事は

$$W = \lim_{n\to\infty} \sum_{i=1}^{n} \Delta W_i = -Q \lim_{n\to\infty} \sum_{i=1}^{n} \boldsymbol{E}_i \cdot \Delta \boldsymbol{r}_i$$

$$= -Q \int_B^A \boldsymbol{E} \cdot d\boldsymbol{r} \qquad (4.2)$$

と**線積分**（line integral）の形で与えられる。

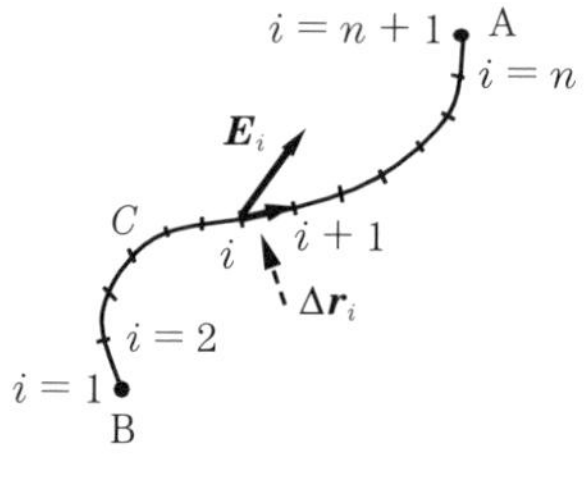

図 **4.2**　曲線 C に沿っての仕事

例題 4.1　静電界 $\boldsymbol{E} = y\boldsymbol{a}_x + x\boldsymbol{a}_y$ に対して，点 B(2, 0, 0) から点 A($\sqrt{2}, \sqrt{2}, 0$) まで点電荷 Q を移動させるのに要する仕事を計算せよ。ただし，移動経路としてつぎの 2 通りを考えよ。

a)　経路 C_1 が $x^2 + y^2 = 4,\ z = 0$ の円弧の場合

b)　経路 C_2 が点 B から点 A への線分の場合

【解答】 a) 経路 C_1 上の点は $\boldsymbol{r} = 2(\cos\phi \boldsymbol{a}_x + \sin\phi \boldsymbol{a}_y)$ $(0 \leqq \phi \leqq \pi/4)$ と与えられる。経路 C_1 上において，$\boldsymbol{E} = 2(\sin\phi \boldsymbol{a}_x + \cos\phi \boldsymbol{a}_y)$, $d\boldsymbol{r} = \dfrac{d\boldsymbol{r}}{d\phi}d\phi = 2(-\sin\phi \boldsymbol{a}_x + \cos\phi \boldsymbol{a}_y)d\phi$ となるから，式 (4.2) より

$$W = -Q\int_0^{\pi/4} 2(\sin\phi \boldsymbol{a}_x + \cos\phi \boldsymbol{a}_y)\cdot 2(-\sin\phi \boldsymbol{a}_x + \cos\phi \boldsymbol{a}_y)d\phi$$

$$= -4Q\int_0^{\pi/4} \cos 2\phi d\phi = -4Q\left[\frac{\sin 2\phi}{2}\right]_0^{\pi/4} = -2Q$$

となる。

b) 経路 C_2 上の点は $\boldsymbol{r} = (1-t)\overrightarrow{\mathrm{OB}} + t\overrightarrow{\mathrm{OA}} = \{2-(2-\sqrt{2})t\}\boldsymbol{a}_x + \sqrt{2}t\boldsymbol{a}_y$ $(0 \leqq t \leqq 1)$ と与えられる。経路 C_2 上において，$\boldsymbol{E} = \sqrt{2}t\boldsymbol{a}_x + \{2-(2-\sqrt{2})t\}\boldsymbol{a}_y$, $d\boldsymbol{r} = \dfrac{d\boldsymbol{r}}{dt}dt = \left\{-(2-\sqrt{2})\boldsymbol{a}_x + \sqrt{2}\boldsymbol{a}_y\right\}dt$ となるから，式 (4.2) より

$$W = -Q\int_0^1 \{-2\sqrt{2}(2-\sqrt{2})t + 2\sqrt{2}\}dt$$

$$= -Q\left[-\sqrt{2}(2-\sqrt{2})t^2 + 2\sqrt{2}t\right]_0^1 = -2Q$$

となる。この結果は a) に一致する。 ◇

（3） 静電界中における閉曲線に沿った仕事　例題 4.1 の結果からわかるように，静電界中において，1 C の単位点電荷を点 B から点 A に移動させるのに要する仕事は経路によらない。つまり，図 **4.3** に示す二つの経路 C_1, C_2 に対して

$$-\int_{C_1} \boldsymbol{E}\cdot d\boldsymbol{r} = -\int_{C_2} \boldsymbol{E}\cdot d\boldsymbol{r} \tag{4.3}$$

となる。点 B から経路 C_1 を経由して点 A に至り，経路 C_2 を反対向きに経由して点 B に至る閉曲線の経路 $C = C_1 + (-C_2)$ を考えると

$$\oint_C \boldsymbol{E}\cdot d\boldsymbol{r} = \int_{C_1+(-C_2)} \boldsymbol{E}\cdot d\boldsymbol{r} = \int_{C_1} \boldsymbol{E}\cdot d\boldsymbol{r} + \int_{-C_2} \boldsymbol{E}\cdot d\boldsymbol{r}$$

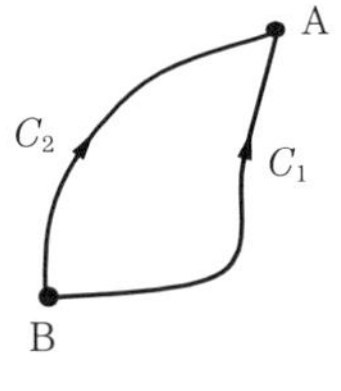

図 **4.3** 始点と終点が同じ二つの経路

$$= \int_{C_1} \boldsymbol{E} \cdot d\boldsymbol{r} - \int_{C_2} \boldsymbol{E} \cdot d\boldsymbol{r}$$

と変形できるから，式 (4.3) の関係を考慮すると

$$\oint_C \boldsymbol{E} \cdot d\boldsymbol{r} = 0 \tag{4.4}$$

となる。このように，静電界では，閉曲線の選び方によらず，閉曲線に沿った電界の線積分はつねに 0 となる†。なお，積分記号の○は曲線が閉曲線である，つまり，始点と終点が一致する曲線に関する線積分であることを意味する。

4.2　電位差と電位

4.2.1　電　位　差

電界 $\boldsymbol{E}$ の中で，基準点 B から観測点 A まで 1 C の単位点電荷を移動させるのに必要な仕事を**電位差**（potential difference）と定義する。単位はボルト〔V〕=〔J/C〕である。

$$V_{\mathrm{AB}} = -\int_{\mathrm{B}}^{\mathrm{A}} \boldsymbol{E} \cdot d\boldsymbol{r} \tag{4.5}$$

例題 4.2　z 軸に沿って分布する無限長の一様な線電荷による電界中で，$\rho = b$ 面上の点 B から $\rho = a$ 面上の点 A までの間の電位差 V_{AB} を求めよ。

【解答】　式 (2.16) から，線電荷密度を ρ_l とすると，電界は $\boldsymbol{E} = E_\rho(\rho)\boldsymbol{a}_\rho = (\rho_l/2\pi\varepsilon_0\rho)\boldsymbol{a}_\rho$ である。この電界と線素との内積は $\boldsymbol{E} \cdot d\boldsymbol{r} = E_\rho(\rho)d\rho$ となり，ρ のみの変化で与えられる。式 (4.5) から，電位差は

$$V_{\mathrm{AB}} = -\int_b^a E_\rho(\rho)d\rho = -\frac{\rho_l}{2\pi\varepsilon_0}\int_b^a \frac{d\rho}{\rho} = \frac{\rho_l}{2\pi\varepsilon_0}\ln\frac{b}{a}$$

---

† この性質により静電界は保存場である。ここで，保存場とは $\oint_C \boldsymbol{A} \cdot d\boldsymbol{r} = 0$ あるいは $\nabla \times \boldsymbol{A} = \boldsymbol{0}$ を満足するベクトル場 $\boldsymbol{A}$ をいう。回転 $\nabla \times \boldsymbol{A}$ については 7.3.1 項を参照されたい。

となる。ここで，ln は底を $e = 2.718\cdots$ とする自然対数である。 ◇

例題 4.3 原点に置かれた点電荷 Q による電界中で，$r = b$ 面上の点 B から $r = a$ 面上の点 A までの間の電位差 V_{AB} を求めよ。

【解答】 電界は $\boldsymbol{E} = E_r(r)\boldsymbol{a}_r = \left(Q/4\pi\varepsilon_0 r^2\right)\boldsymbol{a}_r$ である。この電界と線素との内積は $\boldsymbol{E}\cdot d\boldsymbol{r} = E_r(r)dr$ となり，r のみの変化で与えられる。式 (4.5) から，電位差は

$$V_{\mathrm{AB}} = -\int_b^a E_r(r)dr = -\frac{Q}{4\pi\varepsilon_0}\int_b^a \frac{dr}{r^2} = \frac{Q}{4\pi\varepsilon_0}\left(\frac{1}{a} - \frac{1}{b}\right)$$

となる。 ◇

4.2.2 電　　位

電位が 0 となる**電位の基準** (zero reference for potential) を設け，絶対的な電位を考えることが多い。このような絶対的な電位を単に**電位** (electric potential) という。

（**1**） 電位の基準の例

- **接地**　地球表面の地面を電位が 0 となる無限大の平面とみなし，電位の基準を地面とする。
- **無限遠点**　例えば，点電荷の電位を扱うのであれば，電位の基準として無限遠点を選ぶ。例題 4.3 において，a を原点からの距離 r に置き換え，$b \to \infty$ とすれば，原点に点電荷 Q が置かれた場合の電位は

$$V = \frac{Q}{4\pi\varepsilon_0 r} \tag{4.6}$$

　となる。

- **指定された面**　例えば，同心円筒導体であれば，電位の基準として外導体を選ぶ。例題 4.2 において，a を z 軸からの距離 ρ に，b を a に置き換えれば，z 軸上に一様な線電荷密度 ρ_l が分布する場合の電位は

$$V = \frac{\rho_l}{2\pi\varepsilon_0}\ln\frac{a}{\rho} \tag{4.7}$$

となる。

（2） **電位と電位差の関係**　点Cを電位の基準とするとき，電位差 V_{AB} は

$$
\begin{aligned}
V_{AB} &= -\int_B^A \boldsymbol{E}\cdot d\boldsymbol{r} = -\int_B^C \boldsymbol{E}\cdot d\boldsymbol{r} - \int_C^A \boldsymbol{E}\cdot d\boldsymbol{r} \\
&= -\int_C^A \boldsymbol{E}\cdot d\boldsymbol{r} - \left(-\int_C^B \boldsymbol{E}\cdot d\boldsymbol{r}\right) = V_A - V_B
\end{aligned} \tag{4.8}
$$

と変形できる。つまり，電位差 V_{AB} は2点における電位の差 $V_A - V_B$ に相当する。以下に例を示す。

- $\rho = 1\,\mathrm{m}$ を電位の基準とするとき，例題4.2の場合

$$
\begin{aligned}
V_{AB} &= \frac{\rho_l}{2\pi\varepsilon_0}\ln\frac{b}{a} = \frac{\rho_l}{2\pi\varepsilon_0}(\ln b - \ln a) \\
&= \frac{\rho_l}{2\pi\varepsilon_0}\ln\frac{1}{a} - \frac{\rho_l}{2\pi\varepsilon_0}\ln\frac{1}{b} = V_A - V_B
\end{aligned}
$$

- $r \to \infty$ を電位の基準とするとき，例題4.3の場合

$$
V_{AB} = \frac{Q}{4\pi\varepsilon_0}\left(\frac{1}{a} - \frac{1}{b}\right) = \frac{Q}{4\pi\varepsilon_0 a} - \frac{Q}{4\pi\varepsilon_0 b} = V_A - V_B
$$

（3） **等 電 位 面**　文字どおり，電位が等しい点の集合（曲面）を**等電位面**（equipotential surface）という。等電位面上の2点間の電位差は0となるので，等電位面上で電荷を移動させるのに仕事を要しない。すなわち，等電位面上の点Aと点Bにおける電位 V_A と V_B は等しいので

$$
W = -Q\int_B^A \boldsymbol{E}\cdot d\boldsymbol{r} = QV_{AB} = Q(V_A - V_B) = 0
$$

となり，仕事は0となる。

例題 4.4　点 $A(0, 0, d)$ に点電荷 Q，点 $B(0, 0, a^2/d)$ に点電荷 $-(a/d)Q$ を置く。電位が $V = 0$ となるような等電位面の方程式を導け。

【解答】　式(4.6)から，二つの点電荷による電位は

$$
V = \frac{Q}{4\pi\varepsilon_0\sqrt{x^2 + y^2 + (z-d)^2}} + \frac{(-a/d)Q}{4\pi\varepsilon_0\sqrt{x^2 + y^2 + (z - a^2/d)^2}}
$$

$$= \frac{Q}{4\pi\varepsilon_0}\left(\frac{1}{\sqrt{x^2+y^2+(z-d)^2}} - \frac{a}{d}\frac{1}{\sqrt{x^2+y^2+(z-a^2/d)^2}}\right)$$

と与えられる。$V=0$ となるためには

$$\frac{1}{\sqrt{x^2+y^2+(z-d)^2}} - \frac{a}{d}\frac{1}{\sqrt{x^2+y^2+(z-a^2/d)^2}} = 0$$

が成り立たなければならない。これを整理すると，$x^2+y^2+z^2=a^2$，すなわち，$r=a$ を得る。これから，等電位面は原点を中心とする半径 a の球面である。 ◇

(4) 対称的な電荷分布による電位

(a) 球対称分布の場合　体積電荷密度が $\rho_v(r)$ と与えられるとき，式 (3.13) より，電界は $\boldsymbol{E}=E_r(r)\boldsymbol{a}_r$, $E_r(r)=\left(1/\varepsilon_0 r^2\right)\int_0^r \rho_v(r')r'^2 dr'$ となるから，電位の基準を $r=a$ とするとき，部分積分を行い整理すると

$$V = -\int_a^r E_r(r)dr = V_\infty(r) - V_\infty(a) \tag{4.9}$$

の関係を得る。ただし

$$V_\infty(r) = \frac{1}{\varepsilon_0}\left(\frac{1}{r}\int_0^r \rho_v(r')r'^2 dr' + \int_r^\infty \rho_v(r')r'dr'\right) \tag{4.10}$$

とする。$a\to\infty$ のとき $V_\infty(a)\to 0$ となり，$V_\infty(r)$ はその基準が無限遠点であるような電位を表している。

(b) 軸対称分布の場合　体積電荷密度が $\rho_v(\rho)$ と与えられるとき，式 (3.15) より，電界は $\boldsymbol{E}=E_\rho(\rho)\boldsymbol{a}_\rho$, $E_\rho(\rho)=(1/\varepsilon_0\rho)\int_0^\rho \rho_v(\rho')\rho' d\rho'$ となるから，電位の基準を $\rho=a$ とするとき，部分積分を行い整理すると

$$V = -\int_a^\rho E_\rho(\rho)d\rho = V_l(\rho) - V_l(a) \tag{4.11}$$

の関係を得る。ただし

$$V_l(\rho) = -\frac{1}{\varepsilon_0}\left(\ln\rho\int_0^\rho \rho_v(\rho')\rho' d\rho' + \int_\rho^\infty \rho_v(\rho')\rho'\ln\rho' d\rho'\right) \tag{4.12}$$

とする。

(c) 面対称分布の場合　体積電荷密度 $\rho_v(z)$ が z の偶関数であるとき，式 (3.17) より，電界は $\boldsymbol{E}=E_z(z)\boldsymbol{a}_z$, $E_z(z)=(1/\varepsilon_0)\int_{+0}^{|z|} \rho_v(z')dz'$ となるか

ら，電位の基準を $z=a$ とするとき，部分積分を行い整理すると

$$V = -\int_a^z E_z(z)dz = V_p(z) - V_p(a) \tag{4.13}$$

の関係を得る。ただし

$$V_p(z) = -\frac{1}{\varepsilon_0}\left(z\int_{+0}^{|z|}\rho_v(z')dz' + \int_z^{\infty}\rho_v(z')z'dz'\right) \tag{4.14}$$

とする。

過去の Q&A から

Q4.1: ln についてよくわかりません。

A4.1: 底が e であるような対数（自然対数）は $\log_e x$ のように記述しますが，これを $\ln x$ と簡略化して記述することがあります。ln は natural logarithm の頭文字に由来します。参考までに，デシベル（dB，p.195 の「過去の Q&A から」A10.3 参照）で利用される底が 10 である対数（常用対数，common logarithm）は，$\log_{10} x$ の底を省略して $\log x$ と記述することがあります。また，数学の教科書では，$\log x$ と書いて自然対数を表すこともあるので，状況に応じて底を判断する必要があります。その意味で，$\ln x$ と記述した方が底を取り間違えることがなくなるので便利です。

4.3　電位の重ね合わせ

点電荷の電位から出発して，連続的な電荷分布の電位について，電荷分布を点電荷の集合とみなし，重ね合わせの原理に基づいて計算する方法について述べる†。本節における電位の基準は，特に断らない限り，無限遠点であるとする。

4.3.1　点電荷による電位

（1）　点電荷による電位の一般式　　点 $\boldsymbol{r}'$ に位置する点電荷 Q による点 $\boldsymbol{r}$ における電位は，式 (4.6) において，r を $|\boldsymbol{r}-\boldsymbol{r}'|$ と置き換えるとよい。

† 本節で紹介する式を利用して電位を計算すると無限大となり，計算できない場合がある。しかし，実際にはこの無限大は相殺され，電位は有限確定値となる。

$$V = \frac{Q}{4\pi\varepsilon_0|\boldsymbol{r} - \boldsymbol{r}'|} \quad \text{〔V〕} \tag{4.15}$$

$V =$ 一定 ならば，$|\boldsymbol{r} - \boldsymbol{r}'| =$ 一定 となることより，点電荷による等電位面は点電荷を中心とする球面となる。

（2） 電位に関する重ね合わせの原理　電界の重ね合わせの原理を利用する。点 $\boldsymbol{r}_i$（$i = 1, 2, \cdots, n$）に位置する点電荷 Q_i による電界を $\boldsymbol{E}_i$ とし，複数個の点電荷による電界を $\boldsymbol{E}$ とするとき，複数個の点電荷による電位は

$$\begin{aligned} V &= -\int_{\mathrm{B}}^{\mathrm{A}} \boldsymbol{E} \cdot d\boldsymbol{r} = -\int_{\mathrm{B}}^{\mathrm{A}} \left(\sum_{i=1}^{n} \boldsymbol{E}_i \right) \cdot d\boldsymbol{r} = \sum_{i=1}^{n} \left(-\int_{\mathrm{B}}^{\mathrm{A}} \boldsymbol{E}_i \cdot d\boldsymbol{r} \right) \\ &= \sum_{i=1}^{n} V_i \end{aligned} \tag{4.16}$$

となり，各点電荷による電位の重ね合わせとなる。連続的に電荷が分布する場合も点電荷に分解して考えればよく，一般に電位に関して重ね合わせの原理が成り立つ。

（3） 複数個の点電荷による電位　点 $\boldsymbol{r}_i$（$i = 1, 2, \cdots, n$）の位置に点電荷 Q_i が存在するとき，これらの複数個の点電荷による電位は

$$V = \sum_{i=1}^{n} V_i = \sum_{i=1}^{n} \frac{Q_i}{4\pi\varepsilon_0|\boldsymbol{r} - \boldsymbol{r}_i|} \tag{4.17}$$

と与えられる。

4.3.2 連続的な電荷分布による電位

（1） 考　え　方　電荷分布の存在する領域は線素，面素，体積素に分割できる。線素，面素，体積素に含まれる電荷 dQ を点電荷とみなし，式 (4.15) によって微小電位 dV を計算する。

$$dV = \frac{dQ}{4\pi\varepsilon_0 R} \tag{4.18}$$

ここで，$R = |\boldsymbol{r} - \boldsymbol{r}'|$ とする。$\boldsymbol{r}$ は観測点の位置ベクトル，$\boldsymbol{r}'$ は線素，面素，体積素の位置ベクトルである。連続的に分布した電荷による全体の電位 V は，

これらの微小電位 dV を電荷が分布する領域全体でスカラー的に加算して得られる。

$$V = \int dV = \int \frac{dQ}{4\pi\varepsilon_0 R} \tag{4.19}$$

線素，面素，体積素は十分に小さい極限を考えるため，上式において，スカラー和は積分となっている。具体的には，電荷の分布形態により，積分を線積分，面積分，体積分とすればよい。

（２） **線電荷分布による電位**　曲線 C 上の線素の大きさ dl' に含まれる電荷量は $dQ = \rho_l(\boldsymbol{r}')dl'$ であるから，線積分を用いて電位 V はつぎのように与えられる。

$$V = \int_C \frac{\rho_l(\boldsymbol{r}')dl'}{4\pi\varepsilon_0 R} \tag{4.20}$$

ここで，線電荷密度 ρ_l が $\boldsymbol{r}'$ の関数であることを強調するため，$\rho_l(\boldsymbol{r}')$ と表している。

（３） **面電荷分布による電位**　曲面 S 上の面素の大きさ dS' に含まれる電荷量は $dQ = \rho_s(\boldsymbol{r}')dS'$ であるから，面積分を用いて電位 V はつぎのように与えられる。

$$V = \iint_S \frac{\rho_s(\boldsymbol{r}')dS'}{4\pi\varepsilon_0 R} \tag{4.21}$$

ここで，面電荷密度 ρ_s が $\boldsymbol{r}'$ の関数であることを強調するため，$\rho_s(\boldsymbol{r}')$ と表している。

（４） **体積電荷分布による電位**　領域 v 内の体積素 dv' に含まれる電荷量は $dQ = \rho_v(\boldsymbol{r}')dv'$ であるから，体積分を用いて電位 V はつぎのように与えられる。

$$V = \iiint_v \frac{\rho_v(\boldsymbol{r}')dv'}{4\pi\varepsilon_0 R} \tag{4.22}$$

ここで，体積電荷密度 ρ_v が $\boldsymbol{r}'$ の関数であることを強調するため，$\rho_v(\boldsymbol{r}')$ と表している。

例題 4.5　線電荷密度 ρ_l の一様電荷分布をした長さ $2L$ の直線電荷について，直線電荷の中点から垂直に ρ 離れた位置における電位 V を求めよ。ただし，電位の基準点を無限遠点とする。

【解答】　図 **4.4** に示すように，z 軸上の $-L \leqq z \leqq L$ の範囲に電荷が分布していると仮定する。直線上の点 $\boldsymbol{r}' = z'\boldsymbol{a}_z$ における線素の大きさは $dl' = dz'$ である。観測点 $\boldsymbol{r} = \rho\boldsymbol{a}_\rho$ における電位は，$R = |\boldsymbol{r} - \boldsymbol{r}'| = |\rho\boldsymbol{a}_\rho - z'\boldsymbol{a}_z| = \sqrt{\rho^2 + z'^2}$ であるから，式 (4.20) より

$$
\begin{aligned}
V &= \int_{-L}^{L} \frac{\rho_l dz'}{4\pi\varepsilon_0\sqrt{\rho^2 + z'^2}} = \frac{\rho_l}{2\pi\varepsilon_0}\int_0^L \frac{dz'}{\sqrt{z'^2 + \rho^2}} \\
&= \frac{\rho_l}{2\pi\varepsilon_0}\left[\ln\left(z' + \sqrt{z'^2 + \rho^2}\right)\right]_0^L = \frac{\rho_l}{2\pi\varepsilon_0}\ln\left(\frac{L + \sqrt{L^2 + \rho^2}}{\rho}\right)
\end{aligned}
$$

となる。上の計算では積分公式 (C.4) を利用した。　◇

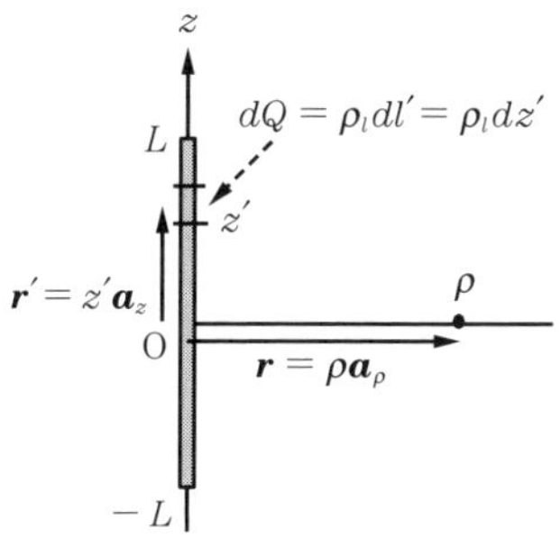

図 4.4　有限長の一様な直線電荷による電位

例題 4.6　線電荷密度 ρ_l の一様電荷分布をした無限長の直線電荷から垂直に ρ 離れた位置における電位 V を求めよ。ただし，電位の基準面を $\rho = a$ の円筒面とする。

【解答】　基準点が無限遠点であるときの点電荷による電位を直接積分して電位 V を求めよう。一見すると，例題 4.5 において単純に $L \to \infty$ とすればよいと思うかもしれないが，電位は対数発散してしまう。なぜならば，電位の基準が無限

遠点に設定されているのにもかかわらず，電荷が無限遠点まで分布しており，式 (4.20) において $R=0$ となる場合があるためである。これを回避するために，問題文では電位の基準を $\rho=a$ 面に変更している。まず，有限の長さ $2L$ に分布する電荷に対して $\rho=a$ 面を基準として電位を評価し，その後，$L\to\infty$ の極限を考える。以下では，電位の基準を無限遠点とするときの電位を V_∞ と表し，基準を $\rho=a$ とするときの電位を V と表す。例題 4.5 の結果から

$$\begin{aligned}V &= V_\infty(\rho)-V_\infty(a)\\ &= \frac{\rho_l}{2\pi\varepsilon_0}\ln\left(\frac{L+\sqrt{L^2+\rho^2}}{\rho}\right)-\frac{\rho_l}{2\pi\varepsilon_0}\ln\left(\frac{L+\sqrt{L^2+a^2}}{a}\right)\\ &= \frac{\rho_l}{2\pi\varepsilon_0}\left\{\ln\left(\frac{L+\sqrt{L^2+\rho^2}}{L+\sqrt{L^2+a^2}}\right)+\ln\frac{a}{\rho}\right\}\xrightarrow[L\to\infty]{}\frac{\rho_l}{2\pi\varepsilon_0}\ln\frac{a}{\rho}\end{aligned}$$

となる。このように，電位の基準を適切に設定することによって，発散しない形で電位が求められる。 ◇

例題 4.7　$z=0$ 面上の $\rho=a$ の円周上に，線電荷密度 ρ_l で一様に電荷が分布している。z 軸上における電位を求めよ。

【解答】　**図 4.5** に示すように，円周上の点 $\boldsymbol{r}'=a\boldsymbol{a}_{\rho'}$ における線素の大きさは $dl'=ad\phi'$ と与えられる。$\boldsymbol{r}=z\boldsymbol{a}_z$ における電位は，$R=|\boldsymbol{r}-\boldsymbol{r}'|=|z\boldsymbol{a}_z-a\boldsymbol{a}_{\rho'}|=\sqrt{z^2+a^2}$ から，式 (4.20) より

$$V=\int_0^{2\pi}\frac{\rho_l a d\phi'}{4\pi\varepsilon_0\sqrt{z^2+a^2}}=\frac{\rho_l a}{4\pi\varepsilon_0\sqrt{z^2+a^2}}\int_0^{2\pi}d\phi'=\frac{\rho_l}{2\varepsilon_0}\frac{a}{\sqrt{z^2+a^2}}$$

となる。 ◇

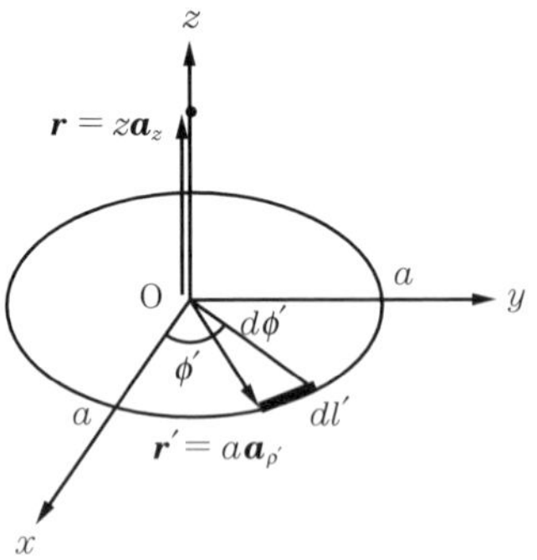

図 4.5　円周上の一様な線電荷による電位

4.4 電位の勾配

（**1**） **勾　　配**　位置ベクトル $\boldsymbol{r}$ における微小変位 $d\boldsymbol{r}$ に対するスカラー場 f の変化は，全微分を用いて

$$\begin{aligned} df &= \frac{\partial f}{\partial x}dx + \frac{\partial f}{\partial y}dy + \frac{\partial f}{\partial z}dz \\ &= \left(\frac{\partial f}{\partial x}\boldsymbol{a}_x + \frac{\partial f}{\partial y}\boldsymbol{a}_y + \frac{\partial f}{\partial z}\boldsymbol{a}_z\right)\cdot(dx\boldsymbol{a}_x + dy\boldsymbol{a}_y + dz\boldsymbol{a}_z) \\ &= \left(\frac{\partial f}{\partial x}\boldsymbol{a}_x + \frac{\partial f}{\partial y}\boldsymbol{a}_y + \frac{\partial f}{\partial z}\boldsymbol{a}_z\right)\cdot d\boldsymbol{r} \end{aligned} \tag{4.23}$$

と表すことができる。このとき，スカラー場 f の**勾配**（gradient）を

$$\nabla f = \frac{\partial f}{\partial x}\boldsymbol{a}_x + \frac{\partial f}{\partial y}\boldsymbol{a}_y + \frac{\partial f}{\partial z}\boldsymbol{a}_z$$

と定義すると

$$df = (\nabla f)\cdot d\boldsymbol{r} \tag{4.24}$$

という関係が得られる。勾配 ∇f は，スカラー場 f の最大変化方向とその向きでの変化率（傾き）を表す。

（**2**） **勾配の成分表示**　円筒座標系，球座標系についても，式 (4.23) と同様にして，スカラー場 f の全微分の式 (4.24) と線素 $d\boldsymbol{r}$ を関連付ければよい。

（**a**） **直角座標系**

$$\nabla f = \frac{\partial f}{\partial x}\boldsymbol{a}_x + \frac{\partial f}{\partial y}\boldsymbol{a}_y + \frac{\partial f}{\partial z}\boldsymbol{a}_z \tag{4.25a}$$

（**b**） **円筒座標系**

$$\nabla f = \frac{\partial f}{\partial \rho}\boldsymbol{a}_\rho + \frac{1}{\rho}\frac{\partial f}{\partial \phi}\boldsymbol{a}_\phi + \frac{\partial f}{\partial z}\boldsymbol{a}_z \tag{4.25b}$$

（**c**） **球座標系**

$$\nabla f = \frac{\partial f}{\partial r}\boldsymbol{a}_r + \frac{1}{r}\frac{\partial f}{\partial \theta}\boldsymbol{a}_\theta + \frac{1}{r\sin\theta}\frac{\partial f}{\partial \phi}\boldsymbol{a}_\phi \tag{4.25c}$$

(3) 電位と電界の関係　位置ベクトル $\boldsymbol{r}$ における微小変位 $d\boldsymbol{r}$ に対する電位は

$$dV = -\boldsymbol{E} \cdot d\boldsymbol{r} \tag{4.26}$$

と与えられる。式 (4.24) と式 (4.26) を比較することにより

$$\boldsymbol{E} = -\nabla V \tag{4.27}$$

の関係が得られる。すなわち，電界 $\boldsymbol{E}$ は電位の勾配 ∇V の負数として与えられる。

例題 4.8　xy 平面に一様に分布する面電荷密度 ρ_s の電荷による電位は $V = -\dfrac{\rho_s}{2\varepsilon_0}|z| \quad (z \neq 0)$ と与えられる。この電位の勾配を計算し，電界を導け。

【解答】　V は z のみの関数なので，x, y に関する偏微分は 0 である。式 (4.27), (4.25a) から

$$\begin{aligned}\boldsymbol{E} = -\nabla V &= -\frac{d}{dz}\left(-\frac{\rho_s}{2\varepsilon_0}|z|\right)\boldsymbol{a}_z = \frac{\rho_s}{2\varepsilon_0}\frac{d}{dz}\left(|z|\right)\boldsymbol{a}_z \\ &= \frac{\rho_s}{2\varepsilon_0}\mathrm{sgn}(z)\boldsymbol{a}_z\end{aligned}$$

となる。　◇

例題 4.9　z 軸に一様に分布する線電荷密度 ρ_l の電荷による電位の勾配を計算し，電界を導け。

【解答】　電位の基準を $\rho = a$ として, 式 (4.7) から, 電位は $V = (\rho_l/2\pi\varepsilon_0)\ln(a/\rho)$ と与えられる。V は ρ のみの関数なので，ϕ, z に関する偏微分は 0 である。式 (4.27), (4.25b) から

$$\begin{aligned}\boldsymbol{E} = -\nabla V &= -\frac{d}{d\rho}\left(\frac{\rho_l}{2\pi\varepsilon_0}\ln\frac{a}{\rho}\right)\boldsymbol{a}_\rho = -\frac{\rho_l}{2\pi\varepsilon_0}\frac{d}{d\rho}\left(\ln a - \ln\rho\right)\boldsymbol{a}_\rho \\ &= -\frac{\rho_l}{2\pi\varepsilon_0}\left(0 - \frac{1}{\rho}\right)\boldsymbol{a}_\rho = \frac{\rho_l}{2\pi\varepsilon_0\rho}\boldsymbol{a}_\rho\end{aligned}$$

となる。　◇

例題 4.10 原点に置かれた点電荷 Q に関する電位の勾配を計算し，電界を導け。

【解答】 原点に置かれた点電荷 Q に関する電位は $V = Q/4\pi\varepsilon_0 r$ と与えられる。V は r のみの関数なので，θ, ϕ に関する偏微分は 0 である。式 (4.27), (4.25c) から

$$\boldsymbol{E} = -\nabla V = -\frac{d}{dr}\left(\frac{Q}{4\pi\varepsilon_0 r}\right)\boldsymbol{a}_r = -\frac{Q}{4\pi\varepsilon_0}\frac{d}{dr}\left(\frac{1}{r}\right)\boldsymbol{a}_r$$
$$= -\frac{Q}{4\pi\varepsilon_0}\left(-\frac{1}{r^2}\right)\boldsymbol{a}_r = \frac{Q}{4\pi\varepsilon_0 r^2}\boldsymbol{a}_r$$

となる。 ◇

（4） **電気双極子** きわめて近接した距離で等量反対符号の二つの電荷が存在している状態を**電気双極子**（electric dipole）という。

いま，点 $\boldsymbol{r}'$ の位置に電気双極子が存在するとき，点 $\boldsymbol{r}$ における電位 V を考えよう。$r \gg r'$ とすれば

$$\frac{1}{R} = \frac{1}{|\boldsymbol{r}-\boldsymbol{r}'|} = \left\{|\boldsymbol{r}-\boldsymbol{r}'|^2\right\}^{-1/2} = \frac{1}{r}\left\{1 - \frac{2\boldsymbol{r}\cdot\boldsymbol{r}'}{r^2} + \left(\frac{r'}{r}\right)^2\right\}^{-1/2}$$
$$\fallingdotseq \frac{1}{r}\left(1 + \frac{\boldsymbol{r}\cdot\boldsymbol{r}'}{r^2}\right) = \frac{1}{r} + \frac{\boldsymbol{r}\cdot\boldsymbol{r}'}{r^3} \tag{4.28}$$

と近似できる。ここで，$|x| \ll 1$ のとき，$(1+x)^{-1/2} \fallingdotseq 1 - x/2$ と近似できることを用いた。式 (4.22) より

$$V = \iiint_v \frac{\rho_v dv'}{4\pi\varepsilon_0 R} \fallingdotseq \iiint_v \frac{\rho_v dv'}{4\pi\varepsilon_0}\left(\frac{1}{r} + \frac{\boldsymbol{r}\cdot\boldsymbol{r}'}{r^3}\right)$$
$$= \frac{1}{4\pi\varepsilon_0 r}\iiint_v \rho_v dv' + \frac{\boldsymbol{r}}{4\pi\varepsilon_0 r^3}\cdot\iiint_v \boldsymbol{r}'\rho_v dv' \tag{4.29}$$

を得る。ここで

$$\boldsymbol{p} = \iiint_v \boldsymbol{r}'\rho_v dv' \quad \text{〔C·m〕} \tag{4.30}$$

は**双極子モーメント**（dipole moment）と呼ばれる量である。点 $\boldsymbol{r}_+$ の位置に Q の点電荷，点 $\boldsymbol{r}_-$ の位置に $-Q$ の点電荷が近接して存在するならば，それら

を取り囲む領域 v 内の電荷量は $\iiint_v \rho_v dv' = 0$ となる。また，ρ_v が点電荷の位置以外で 0 となることから，双極子モーメントは $\boldsymbol{p} = Q\boldsymbol{r}_+ + (-Q)\boldsymbol{r}_- = Q\boldsymbol{d}$ となる†。ただし，$\boldsymbol{d} = \boldsymbol{r}_+ - \boldsymbol{r}_-$ とする。このとき，式 (4.29) は

$$V = \frac{1}{4\pi\varepsilon_0 r}(0) + \frac{\boldsymbol{r}}{4\pi\varepsilon_0 r^3}\cdot\boldsymbol{p} = \frac{\boldsymbol{p}\cdot\boldsymbol{r}}{4\pi\varepsilon_0 r^3} \tag{4.31}$$

となる。電界 $\boldsymbol{E}$ は，式 (4.27) より

$$\begin{aligned}\boldsymbol{E} &= -\nabla\left(\frac{\boldsymbol{p}\cdot\boldsymbol{r}}{4\pi\varepsilon_0 r^3}\right) = -\frac{1}{4\pi\varepsilon_0}\left\{\frac{1}{r^3}\nabla(\boldsymbol{p}\cdot\boldsymbol{r}) + (\boldsymbol{p}\cdot\boldsymbol{r})\nabla\left(\frac{1}{r^3}\right)\right\}\\ &= \frac{3(\boldsymbol{p}\cdot\boldsymbol{r})\boldsymbol{r} - r^2\boldsymbol{p}}{4\pi\varepsilon_0 r^5} = \frac{3(\boldsymbol{p}\cdot\boldsymbol{a}_r)\boldsymbol{a}_r - \boldsymbol{p}}{4\pi\varepsilon_0 r^3}\end{aligned} \tag{4.32}$$

となる。ここで，スカラー場 f, g に対して $\nabla(fg) = g\nabla f + f\nabla g$ となること，定ベクトル $\boldsymbol{p}$ に対して $\nabla(\boldsymbol{p}\cdot\boldsymbol{r}) = \boldsymbol{p}$ となること，$\nabla(1/r^3) = -3\boldsymbol{r}/r^5$ となることを利用した。以上のことを，つぎの例題を通して確認しよう。

例題 4.11　点 $(0, 0, d/2)$ に電荷量 Q の点電荷を，点 $(0, 0, -d/2)$ に電荷量 $-Q$ の点電荷を置く。この電気双極子による電界を求めよ。

【解答】　幾何配置を図 **4.6** に示しておく。まず，電位 V を求めよう。点 $\boldsymbol{r} = r\boldsymbol{a}_r$ における電位 V は，点 $\boldsymbol{r}_+ = (d/2)\boldsymbol{a}_z$ における点電荷 Q と点 $\boldsymbol{r}_- = -(d/2)\boldsymbol{a}_z$ における点電荷 $-Q$ の電位の重ね合わせとして

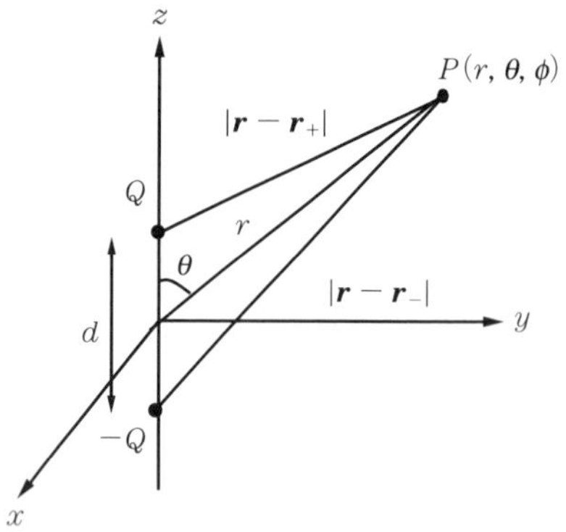

図 **4.6**　電気双極子の幾何配置

---

† デルタ関数を用いると，$\rho_v(\boldsymbol{r}) = Q\delta(\boldsymbol{r} - \boldsymbol{r}_+) + (-Q)\delta(\boldsymbol{r} - \boldsymbol{r}_-)$ と記述できる。

$$V = \frac{Q}{4\pi\varepsilon_0|\boldsymbol{r}-\boldsymbol{r}_+|} + \frac{-Q}{4\pi\varepsilon_0|\boldsymbol{r}-\boldsymbol{r}_-|}$$

と与えられる。$\boldsymbol{r}-\boldsymbol{r}_\pm = r\boldsymbol{a}_r \mp (d/2)\boldsymbol{a}_z$ であるから，$|\boldsymbol{r}-\boldsymbol{r}_\pm|^2 = \{r\boldsymbol{a}_r \mp (d/2)\boldsymbol{a}_z\}\cdot\{r\boldsymbol{a}_r \mp (d/2)\boldsymbol{a}_z\} = r^2 \mp rd\boldsymbol{a}_r\cdot\boldsymbol{a}_z + d^2/4 = r^2 \mp rd\cos\theta + d^2/4$ となる。さらに，$d/r \ll 1$ であるから

$$\begin{aligned}\frac{1}{|\boldsymbol{r}-\boldsymbol{r}_\pm|} &= \frac{1}{r}\left\{1 \mp \cos\theta\left(\frac{d}{r}\right) + \frac{1}{4}\left(\frac{d}{r}\right)^2\right\}^{-1/2} \\ &\fallingdotseq \frac{1}{r}\left\{1 \mp \cos\theta\left(\frac{d}{r}\right)\right\}^{-1/2} \fallingdotseq \frac{1}{r}\left\{1 \pm \frac{1}{2}\cos\theta\left(\frac{d}{r}\right)\right\}\end{aligned}$$

と近似できる。ここで，$|x| \ll 1$ のとき，$(1+x)^{-1/2} \fallingdotseq 1 - x/2$ と近似できることを用いた。これから

$$\begin{aligned}V &= \frac{Q}{4\pi\varepsilon_0 r}\left[\left\{1 + \frac{1}{2}\cos\theta\left(\frac{d}{r}\right)\right\} - \left\{1 - \frac{1}{2}\cos\theta\left(\frac{d}{r}\right)\right\}\right] \\ &= \frac{Qd\cos\theta}{4\pi\varepsilon_0 r^2}\end{aligned} \tag{4.33}$$

が得られる。式 (4.33) から，平面 $z = 0$（$\theta = \pi/2$）において $V = 0$ となることに注意しよう。この電気双極子による電界 $\boldsymbol{E}$ は，電位 V が r と θ の関数であることに注意して，式 (4.27), (4.25c) より

$$\begin{aligned}\boldsymbol{E} &= -\left(\frac{\partial V}{\partial r}\boldsymbol{a}_r + \frac{1}{r}\frac{\partial V}{\partial\theta}\boldsymbol{a}_\theta\right) = -\left(-\frac{Qd\cos\theta}{2\pi\varepsilon_0 r^3}\boldsymbol{a}_r + \frac{1}{r}\frac{Qd(-\sin\theta)}{4\pi\varepsilon_0 r^2}\boldsymbol{a}_\theta\right) \\ &= \frac{Qd}{4\pi\varepsilon_0 r^3}(2\cos\theta\boldsymbol{a}_r + \sin\theta\boldsymbol{a}_\theta)\end{aligned}$$

となる。 ◇

過去の Q&A から

Q4.2: 双極子モーメント $\boldsymbol{p} = Q\boldsymbol{d}$ が一体何なのかわかりません。

A4.2: 図 **4.7** のように，電気双極子（双極子モーメント $\boldsymbol{p}$）に電界 $\boldsymbol{E}$ を加えると，Q の点電荷には電界の向きの，$-Q$ の点電荷には電界と反対向きの力が働きます。このため，電気双極子の中心を回転中心として，電気双極子は回転します。つまり，電気双極子はモーメントを持つことになります。この回転に関するトルク（偶力モーメント）を計算すると

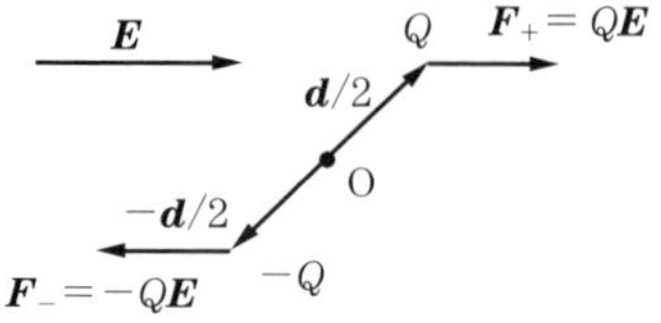

図 4.7　電界中における電気双極子の回転

$$\boldsymbol{T} = \sum_i \boldsymbol{r}_i \times \boldsymbol{F}_i = \left(\frac{\boldsymbol{d}}{2}\right) \times (Q\boldsymbol{E}) + \left(-\frac{\boldsymbol{d}}{2}\right) \times (-Q\boldsymbol{E})$$
$$= Q\boldsymbol{d} \times \boldsymbol{E} = \boldsymbol{p} \times \boldsymbol{E}$$

となります。すなわち，双極子モーメント $\boldsymbol{p}$ が電界 $\boldsymbol{E}$ の向きと一致するまで，電気双極子は回転することになります。

Q4.3: 電気双極子の $1/R$，例題 4.11 の $1/|\boldsymbol{r} - \boldsymbol{r}_\pm| \cdots$ を近似するところがよくわかりません。

A4.3: $f(x) = (1 + 2ax + bx^2)^n$ を $x = 0$ のまわりでテイラー展開します。ただし，a, b は定数とします。

$$f'(x) = n(1 + 2ax + bx^2)^{n-1}(2a + 2bx)$$
$$f''(x) = n(n-1)(1 + 2ax + bx^2)^{n-2}(2a + 2bx)^2 + n(1 + 2ax + bx^2)^{n-1} \cdot 2b$$

となりますから

$$f(x) \fallingdotseq f(0) + \frac{f'(0)}{1!}x + \frac{f''(0)}{2!}x^2 + \cdots$$
$$= 1 + 2nax + [2n(n-1)a^2 + nb]x^2 + \cdots$$

と展開できます。これから，$n = -1/2$ を代入すると，$|x| \ll 1$ のとき

$$(1 + 2ax + bx^2)^{-\frac{1}{2}} \fallingdotseq 1 - ax + \frac{3a^2 - b}{2}x^2 \fallingdotseq 1 - ax$$

という近似式が得られます。さらに，$a = 1/2$, $b = 0$ とすれば

$$(1 + x)^{-\frac{1}{2}} \fallingdotseq 1 - \frac{x}{2}$$

という近似式が得られます。

4.5 ポアソンの方程式

（1） **ラプラシアン**　スカラー場 f の勾配の発散を**ラプラシアン**（Laplacian）と定義し，$\nabla^2 f$ で表す。すなわち，スカラー場 f のラプラシアンは

$$\nabla^2 f = \nabla \cdot \nabla f \tag{4.34}$$

と与えられる。

（2） **各座標系におけるラプラシアン**

（a） **直角座標系**

$$\nabla^2 f = \frac{\partial^2 f}{\partial x^2} + \frac{\partial^2 f}{\partial y^2} + \frac{\partial^2 f}{\partial z^2} \tag{4.35a}$$

（b） **円筒座標系**

$$\nabla^2 f = \frac{1}{\rho}\frac{\partial}{\partial \rho}\left(\rho \frac{\partial f}{\partial \rho}\right) + \frac{1}{\rho^2}\frac{\partial^2 f}{\partial \phi^2} + \frac{\partial^2 f}{\partial z^2} \tag{4.35b}$$

（c） **球座標系**

$$\nabla^2 f = \frac{1}{r^2}\frac{\partial}{\partial r}\left(r^2 \frac{\partial f}{\partial r}\right) + \frac{1}{r^2 \sin\theta}\frac{\partial}{\partial \theta}\left(\sin\theta \frac{\partial f}{\partial \theta}\right) + \frac{1}{r^2 \sin^2\theta}\frac{\partial^2 f}{\partial \phi^2} \tag{4.35c}$$

（3） **電位と体積電荷密度の関係**　$\boldsymbol{E} = -\nabla V$ より，$\boldsymbol{D} = \varepsilon_0 \boldsymbol{E} = -\varepsilon_0 \nabla V$ となる。これを $\nabla \cdot \boldsymbol{D} = \rho_v$ に代入すると

$$\nabla \cdot \boldsymbol{D} = \nabla \cdot (-\varepsilon_0 \nabla V) = -\varepsilon_0 \nabla \cdot \nabla V = \rho_v$$

となる。これから，**ポアソンの方程式**（Poisson's equation）

$$\nabla^2 V = -\frac{\rho_v}{\varepsilon_0} \tag{4.36}$$

が得られる。無限遠点を基準とする電位

$$V = \iiint_v \frac{\rho_v(\boldsymbol{r}')dv'}{4\pi\varepsilon_0 |\boldsymbol{r} - \boldsymbol{r}'|} \tag{4.37}$$

は非斉次偏微分方程式 (4.36) の解となっている。さらに，式 (4.36) において $\rho_v = 0$ とした偏微分方程式，すなわち，式 (4.36) の斉次偏微分方程式

$$\nabla^2 V = 0 \tag{4.38}$$

を**ラプラスの方程式**（Laplace's equation）という。

静電界を決定するためには上記の偏微分方程式を 5 章で学習する境界条件の下で解けばよいが，本書ではその解法には立ち入らない。

例題 4.12　原点に置かれた点電荷 Q による電位 $V = Q/4\pi\varepsilon_0 r$ が，$r \neq 0$ においてラプラスの方程式を満足することを示せ。

【解答】　V は r のみの関数なので，θ, ϕ に関する偏微分は 0 となる。よって，式 (4.36), (4.35c) より

$$\nabla^2 V = \frac{1}{r^2}\frac{d}{dr}\left[r^2\frac{d}{dr}\left(\frac{Q}{4\pi\varepsilon_0 r}\right)\right] = \frac{Q}{4\pi\varepsilon_0}\frac{1}{r^2}\frac{d}{dr}\left[r^2\frac{d}{dr}\left(\frac{1}{r}\right)\right]$$
$$= \frac{Q}{4\pi\varepsilon_0}\frac{1}{r^2}\frac{d}{dr}\left[r^2\left(-\frac{1}{r^2}\right)\right] = \frac{Q}{4\pi\varepsilon_0}\frac{1}{r^2}\frac{d}{dr}(-1) = 0$$

となり，V はラプラスの方程式 (4.38) を満足する。　◇

章　末　問　題

【1】　$\boldsymbol{E} = y^2\boldsymbol{a}_x + x^2\boldsymbol{a}_y$ に対して，点 B$(2, 0, 0)$ から点 A$(1, \sqrt{3}, 0)$ まで円周 $x^2 + y^2 = 4$，$z = 0$ 上の最短経路 C に沿って点電荷 Q を移動させるのに必要な仕事を求めよ。

【2】　点 A$(0, 0, d)$ に点電荷 Q，点 B$(0, 0, -d)$ に点電荷 $-Q$ を置く。電位が $V = 0$ となるような等電位面の方程式を導け。

【3】　球対称，軸対称，面対称の電荷分布による電位が，それぞれ式 (4.9), (4.11), (4.13) により与えられることを確認せよ。

【4】　半径 a の円板が一様な面電荷密度 ρ_s で帯電している。円板の中心軸上における電位 V を求めよ。電位の基準を $z = 0$ とする。また，$a \to \infty$ とすることで，無限大平面上に一様な面電荷密度 ρ_s が分布している場合の電位 V を求めよ。

【5】 無限長の円筒面の側面上に面電荷密度 ρ_s で一様に電荷が分布している。ただし，円筒の半径を a とする。円筒軸から ρ の位置における電位 V を求めよ。ここで，電位の基準を $\rho = b\,(> a)$ の円筒面とする。

【6】 無限長の円筒領域内部に体積電荷密度 ρ_v で一様に電荷が分布している。ただし，円筒の半径を a とする。円筒軸から ρ の位置における電位 V を求めよ。ここで，電位の基準を $\rho = b\,(> a)$ の円筒面とする。

【7】 半径 a の球面上に面電荷密度 ρ_s で一様に電荷が分布している。球面の中心から r の位置における電位 V を求めよ。ここで，電位の基準を無限遠点とする。

【8】 半径 a の球内部に体積電荷密度 ρ_v で一様に電荷が分布している。球面の中心から r の位置における電位 V を求めよ。ここで，電位の基準を無限遠点とする。

【9】 z 軸上の $z = -d$ と $z = d$ に点電荷 Q が，$z = 0$ に点電荷 $-2Q$ が置かれている。点 $\mathrm{P}(r, \theta, \phi)$ における電位を求めよ。また電界を求めよ。ただし，$r \gg d$ と仮定する。

【10】 z 軸上に線電荷密度 ρ_l で一様に分布した電荷による電位 $V = (\rho_l / 2\pi\varepsilon_0) \ln(a/\rho)$ が，$\rho \neq 0$ においてラプラスの方程式を満足することを示せ。ただし，a は正の定数とする。

5 導体・誘電体・静電容量

4 章までは自由空間における静電界の振舞いについて学習したが，本章では，導体および誘電体内における静電界について学ぶ。

静電界では導体内に電界が存在しない。なぜならば，静電界は時間的に変化しない場合の電界であり，静電界中で自由電荷の移動が許されていないためである。この事実は自由空間と導体との境界における境界条件を決定づけている。電気影像法は，ポアソンの方程式およびラプラスの方程式を直接解くことなしに静電界を決定する方法の一つである。この方法においても境界条件は重要な役割を果たしている。

誘電体は本来電気を通さない物質であるが，電界が印加されると，物質内を自由に動き回ることができない束縛電荷が電気双極子を構成し，内部電界が増強される。この状況は誘電率という物質固有のパラメータによって記述される。さらに，電束密度を再定義し，誘電体内部におけるガウスの法則を導く。

コンデンサは二つの導体により構成される。蓄えられる電荷と導体間の電位差は比例関係にあり，静電容量はその比例定数として定義される。静電容量を計算するには，これまでの電界に関する知識を総動員する必要があり，静電界のよい復習となることだろう。

5.1 導体の性質

（1） **導　　体**　物質は，電気を通す**導体**（conductor）と電気を通さない**絶縁体**（insulator）に分類することができる。導体と絶縁体の違いは，物質中に自由に移動できる**自由電荷**（free charge）が多数存在しているか否かである。例えば，導体内に電界が存在すれば，導体中の自由電荷は，クーロンの法則により電界に沿って移動する。このような自由電荷の移動によって電流が生じるが，本章では，電流が流れなくなった状態，自由電荷が平衡状態となった場合について考える。この状態は，時間的な変化が生じない状態であり，静的と呼ばれる。この静的状態における電界を**静電界**と呼ぶ。

（2） **導体の（みかけの）電荷**　電気的に中性の導体内に正，負の電荷が等量ずつ分布しているとき，外部から別の電荷を与える。このとき，ちょうどその分だけ導体内の正，負の電荷の均衡が破れて，いわゆる導体が帯電する。このとき，この中和されずに残った電荷を導体の（みかけの）電荷という。

（3） **静電誘導**　図5.1に示すように，電気的に中和されている物体に，帯電している物体（帯電体，charge body）を近づけたとき，クーロンの法則により，中和されていた物体の帯電体側に帯電体の電荷と異符号の電荷が，その反対側に同符号の電荷が誘導される。すなわち，中和状態にあった物体中の電荷のうち，帯電体と異符号の電荷が引き寄せられ，帯電体と同符号の電荷が反発して帯電体から遠い側に離れていく。この現象を**静電誘導**（electrostatic induction）という。また，静電誘導により誘導される電荷を**誘導電荷**（induced charge）という。

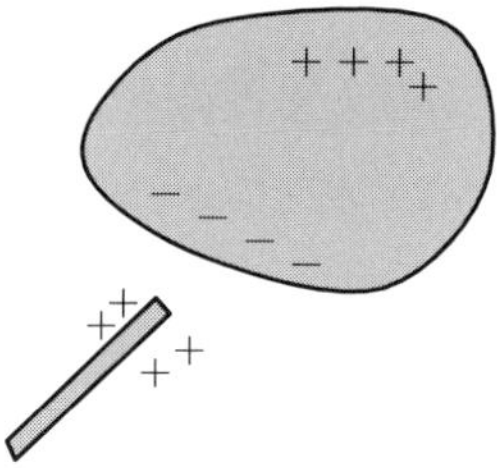

図 5.1　静電誘導

（4） **導体内部および表面における電界**　もし導体内部あるいは表面に沿って電界が存在すれば，クーロンの法則より電荷は導体内を移動する。しかしながら，静電界は時間的に変化しないので，これは静電界の定義に反する。したがって，導体内部あるいは表面に沿って電界が存在してはいけない。すなわち

$$\boldsymbol{E} = \boldsymbol{0} \quad （導体内部） \tag{5.1}$$

$$\boldsymbol{E}_t = \boldsymbol{0} \quad （導体表面） \tag{5.2}$$

が成り立つ。ここで，添字 t は接線成分（tangential component）を表す。

（5） 導体表面における電界の向き　導体表面に沿う電界の成分は $\boldsymbol{0}$ なので，導体表面では，残りの成分，つまり，導体に垂直な電界の成分のみである。

$$\boldsymbol{E} = E_n \boldsymbol{a}_n \quad （導体表面） \tag{5.3}$$

ここで，$\boldsymbol{a}_n$ は導体表面における法単位ベクトルであり，添字 n は法線成分（normal component）を表す。

（6） 導体内部における電荷分布　外部から与えられた電荷が導体内部に体積電荷密度 ρ_v で分布すると仮定する。**図 5.2** に示すように，導体内部に任意の閉曲面 S を設定する。このとき，ガウスの法則 (3.10) より

$$\oiint_S \boldsymbol{E} \cdot d\boldsymbol{S} = \frac{1}{\varepsilon_0} \iiint_v \rho_v dv \tag{5.4}$$

の関係が成り立つ。ここで，v は閉曲面 S で囲まれた領域とする。導体内部において電界は $\boldsymbol{E} = \boldsymbol{0}$ となるので，式 (5.4) の面積分は 0 となる。したがって，式 (5.4) の体積分は 0 となる。このことは導体内部に設定された任意の閉曲面 S に囲まれた領域 v に対して成り立つので，導体内部において $\rho_v = 0$，すなわち，電荷が分布しない。このように，外部から電荷が与えられるとき，導体内部に電荷が存在できないので，電荷は導体表面のみに分布することになる。

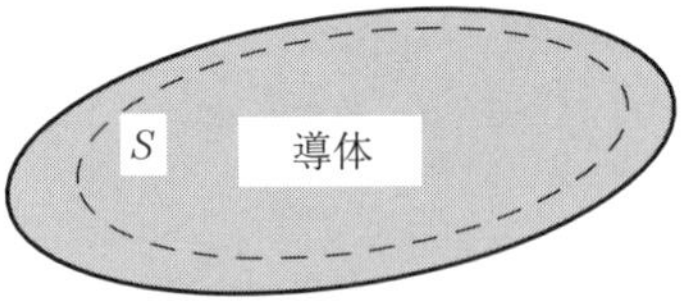

図 5.2　導体内部に設定された閉曲面 S

（7） クーロンの定理　導体表面に面電荷密度 ρ_s で電荷が分布するとき，その表面において電界は

$$\boldsymbol{E} = \frac{\rho_s}{\varepsilon_0}\boldsymbol{a}_n \tag{5.5}$$

と与えられる。これを**クーロンの定理**（Coulomb's theorem）という。証明は5.2節で行う。

（8） **導体内部および表面における電位**　導体内部および表面において，$\boldsymbol{E} = -\nabla V = \boldsymbol{0}$ の関係から，$V =$ 一定 となるので，等電位である。

例題 5.1　**図 5.3** に示すように，十分に離れた半径 a, b の二つの導体球が細い導線で接続されている。この構造に対して Q の電荷を与えるとき，各導体球面における電界の大きさを求めよ。

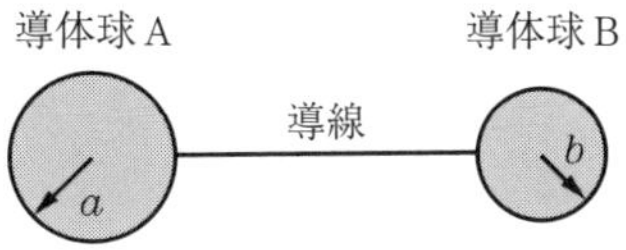

図 5.3　導線で結ばれた二つの導体球

【解答】　二つの導体球は十分に離れているので，二つの導体球面に電荷は一様に分布する。導線は細いので，導線に電荷は存在しない。このため，半径 a および b の導体球面に帯電する電荷を Q_a および Q_b とすれば

$$Q = Q_a + Q_b \tag{5.6}$$

の関係が成り立つ。一方，半径 a および b の導体球面における電位は $V_a = Q_a/4\pi\varepsilon_0 a$ および $V_b = Q_b/4\pi\varepsilon_0 b$ と与えられる。二つの導体球が導線で接続されていることから，それらの電位は等しい。すなわち，$V_a = V_b$ より

$$\frac{Q_a}{4\pi\varepsilon_0 a} = \frac{Q_b}{4\pi\varepsilon_0 b} \tag{5.7}$$

の関係が成り立つ。式 (5.6) と式 (5.7) を解くと，$Q_a = Qa/(a+b)$, $Q_b = Qb/(a+b)$ となるので，半径 a および b の導体球面における電界の大きさ E_a および E_b は

$$E_a = \frac{Q_a}{4\pi\varepsilon_0 a^2} = \frac{Q}{4\pi\varepsilon_0 (a+b)a}$$

$$E_b = \frac{Q_b}{4\pi\varepsilon_0 b^2} = \frac{Q}{4\pi\varepsilon_0 (a+b)b}$$

と与えられる。これから，$a \gg b$ であるとき，$E_b \gg E_a$ となることがわかる。◇

例題 5.1 の結果から，一般に，導体のとがった（曲率の大きい）部分では，導体のそれ以外の滑らかな部分に比べて，電界が強くなることがわかる。建物の避雷針はこの性質を利用している。静電誘導により，帯電した雲が避雷針に近づくと，避雷針のとがった部分に大地から異符号の電荷が集まる。その部分では電界が強くなり，周辺の大気の絶縁破壊を引き起こし，電気の通り道が形成される。雷の電気はこの通り道から避雷針を経由して大地に流れるようになる。

(9) 静電遮蔽　**図 5.4** に示す導体の内側がくり抜かれた中空導体（空洞ありの導体）に関して，中空部の電界は，導体の外側の電界と独立であり，中空部の形状とその内部の電荷分布だけによって決まる。この現象を**静電遮蔽**（electrostatic shielding）という。

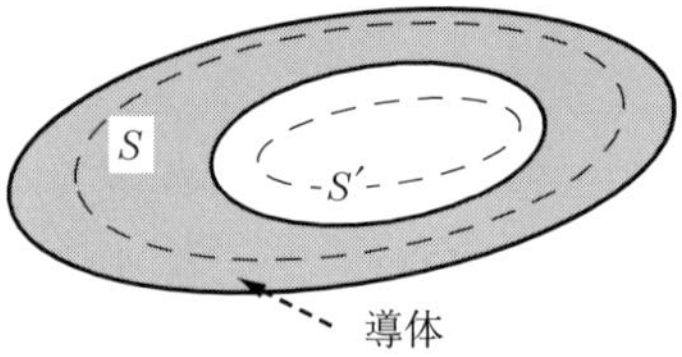

図 5.4　中空導体に設定された閉曲面 S

① 中空部に電荷を置かなければ，外部から与えた電荷は外部表面にのみ分布する。このとき，中空部分に電界は生じない。

証明　ガウスの法則 (3.10) を利用する。導体内に閉曲面 S を設定すると，導体内に電界が存在しないことから，閉曲面の内部に（みかけの）電荷分布は存在しない。閉曲面 S を導体の外表面に選ぶと，電荷が外表面に分布する。また，中空内部に閉曲面 S' を考える。そこには電荷はなく，$\rho_v = 0$ なので，$\oiint_{S'} \boldsymbol{D} \cdot d\boldsymbol{S} = 0$ が成り立つ。この関係は，中空内部の任意の閉曲面 S' に対して成り立つので，中空内部において $\boldsymbol{E} = \boldsymbol{0}$ となる。♠

② 中空部に電荷を置くと，等量異符号の電荷が導体の内表面に誘導され，等量同符号の電荷が外表面に分布する。

証明　中空部に Q の電荷を置くと，静電誘導により，中空導体の内表面に負の電荷が誘導される。導体内に閉曲面 S をとり，この電荷の面電荷密度を ρ_s とすると，ガウスの法則 (3.10) から

$$\oiint_S \boldsymbol{D} \cdot d\boldsymbol{S} = Q + \oiint_S \rho_s dS$$

の関係が成り立つ。導体内部に電界が存在しないので

$$Q = -\oiint_S \rho_s dS$$

となる。このように，中空導体の内表面には，最初に置いた電荷 Q と等量異符号の電荷 $-Q$ が分布する。さらに，中空導体表面（内表面と外表面）には，はじめ正，負等量の電荷が中和された安定な状態を保っていたので，内表面に誘導された電荷と異符号の電荷 $+Q$ が外表面に分布することになる。 ♠

5.2 境界条件：自由空間と導体の境界における電界

自由空間と導体との間の境界において，つぎの二つの**境界条件**（boundary condition）が知られている。

① 導体表面において，電界の接線成分は $\mathbf{0}$ である。

② 導体表面において，電束密度の法線成分は面電荷密度に等しい。

式で記述すると

① 接線成分 $\boldsymbol{E}_t = \mathbf{0}$ (5.8)

② 法線成分 $D_n = \rho_s$ (5.9)

となる。条件 ② はクーロンの定理の式 (5.5) に対応する。

〔条件 ① の証明〕 式 (4.4) で与えられる，閉曲線 C に対して電界に関する線積分が 0 であるという静電界の性質を利用する。自由空間の領域を領域 1 とし，導体の領域を領域 2 とする。また，領域 1, 2 における電界を $\boldsymbol{E}_1$, $\boldsymbol{E}_2$ とする。**図 5.5** のように，境界に沿って閉曲線 C を選ぶ。Δw は十分に小さいとし，それよりも Δh はさらに小さいとし，閉曲線 C の各区間で電界 $\boldsymbol{E}$ が定ベクトルであるとみなす。このとき，線積分は，$\Delta h \to 0$ の極限の下で

$$\oint_C \boldsymbol{E} \cdot d\boldsymbol{r} = \int_{\mathrm{A}}^{\mathrm{B}} + \int_{\mathrm{B}}^{\mathrm{C}} + \int_{\mathrm{C}}^{\mathrm{D}} + \int_{\mathrm{D}}^{\mathrm{E}} + \int_{\mathrm{E}}^{\mathrm{F}} + \int_{\mathrm{F}}^{\mathrm{A}}$$
$$= \boldsymbol{E}_1 \cdot \int_{\mathrm{A}}^{\mathrm{B}} d\boldsymbol{r} + \boldsymbol{E}_2 \cdot \int_{\mathrm{B}}^{\mathrm{C}} d\boldsymbol{r} + \boldsymbol{E}_2 \cdot \int_{\mathrm{C}}^{\mathrm{D}} d\boldsymbol{r}$$

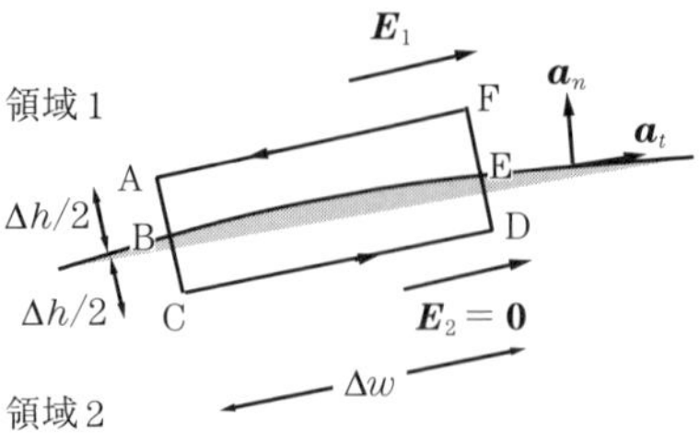

図 **5.5**　接線成分に関する境界条件の導出

$$
\begin{aligned}
&+ \boldsymbol{E}_2 \cdot \int_{\mathrm{D}}^{\mathrm{E}} d\boldsymbol{r} + \boldsymbol{E}_1 \cdot \int_{\mathrm{E}}^{\mathrm{F}} d\boldsymbol{r} + \boldsymbol{E}_1 \cdot \int_{\mathrm{F}}^{\mathrm{A}} d\boldsymbol{r} \\
&= \boldsymbol{E}_1 \cdot \left(-\frac{\Delta h}{2} \boldsymbol{a}_n \right) + \boldsymbol{E}_2 \cdot \left(-\frac{\Delta h}{2} \boldsymbol{a}_n \right) + \boldsymbol{E}_2 \cdot (\Delta w \boldsymbol{a}_t) \\
&\quad + \boldsymbol{E}_2 \cdot \left(\frac{\Delta h}{2} \boldsymbol{a}_n \right) + \boldsymbol{E}_1 \cdot \left(\frac{\Delta h}{2} \boldsymbol{a}_n \right) + \boldsymbol{E}_1 \cdot (-\Delta w \boldsymbol{a}_t) \\
&\to (\boldsymbol{E}_2 - \boldsymbol{E}_1) \cdot \boldsymbol{a}_t \Delta w
\end{aligned}
$$

となる。ここで，図 5.5 に示すように，$\boldsymbol{a}_t$ および $\boldsymbol{a}_n$ は境界の接単位ベクトルおよび法単位ベクトルである。導体内部の電界は $\boldsymbol{E}_2 = \boldsymbol{0}$ であるから，式 (4.4) より，$(-\boldsymbol{E}_1) \cdot \boldsymbol{a}_t \Delta w = 0$，すなわち，式 (5.8) を得る。

〔条件 ② の証明〕　図 **5.6** に示すような円筒面を考え，その表面 S においてガウスの法則 (3.9) を適用する。自由空間の領域を領域 1 とし，導体の領域を領域 2 とする。また，領域 1, 2 における電束密度を $\boldsymbol{D}_1$, $\boldsymbol{D}_2$ とする。境界面から円筒面の底面 S_{n1}, S_{n2} までの距離を $\Delta h/2$ とし，円筒面の側面 S_{n3} と境界面が交わる閉曲線を C とする。底面 S_{n1}, S_{n2} の面積 ΔS は十分に小さいとし，それよりも Δh はさらに小さいとする。このとき，ガウスの法則より

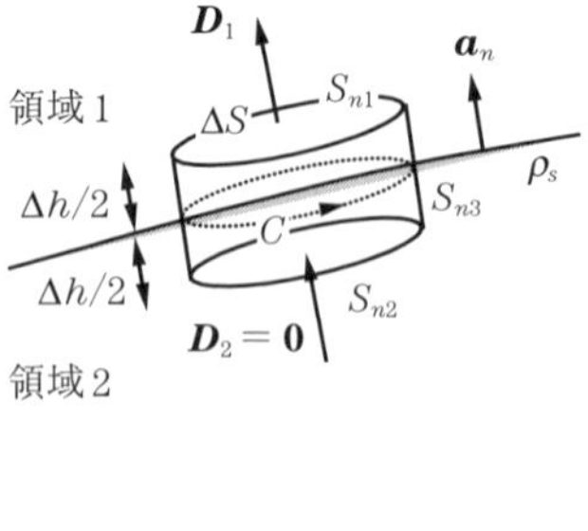

図 **5.6**　法線成分に関する境界条件の導出

$$\oiint_S \boldsymbol{D}\cdot d\boldsymbol{S} = \iint_{S_{n1}} \boldsymbol{D}\cdot d\boldsymbol{S} + \iint_{S_{n2}} \boldsymbol{D}\cdot d\boldsymbol{S} + \iint_{S_{n3}} \boldsymbol{D}\cdot d\boldsymbol{S}$$
$$= \{\boldsymbol{D}_1\cdot\boldsymbol{a}_n + \boldsymbol{D}_2\cdot(-\boldsymbol{a}_n)\}\Delta S$$
$$+ \frac{\Delta h}{2}\left(\oint_C \boldsymbol{D}_1\cdot d\boldsymbol{r} + \oint_C \boldsymbol{D}_2\cdot d\boldsymbol{r}\right)$$
$$= Q_{\text{enclosed by } S}$$

が成り立つ。ここで，$\boldsymbol{a}_n$ は領域 2 から領域 1 へ向く境界面における法単位ベクトルとする。$\Delta h \to 0$ の極限の下で，電束密度 $\boldsymbol{D}$ の法線成分に関する境界条件

$$\boldsymbol{a}_n\cdot(\boldsymbol{D}_1 - \boldsymbol{D}_2) = \rho_s$$

が得られる。ただし，$\rho_s = \lim_{\Delta h\to 0}(Q_{\text{enclosed by } S}/\Delta S)$ は境界面における面電荷密度である。領域 2 は導体であり，$\boldsymbol{D}_2 = \boldsymbol{0}$ であるから，式 (5.9) を得る。

5.3 電 気 影 像 法

導体が存在する空間における電界を計算する際は，単純にクーロンの法則やガウスの法則を適用することはできない。導体の境界面において境界条件の式 (5.8), (5.9) を満足させなければならないからである。このような問題を解くには，ポアソンの方程式 (4.36) を与えられた境界条件の下で解く必要がある。このためには偏微分方程式の解法を学習しなければならない。ここでは，偏微分方程式を解くことなく，簡単に電界を求める方法として，**電気影像法**（イメージ法，method of images）を紹介する。

（1） 電気影像法の適用条件　　電気影像法では，境界条件を満足させつつ，導体を取り除き，適当な位置（導体が存在した領域のいずれか）に点電荷（影像電荷，image charge）を置き，与えられた問題を元の点電荷と影像電荷の重ね合わせとして考える。このように，電気影像法は万能ではなく，つぎの条件を満足するときに限り適用できる。

① 影像電荷を置いた後，導体を除く空間における電荷分布に変更がないこと（導体の存在した空間での電荷分布や電界は変わってもよい）

② 得られた解は，境界条件を満足していること

③ 得られた解は，ポアソンの方程式を満足していること

条件③は，点電荷による電位に関する式(4.37)を利用するので，自動的に満足する。したがって，条件①と②を満足するように，影像電荷を配置すればよい。

（2） 導体面上に置かれた点電荷　図 **5.7** の左側に示すように，$z<0$ は導体であり，点 $\mathrm{P}(0,0,a)$ に点電荷 Q が配置されている。考慮すべき境界条件は，導体表面 $z=0$ において $V=0$ であるという条件である。ここで，例題 4.11 において，$z=0$ の面が $V=0$ という等電位面であったことを思い出してほしい。このことは，図 5.7 の右側に示すように，導体を取り除き，点 $\mathrm{P}'(0,0,-a)$ に点電荷 $-Q$ を配置できることを意味する。条件①については，$z>0$ における電荷分布（点 P に点電荷 Q が存在すること）に変更がないので，満足している。条件②についても，境界面 $z=0$ において導体を取り除く前後で $V=0$ に変更がないので，満足している。具体的な計算は例題 5.2 を参照されたい。

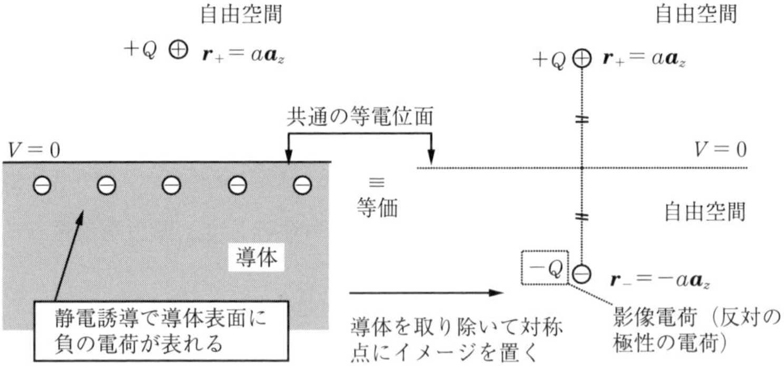

図 5.7　導体面上に置かれた点電荷に対する電気影像法の適用

例題 5.2　$z<0$ が導体であり，点 $\mathrm{P}(0,0,a)$ に点電荷 Q が配置されているとする。電気影像法を用いて，導体表面上部（$z>0$）における電位，電

界を決定せよ。また，導体表面 S に誘起する電荷の総量が $-Q$ であることを確認せよ。

【解答】 電気影像法により，導体（$z<0$）を取り去り，$\mathrm{P}'(0,0,-a)$ に $-Q$ の点電荷を配置する。このとき，導体外部（$z \geqq 0$）の点 $\boldsymbol{r} = x\boldsymbol{a}_x + y\boldsymbol{a}_y + z\boldsymbol{a}_z$ における電位は，点 $\boldsymbol{r}_+ = a\boldsymbol{a}_z$ における点電荷 Q および点 $\boldsymbol{r}_- = -a\boldsymbol{a}_z$ における点電荷 $-Q$ による電位の重ね合わせとして

$$V = \frac{Q}{4\pi\varepsilon_0|\boldsymbol{r}-\boldsymbol{r}_+|} + \frac{-Q}{4\pi\varepsilon_0|\boldsymbol{r}-\boldsymbol{r}_-|}$$
$$= \frac{Q}{4\pi\varepsilon_0}\left(\frac{1}{\sqrt{x^2+y^2+(z-a)^2}} - \frac{1}{\sqrt{x^2+y^2+(z+a)^2}}\right)$$

と与えられる。よって，電界 $\boldsymbol{E}$ は

$$\boldsymbol{E} = -\nabla V = -\frac{\partial V}{\partial x}\boldsymbol{a}_x - \frac{\partial V}{\partial y}\boldsymbol{a}_y - \frac{\partial V}{\partial z}\boldsymbol{a}_z$$
$$= \frac{Q}{4\pi\varepsilon_0}\left\{\frac{x}{[x^2+y^2+(z-a)^2]^{3/2}} - \frac{x}{[x^2+y^2+(z+a)^2]^{3/2}}\right\}\boldsymbol{a}_x$$
$$+ \frac{Q}{4\pi\varepsilon_0}\left\{\frac{y}{[x^2+y^2+(z-a)^2]^{3/2}} - \frac{y}{[x^2+y^2+(z+a)^2]^{3/2}}\right\}\boldsymbol{a}_y$$
$$+ \frac{Q}{4\pi\varepsilon_0}\left\{\frac{z-a}{[x^2+y^2+(z-a)^2]^{3/2}} - \frac{z+a}{[x^2+y^2+(z+a)^2]^{3/2}}\right\}\boldsymbol{a}_z$$

となる。上式に $z=0$ を代入すると，導体表面における電界は

$$\boldsymbol{E}(x,y,0) = E_z(x,y,0)\boldsymbol{a}_z = -\frac{aQ}{2\pi\varepsilon_0(x^2+y^2+a^2)^{3/2}}\boldsymbol{a}_z$$

と与えられる。クーロンの定理の式 (5.9) から，導体表面の面電荷密度は

$$\rho_s = \varepsilon_0 E_z(x,y,0) = -\frac{aQ}{2\pi(x^2+y^2+a^2)^{3/2}}$$

となる。これを導体表面 S，すなわち，xy 平面全体で面積分すると

$$\iint_S \rho_s dS = \int_{-\infty}^{\infty}\int_{-\infty}^{\infty}\rho_s dxdy = -\frac{aQ}{2\pi}\int_{-\infty}^{\infty}\int_{-\infty}^{\infty}\frac{dxdy}{(x^2+y^2+a^2)^{3/2}}$$
$$= -\frac{aQ}{2\pi}\int_0^{2\pi}d\phi\int_0^{\infty}\frac{\rho d\rho}{(\rho^2+a^2)^{3/2}} = -\frac{aQ}{2\pi}\cdot 2\pi\left[-\frac{1}{\sqrt{\rho^2+a^2}}\right]_0^{\infty}$$
$$= -\frac{aQ}{2\pi}\cdot 2\pi\cdot\frac{1}{a} = -Q$$

となり，導体表面に生じた誘導電荷は，導体の上に置いた点電荷の電荷に負号を付けたものに等しい。積分変数の極座標変換については，p.32 の「過去の Q&A から」A2.5 を参照されたい。 ◇

5.4 誘電体の性質

(1) 誘　電　体　電界によって自由に動くことのできる自由電荷が存在しない物体を**誘電体**（dielectric）という。絶縁体ともいう。つまり，電荷は原子や分子間力で位置を束縛されており，外部電界により微小変位のみが許されている。このため，誘電体は電気エネルギーを保持することができる。

(2) 誘電分極　誘電体は電気的に中性であるが，外部電界によって，微視的に正と負の電荷（束縛電荷，bound charge）に分離する。この様子は電気双極子と同等である。この分離は原子の大きさ程度であるが，誘電体内には無数の電気双極子が存在するため，考慮すべき効果となって表れる。すなわち，外部から電界を印加すると，電気双極子にトルクが生じ，電気双極子が電界の向きに傾くことで内部電界が生じる。この現象を**誘電分極**（dielectric polarization），あるいは単に分極という。特に，外部電界がなくとも電気双極子の配列（配向）が生じる分子を極性分子（polar molecules）という。

(3) 分　　極　**分極**（polarization）は誘電分極という現象を指すばかりでなく，単位体積当りの双極子モーメントの総和を表すことがある。**図 5.8** に示すように，誘電体の内部に現れる双極子モーメント $\boldsymbol{p}_i = q_{bi}\boldsymbol{d}_i$ は束縛電荷 q_{bi} と $-q_{bi}$ とから構成される。このとき，つぎのように分極を定義する。

$$\boldsymbol{P} = \lim_{\Delta v \to 0} \frac{1}{\Delta v} \sum_{i=1}^{n} \boldsymbol{p}_i \quad \text{〔C/m}^2\text{〕} \tag{5.10}$$

分極 $\boldsymbol{P}$ は電束密度 $\boldsymbol{D}$ と同じ次元であることに注意されたい。ここで，n は微小体積 Δv 内の電気双極子の数とする。極性分子でない場合，外部電界が存在しないとき，束縛電荷は移動しないので，分極は $\boldsymbol{P} = \boldsymbol{0}$ となる。外部電界が存在するとき，正の電荷は電界の向きに，負の電荷は電界と逆向きに微小に変位する。このため，**図 5.9** に示すように，電気双極子は電界と一直線になり，誘電体表面に束縛電荷が現れる。

(4) 誘電体内部における束縛電荷　誘電体表面において，単位面積当り

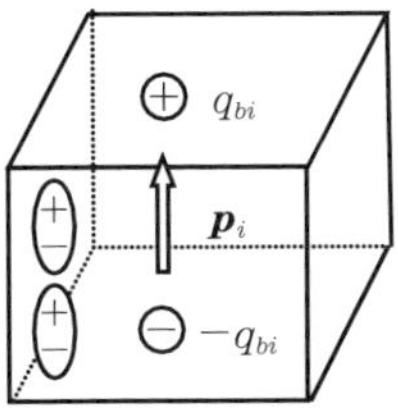

図 5.8 双極子モーメントの総和と分極の定義

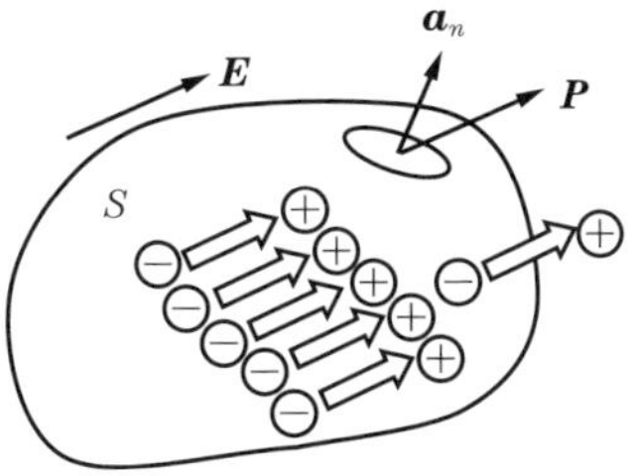

図 5.9 誘電体の表面に現れる束縛電荷

$\rho_{sb} = \boldsymbol{P}\cdot\boldsymbol{a}_n$ の電荷が誘電体表面より外に出て，誘電体内部には $-\rho_{sb} = -\boldsymbol{P}\cdot\boldsymbol{a}_n$ の電荷が残される。ゆえに，誘電体内部における束縛電荷の総量 Q_b は

$$Q_b = -\oint\!\!\oint_S \rho_{sb} dS = -\oint\!\!\oint_S \boldsymbol{P}\cdot\boldsymbol{a}_n dS = -\oint\!\!\oint_S \boldsymbol{P}\cdot d\boldsymbol{S} \tag{5.11}$$

となる。

5.5 誘電体内部における電界

（1） **ガウスの法則と電束密度の再定義**　誘電体内に含まれる電荷は束縛電荷 Q_b と自由電荷 Q の和であるから，ガウスの法則 (3.9) は

$$Q_b + Q = \oint\!\!\oint_S \varepsilon_0 \boldsymbol{E}\cdot d\boldsymbol{S}$$

となる。式 (5.11) を利用して，上式を変形すると，自由電荷 Q は

$$Q = \oint\!\!\oint_S \varepsilon_0 \boldsymbol{E}\cdot d\boldsymbol{S} - Q_b = \oint\!\!\oint_S (\varepsilon_0 \boldsymbol{E} + \boldsymbol{P})\cdot d\boldsymbol{S}$$

と与えられる。そこで，電束密度 $\boldsymbol{D}$ を改めて

$$\boldsymbol{D} = \varepsilon_0 \boldsymbol{E} + \boldsymbol{P} \tag{5.12}$$

と定義し直すと，ガウスの法則は

$$\oint\!\!\oint_S \boldsymbol{D}\cdot d\boldsymbol{S} = Q \tag{5.13}$$

となり，S 内の自由電荷 Q に対して適用することができる[†1]。ガウスの発散の定理 (3.23) を利用すると，その微分形は

$$\nabla \cdot \boldsymbol{D} = \rho_v \tag{5.14}$$

と与えられる。ここで，ρ_v は自由電荷に関する体積電荷密度である。

(2) 誘　電　率　　ある媒質内で電束密度 $\boldsymbol{D}$ と電界 $\boldsymbol{E}$ との間の関係式が

$$\boldsymbol{D} = \varepsilon \boldsymbol{E} \tag{5.15}$$

と与えられるとき，ε をその媒質の**誘電率**（permittivity）という。媒質が自由空間の場合，誘電率 ε は自由空間の誘電率 ε_0 に対応する。**比誘電率**（relative permittivity, dielectric constant）ε_r は，媒質の誘電率 ε の自由空間の誘電率 ε_0 に対する比であり

$$\varepsilon_r = \frac{\varepsilon}{\varepsilon_0} \tag{5.16}$$

と定義される。代表的な物質の比誘電率を**表 5.1** に示す。

表 5.1　代表的な物質の比誘電率

物　質	ε_r	物　質	ε_r	物　質	ε_r
空気	1.000 5	ガラス	4～7	石英	3.8
エチルアルコール	25	氷	4.2	シリコン	11.8
ベークライト	4.74	紙	3	塩化ナトリウム	5.9
雪	3.3	土（乾燥状態）	2.8	蒸留水	80
テフロン	2.1	木（乾燥状態）	1.4～4	ポリエチレン	2.26

(3) 電気分極率　　分極 $\boldsymbol{P}$ と電界 $\boldsymbol{E}$ が線形関係にある媒質中では

$$\boldsymbol{P} = \chi_e \varepsilon_0 \boldsymbol{E} \tag{5.17}$$

の関係がある。ここで，χ_e [†2] は**電気分極率**（electric susceptibility）と呼ばれる無次元の量である。このとき

$$\boldsymbol{D} = \varepsilon_0 \boldsymbol{E} + \chi_e \varepsilon_0 \boldsymbol{E} = (1 + \chi_e)\varepsilon_0 \boldsymbol{E}$$

となるので，比誘電率 ε_r と電気分極率 χ_e の間には

[†1] 束縛電荷の効果を電束密度 $\boldsymbol{D}$ に含めたので，自由電荷 Q に対してガウスの法則を適用しなければならない。

[†2] χ は“カイ”と読む。

$$\varepsilon_r = 1 + \chi_e \tag{5.18}$$

の関係が成り立つ。

5.6 境界条件：誘電体境界における電界

（1） 誘電体と誘電体との間の境界条件　二つの誘電体の境界において，つぎの二つの境界条件が成り立つ。

① 境界において，電界の接線成分は等しい。

② 境界において，電束密度の法線成分の不連続分は面電荷密度に等しい。

誘電体を添字 1, 2 で区別し，境界に面電荷密度 ρ_s の電荷が分布するとき

① 接線成分　$\boldsymbol{E}_{t1} = \boldsymbol{E}_{t2}$ (5.19)

② 法線成分　$D_{n1} - D_{n2} = \rho_s$ (5.20)

となる。証明は 5.2 節に同様である。各自で試みられたい。

（2） 誘電体と導体との間の境界条件　自由空間と導体との間の境界条件の式 (5.8), (5.9) に同じである（証明略）。

例題 5.3　**図 5.10** に示すように，誘電体内で電界 $\boldsymbol{E}_d$ に垂直ならびに平行に空隙（げき）を設ける。空隙内は空気とし，その幅は十分に狭いものとする。また，誘電体の比誘電率を ε_r とする。このとき，空隙内の電界 $\boldsymbol{E}_a$ を求めよ。

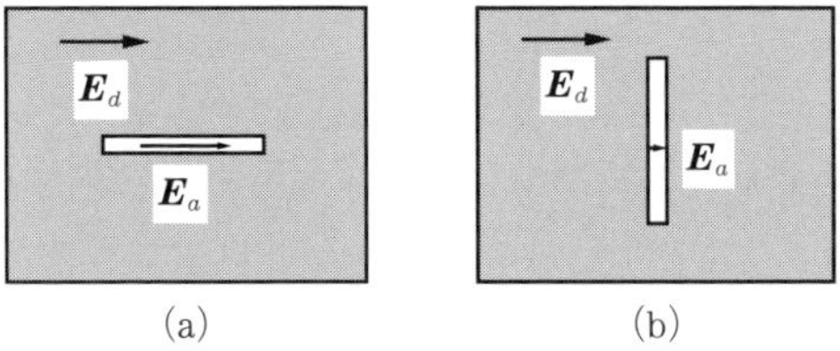

図 5.10　誘電体内に設けられた空隙における電界

【解答】　a)　空隙が電界と平行な場合，境界において電界の接線成分が等しいことから

$$\boldsymbol{E}_a = \boldsymbol{E}_d$$

となる。つまり，空隙内の電界は誘電体内の電界に等しい。

b)　空隙が電界と垂直な場合，境界において電束密度の法線成分が等しいことから

$$\varepsilon_0 \boldsymbol{E}_a = \varepsilon_r \varepsilon_0 \boldsymbol{E}_d$$

すなわち

$$\boldsymbol{E}_a = \varepsilon_r \boldsymbol{E}_d$$

となる。つまり，空隙内の電界は誘電体内の電界の ε_r 倍だけ強くなる。

◇

5.7　静　電　容　量

（1）**静電容量の定義**　　例題 4.2, 4.3 の例からわかるように，電位差 V は電荷 Q に比例する。この比例係数は**静電容量**（capacitance）C と呼ばれ，つぎのように与えられる。

$$C = \frac{Q}{V} = \frac{\oiint_S \boldsymbol{D} \cdot d\boldsymbol{S}}{-\int_-^+ \boldsymbol{E} \cdot d\boldsymbol{r}} \quad \text{〔F〕} \tag{5.21}$$

単位はファラド〔F〕であり，〔C/V〕に等しい。式 (5.21) の線積分は，始点（−）を負の電荷が帯電している導体とし，終点（+）を正の電荷が帯電している導体とする。静電界では線積分は経路によらず一定の値を示すので，積分計算が簡単となるように経路を選択するとよい。

図 5.11 に示すように，二つの孤立した導体からなる構成を**コンデンサ**（condenser）あるいは**キャパシタ**（capacitor）という。コンデンサは電荷を蓄積することができるため，さまざまな回路で多く利用されている。静電容量 C は導体の大きさや位置，誘電体の充塡（てん）の具合によって決定される量であり，つぎの 2 通りの方法で計算することができる。

①　電荷分布を仮定して，電位差を計算する，あるいは，電位差を仮定して，電荷を計算する。その結果を式 (5.21) に代入する。

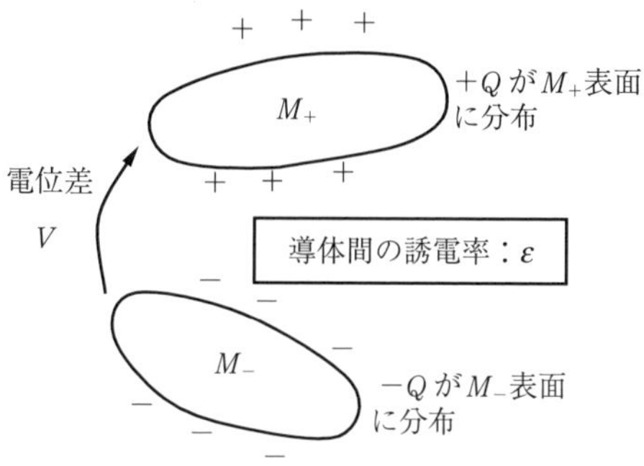

図 **5.11**　二つの孤立導体間の静電容量

② 電荷分布を仮定して，5.8 節で述べる電気的蓄積エネルギー W_e を計算する。その結果を式 (5.31) に代入する。

本節では，① の方法について扱う。以下，断らない限り，誘電率は一様で ε とする。

(2) 平行平板コンデンサ

例題 5.4 図 **5.12** に示すように，$z = 0$ と $z = d$ に十分に大きい面積 S の導体平板を置き，平行平板コンデンサ（parallel-plate capacitor）を構成する。$z = 0$ の面には正の電荷が，$z = d$ の面には負の電荷が一様に分布するとして，平行平板コンデンサの静電容量 C を計算せよ。

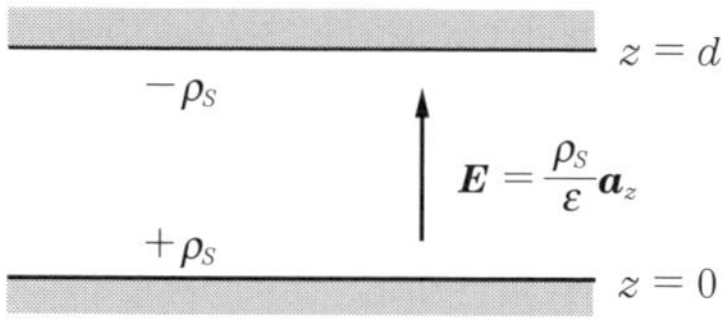

図 **5.12**　平行平板コンデンサ

【解答】 導体平板の面積が十分に大きく，無限大であると仮定する。$z = 0$ の面に面電荷密度 ρ_s の電荷が，$z = d$ の面に面電荷密度 $-\rho_s$ の電荷が分布するとして，例題 2.3 の結果から，導体平板の間の電界は

$$\boldsymbol{E} = E_z \boldsymbol{a}_z = \frac{\rho_s}{\varepsilon}\boldsymbol{a}_z$$

と与えられる。これから，$z = d$ の面を接地した場合の電位は

$$V = -\int_{-}^{+} \boldsymbol{E}\cdot d\boldsymbol{r} = -\int_{d}^{0} E_z dz = -\int_{d}^{0} \frac{\rho_s}{\varepsilon} dz = \frac{\rho_s d}{\varepsilon}$$

である。一方，$z=0$ の極板全体に分布している電荷の総量は $Q=\rho_s S$ であるから，静電容量は

$$C = \frac{Q}{V} = \frac{\rho_s S}{\dfrac{\rho_s d}{\varepsilon}} = \frac{\varepsilon S}{d}$$

と与えられる。 ◇

（3） 同軸円筒コンデンサ

例題 5.5　**図 5.13** に示すように，z 軸を共通の中心軸として，半径 $\rho=a$ の内導体円筒面と半径 $\rho=b$ の外導体円筒面を設け，同軸円筒コンデンサを構成する。$\rho=a$ の面に正の電荷が，$\rho=b$ の面に負の電荷が一様に分布すると仮定して，同軸円筒コンデンサの長さ L 当りの静電容量 C を計算せよ。ただし，$b>a$ とせよ。

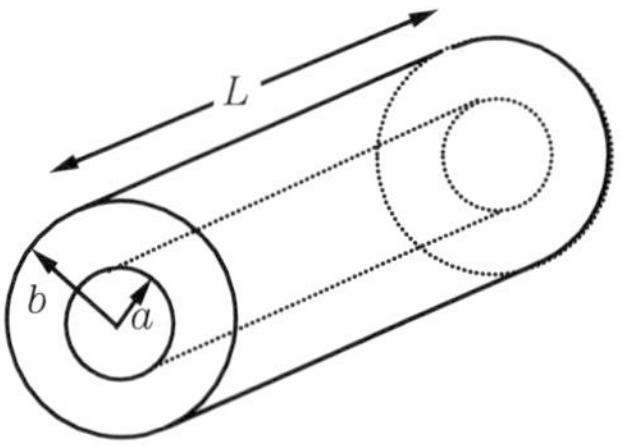

図 5.13　同軸円筒コンデンサ

【解答】　内導体の線電荷密度を ρ_l とするとき，静電誘導より，外導体のそれは $-\rho_l$ となる。例題 3.3 の結果から，導体間の電界は

$$\boldsymbol{E} = E_\rho \boldsymbol{a}_\rho = \frac{\rho_l}{2\pi\varepsilon\rho}\boldsymbol{a}_\rho$$

と与えられる。これから，導体間の電位差は

$$V = -\int_{-}^{+} \boldsymbol{E}\cdot d\boldsymbol{r} = -\int_{b}^{a} E_\rho d\rho = -\int_{b}^{a} \frac{\rho_l}{2\pi\varepsilon\rho} d\rho = -\frac{\rho_l}{2\pi\varepsilon}\int_{b}^{a} \frac{d\rho}{\rho}$$
$$= -\frac{\rho_l}{2\pi\varepsilon}\Big[\ln\rho\Big]_{b}^{a} = \frac{\rho_l}{2\pi\varepsilon}\ln\frac{b}{a}$$

である。一方，長さ L における電荷の総量は $Q = \rho_l L$ と与えられるから，静電容量は

$$C = \frac{Q}{V} = \frac{\rho_l L}{\dfrac{\rho_l}{2\pi\varepsilon} \ln \dfrac{b}{a}} = \frac{2\pi\varepsilon L}{\ln \dfrac{b}{a}}$$

と与えられる。 ◇

(4) 球殻コンデンサ

例題 5.6 **図 5.14** に示すように，原点を共通の中心とする，半径 a の内導体球面と半径 b の外導体球面を設け，球殻コンデンサを構成する。$r = a$ の球面に正の電荷が，$r = b$ の球面に負の電荷が一様に分布すると仮定して，球殻コンデンサの静電容量 C を計算せよ。ただし，$b > a$ とせよ。

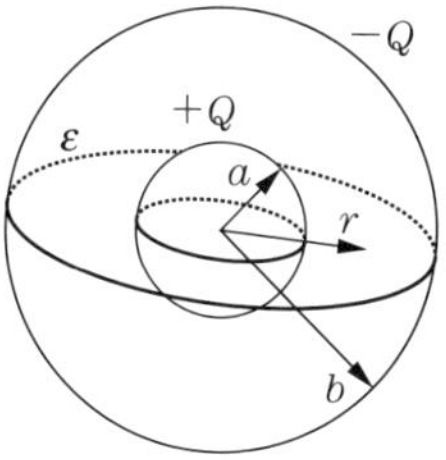

図 5.14 球殻コンデンサ

【解答】 内導体の全電荷を Q とするとき，静電誘導より，外導体の全電荷は $-Q$ となる。$a < r < b$ となるように r を選ぶとき，半径 r の球面を閉曲面としてガウスの法則を適用すると，$\varepsilon E_r \cdot 4\pi r^2 = Q$ となるので，導体間の電界は

$$\boldsymbol{E} = E_r \boldsymbol{a}_r = \frac{Q}{4\pi\varepsilon r^2} \boldsymbol{a}_r$$

と与えられる。これから，導体間の電位差は

$$V = -\int_{-}^{+} \boldsymbol{E} \cdot d\boldsymbol{r} = -\int_b^a E_r dr = -\int_b^a \frac{Q}{4\pi\varepsilon r^2} dr = -\frac{Q}{4\pi\varepsilon} \int_b^a \frac{dr}{r^2}$$
$$= -\frac{Q}{4\pi\varepsilon} \left[-\frac{1}{r} \right]_b^a = \frac{Q}{4\pi\varepsilon} \left(\frac{1}{a} - \frac{1}{b} \right)$$

である。したがって，静電容量は

$$C = \frac{Q}{V} = \frac{Q}{\dfrac{Q}{4\pi\varepsilon} \left(\dfrac{1}{a} - \dfrac{1}{b} \right)} = \frac{4\pi\varepsilon}{\dfrac{1}{a} - \dfrac{1}{b}}$$

と与えられる。なお，外導体の半径 b を無限大とすることで，孤立球導体の静電容量はつぎのように与えられる。

$$C = 4\pi\varepsilon a$$ ◇

(5) 2種類の誘電体が挿入された平行平板コンデンサ

(a) 境界が極板に平行な場合

例題 5.7　面積 S の2枚の導体板が間隔 d で平行に置かれている。極板面積は極板間隔に比べて十分に大きいと仮定する。**図 5.15** に示すように，極板に平行に二つの誘電体をすき間なく挿入した場合の極板間の静電容量を求めよ。ただし，各誘電体の誘電率，厚さをそれぞれ ε_1, d_1 ならびに ε_2, d_2 とする。

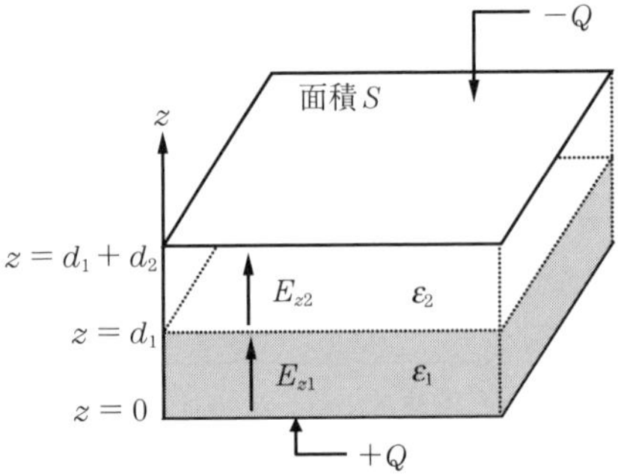

図 5.15　二つの誘電体が充填された平行平板コンデンサ（直列接続）

【解答】　下側の極板（$z = 0$ 面）に Q の電荷を与える。静電誘導より，上側の極板（$z = d$ 面）に $-Q$ の電荷が生じる。下側の極板上の面電荷密度 ρ_{s1} は，クーロンの定理の式 (5.9) から，$\rho_{s1} = D_{z1} = Q/S$ である。誘電体の境界で電束密度の垂直成分は連続であるから，すなわち，$D_{z1} = D_{z2}$ より

$$E_{z1} = \frac{D_{z1}}{\varepsilon_1} = \frac{Q}{\varepsilon_1 S}$$

$$E_{z2} = \frac{D_{z2}}{\varepsilon_2} = \frac{Q}{\varepsilon_2 S}$$

である。これらより，電位差を計算すると

$$V = -\int_{-}^{+} \boldsymbol{E}\cdot d\boldsymbol{r} = -\int_{d}^{0} E_z dz = -\int_{d_1+d_2}^{d_1} E_{z2} dz - \int_{d_1}^{0} E_{z1} dz$$

$$= \frac{Q}{S}\left(\frac{d_1}{\varepsilon_1} + \frac{d_2}{\varepsilon_2}\right)$$

となる。ゆえに

$$C = \frac{Q}{V} = \frac{Q}{\dfrac{Q}{S}\left(\dfrac{d_1}{\varepsilon_1} + \dfrac{d_2}{\varepsilon_2}\right)} = \frac{1}{\dfrac{d_1}{\varepsilon_1 S} + \dfrac{d_2}{\varepsilon_2 S}} \tag{5.22}$$

と与えられる。 ◇

例題 5.7 は，各誘電体領域で平行平板コンデンサと考え，それらの直列接続と考えることができる。$C_1 = \varepsilon_1 S/d_1$，$C_2 = \varepsilon_2 S/d_2$ であるから

$$\frac{1}{C_1} + \frac{1}{C_2} = \frac{d_1}{\varepsilon_1 S} + \frac{d_2}{\varepsilon_2 S} = \frac{1}{C} \tag{5.23}$$

となり，式 (5.22) に一致する。

(b) 境界が極板に垂直な場合

例題 5.8　面積 S の 2 枚の導体板が間隔 d で平行に置かれている。極板面積は極板間隔に比べて十分に大きいと仮定する。**図 5.16** に示すように，極板に垂直に二つの誘電体をすき間なく挿入した場合の極板間の静電容量を計算せよ。誘電率，極板に接する面積をそれぞれ ε_1, S_1 ならびに ε_2, S_2 とする。

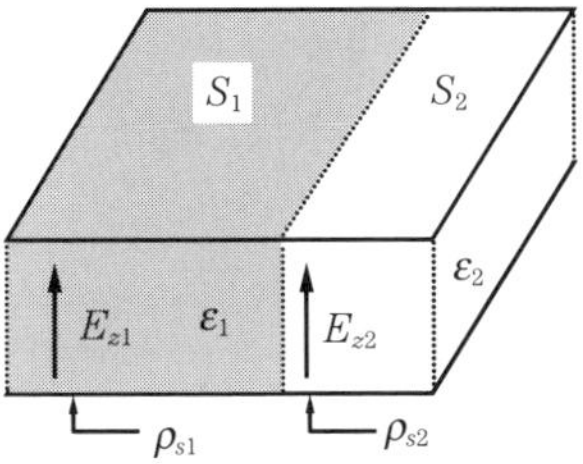

図 5.16　二つの誘電体が充塡された平行平板コンデンサ（並列接続）

【解答】　各誘電体領域の上下極板間の電位差 V は共通なので，誘電体内における電界が一定であるとすれば

$$E_{z1} = E_{z2} = \frac{V}{d}$$

クーロンの定理の式 (5.9) により，$z=0$ の面における面電荷密度 ρ_{s1}，ρ_{s2} は

$$\rho_{s1} = D_{z1} = \varepsilon_1 E_{z1} = \frac{\varepsilon_1}{d}V$$
$$\rho_{s2} = D_{z2} = \varepsilon_2 E_{z2} = \frac{\varepsilon_2}{d}V$$

と与えられる。これから，$z=0$ の面全体の電荷の総量は

$$Q = \rho_{s1}S_1 + \rho_{s2}S_2 = \left(\frac{\varepsilon_1 S_1}{d} + \frac{\varepsilon_2 S_2}{d}\right)V$$

となるので，静電容量は

$$C = \frac{Q}{V} = \frac{\varepsilon_1 S_1}{d} + \frac{\varepsilon_2 S_2}{d} \tag{5.24}$$

と与えられる。　◇

例題 5.8 は，各誘電体領域で平行平板コンデンサと考え，それらの並列接続と考えることができる。すなわち

$$C_1 + C_2 = \frac{\varepsilon_1 S_1}{d} + \frac{\varepsilon_2 S_2}{d} = C \tag{5.25}$$

となり，式 (5.24) に一致する。

5.8　電気的蓄積エネルギー

(1) 電気的蓄積エネルギーの回路的表現　電界を $\boldsymbol{E}$ とするとき，それに逆らって電荷 Q を $d\boldsymbol{r}$ だけ変位させるのに要する仕事は，電荷 Q に作用する力を $\boldsymbol{F}_e = Q\boldsymbol{E}$ として

$$dW_e = -\boldsymbol{F}_e \cdot d\boldsymbol{r} = Q(-\boldsymbol{E}\cdot d\boldsymbol{r}) = QdV \tag{5.26}$$

と与えられる。コンデンサの極板に蓄えられる電荷を Q とし，極板間の電位差を V とすれば，$V = Q/C$ の関係から，$dV = (1/C)dQ$ となる。ただし，C は静電容量であり，電荷 Q および電位差 V に無関係な定数である。このとき

$$dW_e = \frac{1}{C}QdQ$$

と与えられるから，極板の電荷を 0 から Q まで帯電させるのに要する仕事は

$$W_e = \int_0^Q \frac{Q}{C} dQ = \frac{1}{2}\frac{Q^2}{C} = \frac{1}{2}QV = \frac{1}{2}CV^2 \quad \text{〔J〕} \tag{5.27}$$

と与えられる。これがコンデンサの**電気的蓄積エネルギー**（stored electrostatic energy）の回路的表現となる。

（2） 電気的蓄積エネルギーとそのエネルギー密度　連続的に電荷が分布する場合，その分布する領域を n 個の領域に分割すると，その一つの領域に含まれる電荷量は $\Delta Q_i = \rho_v \Delta v_i$ と与えられる。ここで，ρ_v は体積電荷密度であり，Δv_i は微小な領域の体積である。また，この領域の電位を V_i とする。これらの領域に蓄えられるエネルギーの総和として，全体のエネルギー W_e が与えられる。$n \to \infty$ の極限の下で

$$W_e = \lim_{n\to\infty} \sum_{i=1}^{n} \frac{1}{2}(\rho_v \Delta v_i) V_i = \frac{1}{2}\iiint_v \rho_v V dv = \frac{1}{2}\iiint_v V(\nabla \cdot \boldsymbol{D}) dv$$

に変形される。ベクトル恒等式 (B.15) より，$V(\nabla \cdot \boldsymbol{D}) = \nabla \cdot (V\boldsymbol{D}) - (\nabla V) \cdot \boldsymbol{D}$ であるから

$$W_e = \frac{1}{2}\iiint_v \nabla \cdot (V\boldsymbol{D}) dv - \frac{1}{2}\iiint_v (\nabla V) \cdot \boldsymbol{D} dv$$

となる。ガウスの発散定理 (3.23) および $\boldsymbol{E} = -\nabla V$ の関係を用いると

$$W_e = \frac{1}{2}\oint\!\!\!\oint_S V\boldsymbol{D} \cdot d\boldsymbol{S} + \iiint_v \frac{\boldsymbol{E} \cdot \boldsymbol{D}}{2} dv \tag{5.28}$$

を得る。S として $r \to \infty$ とした S_∞ を選び，V および $\boldsymbol{D}$ が原点 O に置かれた点電荷 Q による寄与と考えると

$$V\boldsymbol{D} \cdot d\boldsymbol{S} = \frac{Q}{4\pi\varepsilon r}\frac{Q}{4\pi r^2}\boldsymbol{a}_r \cdot \boldsymbol{a}_r r^2 \sin\theta d\theta d\phi = \frac{Q^2 \sin\theta d\theta d\phi}{16\pi^2 \varepsilon r} \to 0$$

となるので，式 (5.28) の第 1 項は 0 としてよい。ゆえに，電気的蓄積エネルギー W_e は

$$W_e = \iiint_v w_e dv = \iiint_v \frac{\boldsymbol{E} \cdot \boldsymbol{D}}{2} dv \quad \text{〔J〕} \tag{5.29}$$

となる。これより，**静電界のエネルギー密度** (electrostatic energy density) は

$$w_e = \frac{\boldsymbol{E}\cdot\boldsymbol{D}}{2} \quad \text{〔J/m}^3\text{〕} \tag{5.30}$$

と与えられる。

(3) 電気的蓄積エネルギーによる静電容量の表現　式 (5.27) と式 (5.29) を比較し，静電容量 C について解くと，その逆数 $1/C$ は

$$\frac{1}{C} = \frac{2W_e}{Q^2} = \frac{1}{Q^2}\iiint_v \boldsymbol{E}\cdot\boldsymbol{D}dv = \frac{1}{Q^2}\iiint_v \varepsilon|\boldsymbol{E}|^2 dv \tag{5.31}$$

と与えられる。ただし，v はコンデンサの占める領域とする。このように，極板に電荷 Q が帯電するときの電界 $\boldsymbol{E}$ および誘電率 ε が与えられると，電気的蓄積エネルギー W_e を計算することにより，静電容量 C が求められる。

例題 5.9　**図 5.17** に示すように，内径 a, 外径 b の同軸ケーブル中に，その中心軸から半径 c の円筒面を境として，その内側を比誘電率 ε_{r1}，外側を比誘電率 ε_{r2} の誘電体で満たしたとき，単位長さ当りの静電容量 C を求めよ。ただし，$a < c < b$ とする。

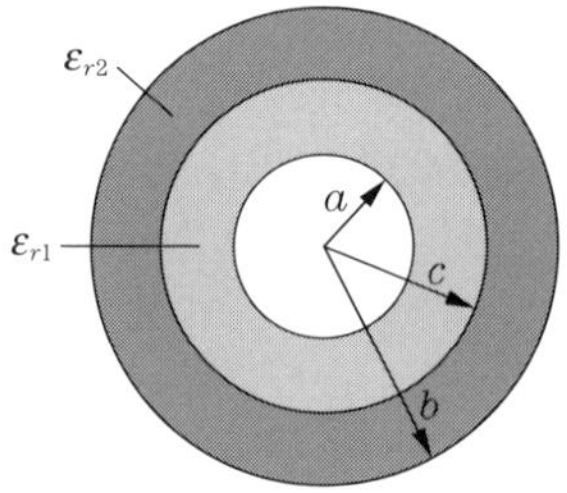

図 5.17　二つの誘電体が充填された同軸コンデンサ（直列接続）の断面

【解答】　誘電体境界において電束密度の法線成分が連続であることに注意して，ガウスの法則を適用する。同軸ケーブルの中心軸を z 軸に選ぶ。閉曲面 S として，中心が z 軸上にあるような半径 ρ, 長さ 1 の円筒面を考える。内導体に単位長さ当り ρ_l の電荷を与えると，式 (3.15) より，電束密度は

$$\boldsymbol{D} = \frac{\rho_l}{2\pi\rho}\boldsymbol{a}_\rho$$

と与えられる。これから，単位長さ当りの電気的蓄積エネルギーは

$$W_e = \iiint_v \frac{1}{2\varepsilon}|\boldsymbol{D}|^2 dv = \frac{1}{2\varepsilon_{r1}\varepsilon_0}\int_0^1\int_0^{2\pi}\int_a^c \left(\frac{\rho_l}{2\pi\rho}\right)^2 \rho d\rho d\phi dz$$
$$+ \frac{1}{2\varepsilon_{r2}\varepsilon_0}\int_0^1\int_0^{2\pi}\int_c^b \left(\frac{\rho_l}{2\pi\rho}\right)^2 \rho d\rho d\phi dz$$
$$= \frac{\rho_l^2}{4\pi\varepsilon_{r1}\varepsilon_0}\int_a^c \frac{d\rho}{\rho} + \frac{\rho_l^2}{4\pi\varepsilon_{r2}\varepsilon_0}\int_c^b \frac{d\rho}{\rho}$$
$$= \frac{\rho_l^2}{4\pi\varepsilon_0}\left(\frac{1}{\varepsilon_{r1}}\ln\frac{c}{a} + \frac{1}{\varepsilon_{r2}}\ln\frac{b}{c}\right)$$

となるので，静電容量は

$$C = \frac{(\rho_l \cdot 1)^2}{2W_e} = \frac{2\pi\varepsilon_0}{\dfrac{1}{\varepsilon_{r1}}\ln\dfrac{c}{a} + \dfrac{1}{\varepsilon_{r2}}\ln\dfrac{b}{c}}$$

と与えられる。 ◇

5.9 仮想変位と電界の及ぼす力

仮想仕事の原理（principle of virtual work）によって，導体や誘電体に作用する力を議論する。電界内で，導体や誘電体が $d\boldsymbol{r}$ だけ**仮想変位**（virtual displacement）した場合を考える。このときのエネルギー収支について，その変化分に着目する。系に入力されるエネルギーの増分 dW_s は，系の静電的なエネルギーの増分 dW_e と力学的に行われた仕事 dW に費やされる。これを式で書くと

$$dW_e + dW = dW_s \tag{5.32}$$

となる。系に作用している力を $\boldsymbol{F}$ とすれば，力学的に行われた仕事は $dW = \boldsymbol{F}\cdot d\boldsymbol{r}$ と与えられる。一方, 式 (4.24) から, エネルギーの増分は $dW_e = (\nabla W_e)\cdot d\boldsymbol{r}$ となる。したがって，つぎの関係が成り立つ。

$$(\boldsymbol{F} + \nabla W_e)\cdot d\boldsymbol{r} = dW_s \tag{5.33}$$

（1） 系に対する入力エネルギーが存在しない場合　$dW_s = 0$ であるから，作用する力は

$$\boldsymbol{F} = -\nabla W_e \tag{5.34}$$

と与えられる。

（2） 各物体の電位が一定である場合　物体 i の電位 V_i は一定であるが，電荷 Q_i は可変である場合，系に入力されるエネルギーの増分 dW_s は

$$dW_s = \sum_{i=1}^{n} V_i dQ_i = \sum_{i=1}^{n} V_i d(C_i V_i) = \sum_{i=1}^{n} V_i^2 dC_i = d\left(\sum_{i=1}^{n} C_i V_i^2\right)$$
$$= d(2W_e) = 2dW_e$$

と変形されるので，作用する力は

$$\boldsymbol{F} = \nabla W_e \tag{5.35}$$

と与えられる。

例題 5.10　静電容量 C が x のみの関数であるとき，このコンデンサに作用する力 $\boldsymbol{F}$ を求めよ。

【解答】　a)　$Q =$ 一定の場合，$W_e = Q^2/2C$ より

$$\boldsymbol{F} = -\frac{\partial W_e}{\partial x}\boldsymbol{a}_x = -\frac{\partial}{\partial x}\left(\frac{Q^2}{2C}\right)\boldsymbol{a}_x = \frac{Q^2}{2C^2}\frac{dC}{dx}\boldsymbol{a}_x$$

となる。

b)　$V =$ 一定の場合，$W_e = CV^2/2$ より

$$\boldsymbol{F} = \frac{\partial W_e}{\partial x}\boldsymbol{a}_x = \frac{\partial}{\partial x}\left(\frac{1}{2}CV^2\right)\boldsymbol{a}_x = \frac{V^2}{2}\frac{dC}{dx}\boldsymbol{a}_x = \frac{Q^2}{2C^2}\frac{dC}{dx}\boldsymbol{a}_x$$

となる。　◇

章 末 問 題

【1】 同じ中心を持つ，半径 a の導体球 1 と，内径 b，外径 c の導体球殻 2 に帯電している電荷をそれぞれ Q_1，Q_2 とする。ただし，$a < b < c$ とする。つぎの各

場合について，各部での電界 $\boldsymbol{E}$ と導体の電位 V を求めよ。

(1)　$Q_1 = Q,\quad Q_2 = 0,$　　(2)　$Q_1 = 0,\quad Q_2 = Q$

(3)　$Q_1 = Q,\quad Q_2 = -Q$

【2】 半径 a, b $(a < b)$ の球面状同心導体面がある。$r = a$ の内側導体面において電位が $V = V_0$ であり，$r = b$ の外側導体面において電位が $V = 0$ とする。導体間 $(a < r < b)$ における電位を求めよ。

【3】 半径 a の接地された導体球の中心 (原点 O) から d だけ離れた点 $\mathrm{P}(0, 0, d)$ に点電荷 Q を置く。このとき，導体球表面に静電誘導される電荷量が $Q' = -(a/d)Q$ であることを電気影像法により示したい。$d > a > 0$ として，以下の問いに答えよ。

(1) 関数 $f(\theta) = (A + B\cos\theta)/(C + D\cos\theta)$ があらゆる θ に対して定数となる条件は $A/C = B/D$ であり，このとき，$f(\theta) = A/C = B/D$ となることを示せ。ただし，A, B, C, D は定数とする。

(2) 導体球を取り除き，点 $\mathrm{P}'(0, 0, d')$ に点電荷 Q' を置く。もともと導体球面のあった面における電位が $V = 0$ となるように点 P' を決定せよ。

(3) 球面上における面電荷密度が次式で与えられることを示せ。

$$\rho_s = -\frac{(d^2 - a^2)Q}{4\pi a(d^2 - 2da\cos\theta + a^2)^{3/2}}$$

さらに，上式を球面全体で面積分することにより，静電誘導される全電荷量が Q' となることを示せ。

【4】 半径 a，比誘電率 ε_r の誘電体球全体に一様に体積電荷密度 ρ_v の電荷が分布している。電位 V を計算せよ。

【5】 誘電率 ε の誘電体内において，電位を V とするとき，ポアソンの方程式が次式で与えられることを示せ。

$$\nabla^2 V = -\frac{\rho_v}{\varepsilon}$$

【6】 境界面 $z = 0$ において，比誘電率 ε_{r1} の誘電体 1 の電界が $\boldsymbol{E}_1 = E_1(\sin\theta_1 \boldsymbol{a}_x + \cos\theta_1 \boldsymbol{a}_z)$ と与えられ，比誘電率 ε_{r2} の誘電体 2 の電界が $\boldsymbol{E}_2 = E_2(\sin\theta_2 \boldsymbol{a}_x + \cos\theta_2 \boldsymbol{a}_z)$ と与えられるという。E_1，E_2 は定数とする。つぎの関係を示せ。

$$\frac{\tan\theta_1}{\tan\theta_2} = \frac{\varepsilon_{r1}}{\varepsilon_{r2}}$$

【7】 $z = 0$ を境界面として，$z < 0$ の領域は誘電率 ε の誘電体であり，$z > 0$ の領域は自由空間であるとする。電気影像法の考えに基づき，点 $\mathrm{P}(0, 0, d)$ に置かれた点電荷 Q に作用する力 $\boldsymbol{F}$ を求めよ。

【8】 内径 a，外径 b の同軸ケーブル中に，その中心軸から半径 c の円筒面を境として，その内側に比誘電率 ε_{r1}，外側に比誘電率 ε_{r2} の誘電体を満たす。

(1) 内側の誘電体領域における電界の最大値 $E_{\rho 1,\mathrm{max}}$，最小値 $E_{\rho 1,\mathrm{min}}$ が，外側の誘電体領域の電界の最大値 $E_{\rho 2,\mathrm{max}}$，最小値 $E_{\rho 2,\mathrm{min}}$ にそれぞれ等しくなるようにしたい。このとき，a, b を用いて，$\varepsilon_{r1}/\varepsilon_{r2}, c$ を表せ。

(2) (1) の場合について，このコンデンサの単位長さ当りの静電容量 C を計算せよ。なお，最終結果に c を含めてはいけない。

【9】 内径 a, 外径 b の同軸ケーブルの断面の半分ずつが別の誘電体（比誘電率 ε_{r1}, ε_{r2}）で満たされているとき，単位長さ当りの静電容量 C を求めよ。

【10】 原点 O を中心とする半径 a, b の二つの同心球面を極板とする誘電体充塡コンデンサについて，極板間の領域 $a < r < b$ のうち，$\theta < \pi/6$ の部分に比誘電率 ε_{r1}，それ以外の部分に比誘電率 ε_{r2} の誘電体を満たすとき，静電容量 C を求めよ。

6 電流と抵抗

電流の本質は電荷の変化であり，その電荷は突然発生したり，消滅したりすることがない。したがって，電荷の減少は電流として流れ出したことによると考えなければならない。これが電流密度と電荷密度を関係付ける連続の式の物理的な背景となっている。時間的な変動がない場合，連続の式からただちにキルヒホッフの電流則が導かれる。この法則はキルヒホッフの電圧則とともに電気回路理論の根幹をなす。オームの法則の微分形は媒質の導電性を規定しており，導電性媒質中におけるマクスウェルの方程式を解く上で不可欠な関係の一つである。電力を単位体積当りに換算すると，電界と電流密度の内積となることは興味深い。導電性媒質中では，オームの法則の微分形により，電界と電流密度は同じ向きとなり，電力が生じ，これがジュール損として熱になって失われる。

6.1 電流と電流密度

(1) 電　　流　与えられた基準点（面）を単位時間当り通過する電荷量を**電流**（current）という。

$$I = \frac{dQ}{dt} \quad 〔\mathrm{A}〕 \tag{6.1}$$

単位はアンペア〔A〕であり，〔C/s〕に等しい。電流はスカラー量である。

(2) 電流密度　大きさを電流が流れる方向に垂直な断面を通過する単位面積当りの電流とし，向きを電流の流れる方向とするようなベクトル量を電

流密度（current density）$\boldsymbol{J}$〔A/m^2〕という。図 **6.1** に示すように，微小な面積 ΔS を通過する電流 ΔI に対して

$$\Delta I = J_n \Delta S = \boldsymbol{J} \cdot \Delta \boldsymbol{S}$$

の関係が成り立つ。ここで，$J_n = \boldsymbol{J} \cdot \boldsymbol{a}_n$ は電流密度 $\boldsymbol{J}$ の微小面に垂直な成分であり，$\boldsymbol{a}_n$ は微小面の法単位ベクトルであり，$\Delta \boldsymbol{S} = \boldsymbol{a}_n \Delta S$ とする。これを電流が流れる面全体 S に拡張すると

$$I = \iint_S \boldsymbol{J} \cdot d\boldsymbol{S} \tag{6.2}$$

となる。すなわち，電流密度の面積分が電流を与える。

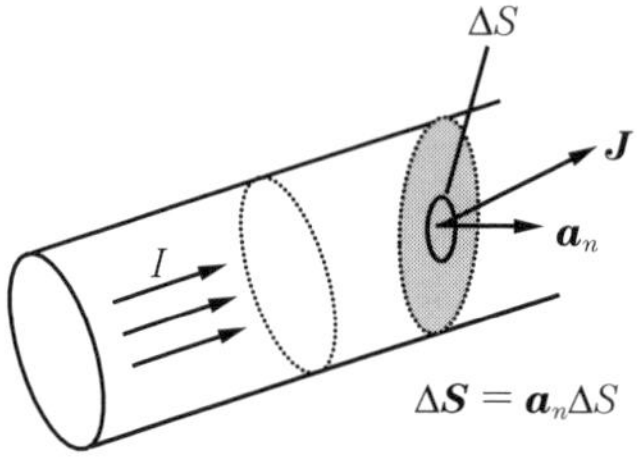

図 **6.1**　電流密度の定義

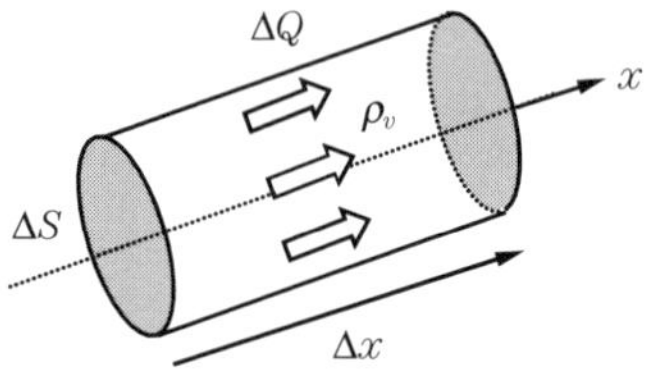

図 **6.2**　電荷の流れと電流密度

(3)　電流密度と自由電荷の平均速度　　図 **6.2** の微小円筒領域において，自由電荷が $\boldsymbol{a}_x$ 方向のみに流れると仮定する。体積電荷密度を ρ_v とするとき，微小領域 Δv に含まれる電荷量は

$$\Delta Q = \rho_v \Delta v = \rho_v \Delta S \Delta x$$

であるから，電流は

$$I = \frac{dQ}{dt} = \lim_{\Delta t \to 0} \frac{\Delta Q}{\Delta t} = \rho_v \Delta S \lim_{\Delta t \to 0} \frac{\Delta x}{\Delta t} = \rho_v \Delta S v_x$$

と与えられる。ここで，$v_x = \boldsymbol{v} \cdot \boldsymbol{a}_x$ は自由電荷の平均速度 $\boldsymbol{v}$ の x 成分である。よって，電流密度の定義から，その x 成分は

$$J_x = \frac{I}{\Delta S} = \rho_v v_x$$

と与えられる。y, z 成分も同様に考えると，**導電電流**（conduction current）に対して

$$\boldsymbol{J} = \rho_v \boldsymbol{v} \tag{6.3}$$

の関係が成り立つ。

6.2 電流の連続性

（1） 電荷保存則　正あるいは負の電荷が単独に発生もしくは消失しないことを**電荷保存則**（principle of conservation of charge）という。これから，電流密度 $\boldsymbol{J}$ と体積電荷密度 ρ_v の関係を規定する連続の式が得られる。

（2） 連続の式　電荷の発生，消失などが平衡状態に達したとき，**図 6.3** に示す閉曲面 S において，閉曲面から流出する電流，すなわち，電荷の流出量は，その面内における電荷の減少量に等しい。すなわち

$$I_{\text{net through } S} = -\frac{\partial Q_{\text{enclosed by } S}}{\partial t} \tag{6.4}$$

の関係にある。電流密度 $\boldsymbol{J}$ および体積電荷密度 ρ_v を用いて書き直すと

$$\oiint_S \boldsymbol{J} \cdot d\boldsymbol{S} = -\frac{\partial}{\partial t} \iiint_v \rho_v dv \tag{6.5}$$

となる。ここで，領域 v は閉曲面 S で囲まれた領域とする。閉曲面 S が時間的に変化しないとすれば，時間微分と体積分の順序を入れ替えてよい。一方，閉

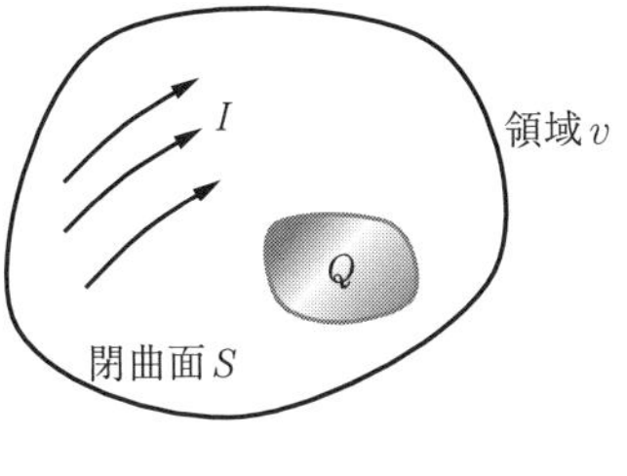

図 6.3　閉曲面を通過する電流とその内部で減少する電荷

曲面 S に関する面積分に対しては，ガウスの発散定理 (3.23) を適用する。これから

$$\iiint_v \nabla\cdot\boldsymbol{J}dv = \iiint_v \left(-\frac{\partial\rho_v}{\partial t}\right)dv \tag{6.6}$$

を得る。領域 v は任意に選べることから

$$\nabla\cdot\boldsymbol{J} = -\frac{\partial\rho_v}{\partial t} \tag{6.7}$$

を得る。この関係を**連続の式**（continuity equation）という。

（3） キルヒホッフの電流則　　回路解析で利用される**キルヒホッフの電流則**[†]（Kirchhoff's current law，略して KCL）は，時間的な変化がない**定常電流**（stationary current）に関する電荷保存則から導くことができる。このとき，式 (6.7) から

$$\nabla\cdot\boldsymbol{J} = 0 \tag{6.8}$$

となる。式 (6.8) を領域 v で体積分し，ガウスの発散定理 (3.23) を適用すると

$$\oiint_S \boldsymbol{J}\cdot d\boldsymbol{S} = 0 \tag{6.9}$$

を得る。ここで，閉曲面 S は領域 v の表面とする。**図 6.4** に示される導線の接続に対して，式 (6.9) はつぎのように変形できる。

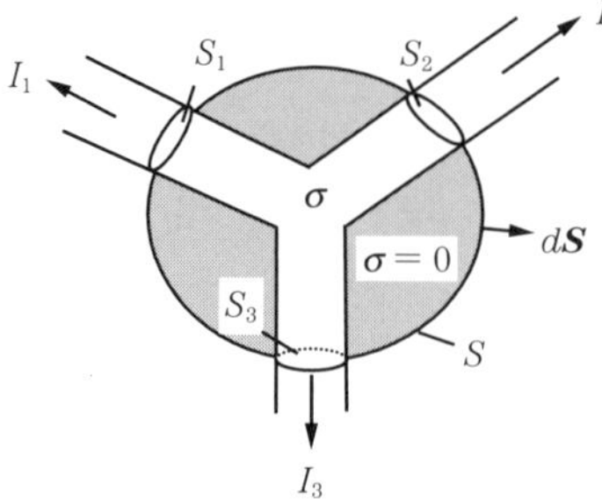

図 6.4　3 分岐の導線に流れる電流の間の関係

† ちなみに，**キルヒホッフの電圧則**（Kirchhoff's voltage law，略して KVL）は，静電界において閉じた経路に対する線積分が 0 であることから導かれる。

$$\oiint_S \boldsymbol{J} \cdot d\boldsymbol{S} = \iint_{S_1} \boldsymbol{J}_1 \cdot d\boldsymbol{S} + \iint_{S_2} \boldsymbol{J}_2 \cdot d\boldsymbol{S} + \iint_{S_3} \boldsymbol{J}_3 \cdot d\boldsymbol{S} = 0 \quad (6.10)$$

ここで，導線の外側において $\boldsymbol{J} = \boldsymbol{0}$ であることを用いた。$d\boldsymbol{S}$ は外向き法線方向を向いているので，図 6.4 に示すように，これら三つの面積分は各枝から流出する電流を表している。したがって，式 (6.10) は，各枝に流れる電流 I_1, I_2, I_3 を用いて

$$I_1 + I_2 + I_3 = 0 \quad (6.11)$$

と書き直すことできる。これは 3 本の導線の接続に適用される KCL にほかならない。このように，KCL は定常電流に対してのみ成立する。なお，時間的に変動する電流を扱う場合，節点に電荷が累積されるので，KCL をそのまま利用することはできない。

過去の Q&A から

Q6.1: 式 (6.6) において，領域 v が時刻 t の関数でないとき，時間微分を積分記号の外に出せるのはなぜですか。

A6.1: $F(t) = \iiint_v \rho_v(\boldsymbol{r}, t)dv$ とおき，$F(t)$ の時間微分を計算することにより確認することができます。

$$\begin{aligned}\frac{\partial F(t)}{\partial t} &= \lim_{\Delta t \to 0} \frac{F(t + \Delta t) - F(t)}{\Delta t} \\ &= \lim_{\Delta t \to 0} \frac{1}{\Delta t} \left\{ \iiint_v \rho_v(\boldsymbol{r}, t + \Delta t)dv - \iiint_v \rho_v(\boldsymbol{r}, t)dv \right\} \\ &= \iiint_v \left\{ \lim_{\Delta t \to 0} \frac{\rho_v(t + \Delta t) - \rho_v(t)}{\Delta t} \right\} dv = \iiint_v \frac{\partial \rho_v(\boldsymbol{r}, t)}{\partial t} dv\end{aligned}$$

6.3 オームの法則の微分形

（1） 電流密度と電界との関係 1826 年，オームは，導体を流れる電流 I と電位差 V との間に

$$V = RI \quad (6.12)$$

の比例関係が成り立つことを実験的に明らかにした。これを**オームの法則**（Ohm's law）という。比例係数 R は**抵抗**（resistance）と呼ばれる。

さて，式 (4.5) より電位差 V は電界 $\boldsymbol{E}$ の線積分，式 (6.2) より電流 I は電流密度 $\boldsymbol{J}$ の面積分で与えられるため，$V = RI$ の関係はオームの法則の積分形とみなせる。これを微分形に変形しよう。**図 6.5** に示すように，断面積 ΔS，長さ Δl の微小領域を考える。電流の流れる方向は断面に垂直な方向であるとし，断面の法単位ベクトルを $\boldsymbol{a}_n$ とする。長さ Δl 間における電位差は $V = \boldsymbol{E}\cdot(\Delta l\boldsymbol{a}_n)$ と与えられ，断面積 ΔS を通過する電流は $I = \boldsymbol{J}\cdot(\Delta S\boldsymbol{a}_n)$ と与えられる。ここで，長さ Δl 間の抵抗を ΔR として，これらを $I = V/\Delta R$ の関係に代入すると

$$\left[\boldsymbol{J} - \frac{\Delta l}{\Delta R\Delta S}\boldsymbol{E}\right]\cdot\Delta S\boldsymbol{a}_n = 0$$

となる。上式が導体中の任意の微小領域で成り立つことから

$$\boldsymbol{J} = \frac{\Delta l}{\Delta R\Delta S}\boldsymbol{E}$$

の関係を得る。すなわち，電流密度 $\boldsymbol{J}$ と電界 $\boldsymbol{E}$ との間に比例関係が成り立つ。その比例係数に相当する定数を σ とすると，上式は

$$\boldsymbol{J} = \sigma\boldsymbol{E} \tag{6.13}$$

と書き直すことができる。これを**オームの法則の微分形**と呼んでいる。ここで，σ は**導電率**（conductivity）と呼ばれ，その単位は〔S/m〕である[†]。導電率は，形状によらない媒質固有の量であって，媒質の電流の通りやすさを示す指標として知られている。代表的な物質の導電率を**表 6.1** に示す。

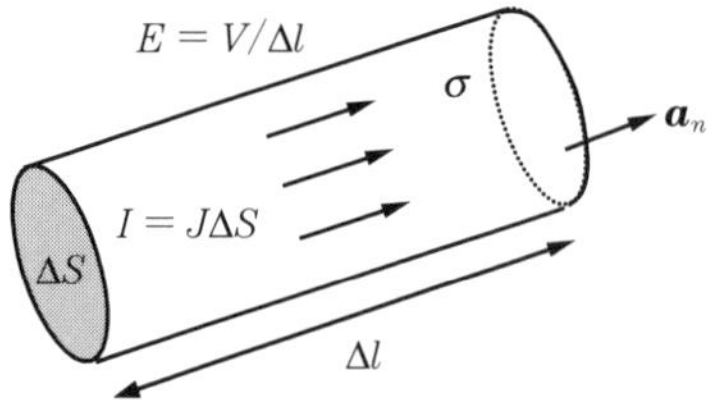

図 6.5　微小領域における電流密度と電界の関係

† 〔S〕はジーメンス（siemens）と読む。

表 **6.1** 代表的な物質の導電率

物質	σ〔S/m〕	物質	σ〔S/m〕	物質	σ〔S/m〕
アルミニウム	3.82×10^7	金	4.10×10^7	海水	5
銅	5.80×10^7	真ちゅう	1.5×10^7	蒸留水	10^{-4}
銀	6.17×10^7	半田	0.7×10^7	土（砂）	10^{-5}

また，導電率 σ を用いると，微小領域における抵抗は $\Delta R=\Delta l/\sigma\Delta S$ となる。これより，抵抗 R は長さに比例し，断面積 S に反比例することがわかる。

（**2**） **電界が一様でない場合の抵抗**　オームの法則 (6.12) から，抵抗は

$$R=\frac{V}{I}=\frac{-\displaystyle\int_{-}^{+}\boldsymbol{E}\cdot d\boldsymbol{r}}{\displaystyle\iint_S\sigma\boldsymbol{E}\cdot d\boldsymbol{S}} \tag{6.14}$$

と与えられる。このように，電界 $\boldsymbol{E}$，導電率 σ および抵抗体の幾何構造が与えられると，抵抗を計算することができる。

（**3**） **緩 和 時 間**　導体内部の電荷が表面に到達して面電荷を形成するのに要する時間を**緩和時間**（relaxation time）という。連続の式 (6.7)，オームの法則の微分形 (6.13)，$\boldsymbol{D}=\varepsilon\boldsymbol{E}$ および式 (5.14) の関係から

$$-\frac{\partial\rho_v}{\partial t}=\nabla\cdot\boldsymbol{J}=\nabla\cdot(\sigma\boldsymbol{E})=\frac{\sigma}{\varepsilon}\nabla\cdot\boldsymbol{D}=\frac{\sigma}{\varepsilon}\rho_v \tag{6.15}$$

となる。この ρ_v に関する微分方程式を解くと

$$\rho_v=\rho_0e^{-(\sigma/\varepsilon)t}$$

となる。これから，ρ_v は時間とともに指数関数的に減衰することがわかる。ここで，時定数 $\tau=\varepsilon/\sigma$ を緩和時間という。

（**4**） **電力とジュールの法則**　オームの法則の微分形 (6.13) によれば，導電率が 0 でない媒質中に電界が存在すると，その領域内の自由電荷が移動する。自由電荷に関する体積電荷密度を ρ_v とすれば，式 (6.3) より自由電荷の移動に

伴う電流に関する電流密度は $\boldsymbol{J} = \rho_v \boldsymbol{v}$ と与えられる。ここで，$\boldsymbol{v}$ は自由電荷の平均速度である。体積素 dv に含まれる電荷 $dQ = \rho_v dv$ を点電荷とみなすと，この点電荷が $d\boldsymbol{r}$ だけ移動するのに要する仕事は $dW = dQ\boldsymbol{E} \cdot d\boldsymbol{r}$ であるから，単位時間当りの仕事，すなわち，仕事率 dP は

$$dP = \frac{d(dW)}{dt} = dQ\boldsymbol{E} \cdot \frac{d\boldsymbol{r}}{dt} = \boldsymbol{E} \cdot \rho_v \boldsymbol{v} dv = \boldsymbol{E} \cdot \boldsymbol{J} dv \tag{6.16}$$

と与えられる。これから，単位体積当りの仕事率は

$$\frac{dP}{dv} = \boldsymbol{E} \cdot \boldsymbol{J} \tag{6.17}$$

となる。電気の分野では，仕事率は**電力**（power）と呼ばれており，式 (6.17) は単位体積当りの電力を表す。それゆえ，自由電荷によって運ばれる全電力は

$$P = \iiint_v \boldsymbol{E} \cdot \boldsymbol{J} dv \quad \text{〔W〕} \tag{6.18}$$

と与えられる。単位は〔W〕であり，〔J/s〕に等しい。この関係は，ジュール熱の研究で有名なジュールにちなんで，**ジュールの法則**（Joule's law）と呼ばれている。いま，断面が一様で，断面積 S，長さ L の導体を考える。電界と電流密度が，導体内のあらゆる点において，導体の長さ方向に向いているとすれば，式 (6.18) から

$$P = \int_L E dl \iint_S J dS = VI \tag{6.19}$$

となり，電気回路でよく知られた関係が得られる。ここで，V は導体両端間の電位差（電圧），I は導体に流れる電流である。

章 末 問 題

【1】 微分方程式 (6.15) を解け。ただし，$t = 0$ において $\rho_v = \rho_0$ とする。

【2】 二つの導体の間に，誘電率 ε，導電率 σ の物質が満たされている。この物質内の電界を $\boldsymbol{E}$ とするとき，静電容量 C および抵抗 R はどのように与えられるか（積分を含んだ一般式でよい）。また，$CR = \varepsilon/\sigma$ の関係を示せ。

7 定常磁界

導線に電流を流すと，導線のそばに置かれた方位磁針の向きが変化するという実験を記憶しているだろうか。このように，導線に電流が流れることにより，方位磁針に何らかの力が及ぶ。この力については8章で扱うが，その理解に欠くことができない磁界について本章では扱うことにする。まず，天下り的にビオ・サバールの法則によって磁界を定義し，その性質を調べる。ビオ・サバールの法則から出発して，ある閉曲線の内部を通過する電流がその閉曲線に沿った磁界成分の総和，すなわち，線積分に等しいというアンペアの周回路の法則に到達する。電流分布の対称性に着目すると，アンペアの周回路の法則を利用して容易に磁界を計算できる場合がある。その事例をいくつか紹介する。また，単位面積当りの渦の量を表す回転と呼ばれるベクトル微分演算を導入し，アンペアの周回路の法則の微分形を導出する。さらに，磁力線が無終端である，すなわち，必ずループ状となることを示す。これが磁界に関するガウスの法則に対応する。

7.1 ビオ・サバールの法則

7.1.1 アンペアの右ねじの法則

（1） **磁界の発見**　1820年，エルステッドは電流が**磁界**（magnetic field）をつくることを発見した。磁界とは，自然界における基本的な場の一つで，磁性体（例：棒磁石）や電流の流れる媒質の近くに表れる。

（2） **磁　力　線**　磁界 $\boldsymbol{H}$ に接する曲線群，すなわち，$\boldsymbol{H} \,/\!/\, d\boldsymbol{r}$ となる曲線群を**磁力線**（magnetic field line）という。

(3) アンペアの右ねじの法則　磁力線に沿って右ねじが進む方向と電流の向きは一致する。逆に，電流に沿って右ねじが進む方向と磁界の向きは一致する。これを**アンペアの右ねじの法則**（Ampère's right–handed screw rule）という。

7.1.2 電流分布とその数学的表現

図 7.1 に示すように，**電流分布**（current distribution）にはつぎの三つの形態がある。

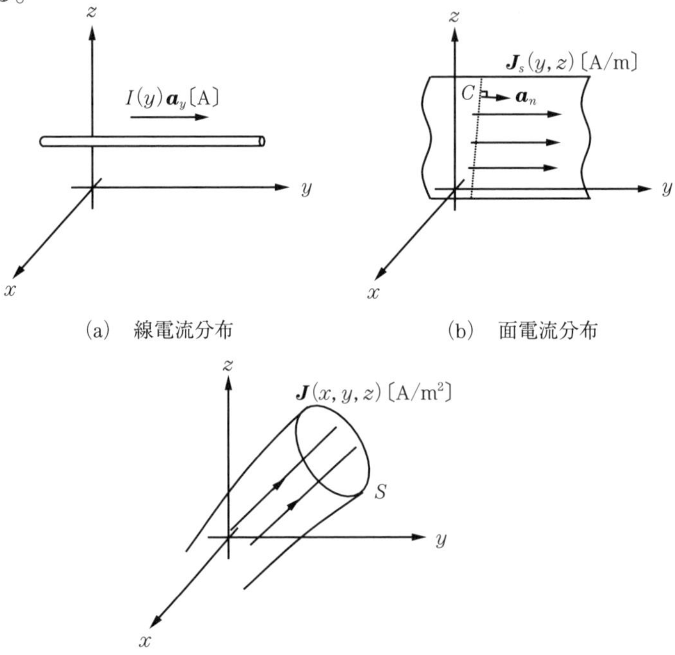

(a)　線電流分布　　(b)　面電流分布

(c)　体積電流分布

図 7.1　電流分布の例

(1) 線電流分布　ある曲線に沿って電流が存在する分布を**線電流分布**という（図 (a) 参照)。数学的には，電流 I〔A〕とその向きを表す単位ベクトルによって記述される。

(2) 面電流分布　ある曲面上に電流が存在する分布を**面電流分布**という（図 (b) 参照)。数学的には，曲面上のある曲線 C を単位長さ当り横切る電流とその向きを表す**面電流密度**（surface current density）$\boldsymbol{J}_s$〔A/m〕によって記述される。曲線 C に垂直な単位ベクトルを $\boldsymbol{a}_n$ とすれば，曲線 C を横切る電流 I は

$$I = \int_C \boldsymbol{J}_s \cdot \boldsymbol{a}_n dl \tag{7.1}$$

によって与えられる。

（3）体積電流分布　ある領域（3次元領域）内に電流が存在する分布を**体積電流分布**という（図(c)参照）。数学的には，単位面積当りの電流とその向きを表す電流密度 $\boldsymbol{J}$〔A/m^2〕によって記述される。電流が流れる領域内のある面 S を横切る電流 I は

$$I = \iint_S \boldsymbol{J} \cdot d\boldsymbol{S} \tag{7.2}$$

によって与えられる。

7.1.3 ビオ・サバールの法則とその数学的表現

エルステッドの実験を受けて，ビオとサバールは導線に流れる電流によって生じる磁界についてつぎの実験法則を見いだした。**図 7.2** に示すように，曲線 C に沿って電流 I が流れるとき，曲線 C 上の点 $\boldsymbol{r}'$ における**電流素片**（current element）$Id\boldsymbol{r}'$ によって観測点 $\boldsymbol{r}$ に生じる微小磁界を $d\boldsymbol{H}$ とすれば

① 微小磁界の大きさは，電流素片の大きさに比例する。

② 微小磁界の大きさは，観測点と電流素片との間の距離の2乗に反比例する。

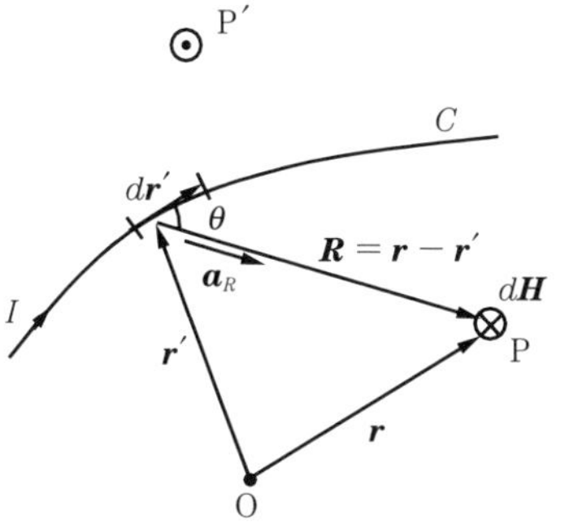

図 7.2 ビオ・サバールの法則における観測点と電流素片の位置関係

③　微小磁界の大きさは，電流素片の点において曲線 C の接線と観測点に引いた直線とのなす角 θ の正弦 $\sin\theta$ に比例する。

④　微小磁界の向きは，電流素片および電流素片から観測点までの直線に垂直である。図 7.2 の点 P では紙面の表から裏の方向へ，点 P$'$ では紙面の裏から表の方向を向く。

数式を用いてこれらの性質を表現しよう。始点を電流素片とし，終点を観測点とするベクトル $\boldsymbol{R}=\boldsymbol{r}-\boldsymbol{r}'$ の大きさ $R=|\boldsymbol{R}|$ が観測点と電流素片との間の距離である。また，このベクトルの単位ベクトルは $\boldsymbol{a}_R=\boldsymbol{R}/R$ である。このとき，性質 ① は $|Id\boldsymbol{r}'|$ で与えられ，性質 ② は $1/R^2$ で与えられる。$Id\boldsymbol{r}'$ と $\boldsymbol{a}_R$ のなす角が θ であるから，性質 ③ は $\sin\theta=|Id\boldsymbol{r}'\times\boldsymbol{a}_R|/|Id\boldsymbol{r}'|$ と与えられる。性質 ④ は，$Id\boldsymbol{r}'$ および $\boldsymbol{a}_R$ に垂直なベクトル $Id\boldsymbol{r}'\times\boldsymbol{a}_R$ の向きによって与えられる。その単位ベクトルは $Id\boldsymbol{r}'\times\boldsymbol{a}_R/|Id\boldsymbol{r}'\times\boldsymbol{a}_R|$ である。以上から，曲線 C 上の点 $\boldsymbol{r}'$ における電流素片 $Id\boldsymbol{r}'$ によって観測点 $\boldsymbol{r}$ に生じる微小磁界 $d\boldsymbol{H}$ は

$$d\boldsymbol{H}=k\frac{|Id\boldsymbol{r}'|}{R^2}\frac{|Id\boldsymbol{r}'\times\boldsymbol{a}_R|}{|Id\boldsymbol{r}'|}\frac{Id\boldsymbol{r}'\times\boldsymbol{a}_R}{|Id\boldsymbol{r}'\times\boldsymbol{a}_R|}=\frac{Id\boldsymbol{r}'\times\boldsymbol{a}_R}{4\pi R^2}$$

とベクトル表現することができる。ここで，比例定数を $k=1/4\pi$ とした。電流 I が $\boldsymbol{r}'$ の関数であることを強調するため，I を $I(\boldsymbol{r}')$ と置き換えると

$$d\boldsymbol{H}=\frac{I(\boldsymbol{r}')d\boldsymbol{r}'\times\boldsymbol{a}_R}{4\pi R^2}\quad〔\mathrm{A/m}〕\tag{7.3}$$

を得る。この関係が，数式で表現された**ビオ・サバールの法則**（Biot-Savart law）である。さらに，電流素片 $I(\boldsymbol{r}')d\boldsymbol{r}'$ には，その単位〔A·m〕に着目すると

$$I(\boldsymbol{r}')d\boldsymbol{r}'=\boldsymbol{J}_s(\boldsymbol{r}')dS'=\boldsymbol{J}(\boldsymbol{r}')dv'\tag{7.4}$$

という等価性がある。これから，面素を用いて電流素片を表す場合，すなわち，電流素片 $\boldsymbol{J}_s(\boldsymbol{r}')dS'$ による微小磁界は，式 (7.3) と式 (7.4) から

$$d\boldsymbol{H}=\frac{\boldsymbol{J}_s(\boldsymbol{r}')dS'\times\boldsymbol{a}_R}{4\pi R^2}\quad〔\mathrm{A/m}〕\tag{7.5}$$

と与えられる。また，体積素を用いて電流素片を表す場合，すなわち，電流素片 $\boldsymbol{J}(\boldsymbol{r}')dv'$ による微小磁界は，式 (7.3) と式 (7.4) から

$$dH = \frac{J(r')dv' \times a_R}{4\pi R^2} \quad 〔\mathrm{A/m}〕 \tag{7.6}$$

と与えられる。

7.1.4 ビオ・サバールの法則の積分形

電流が流れることにより生じる磁界は，電流素片による磁界の重ね合わせによって与えられる。

（1） 線電流分布による磁界　曲線 C に沿って電流素片 $I(\boldsymbol{r}')d\boldsymbol{r}'$ による微小磁界をベクトル的に加算することにより，すなわち，式 (7.3) を線積分することにより，曲線 C に沿って流れる電流による磁界 $\boldsymbol{H}$ はつぎのように与えられる。

$$\boldsymbol{H} = \oint_C \frac{I(\boldsymbol{r}')d\boldsymbol{r}' \times \boldsymbol{a}_R}{4\pi R^2} = \oint \frac{I(\boldsymbol{r}')d\boldsymbol{r}' \times \boldsymbol{R}}{4\pi R^3} \tag{7.7}$$

ただし，電流が流れる曲線 C は閉曲線である必要があるため，積分記号に○を付加している[†]。

（2） 面電流分布による磁界　曲面 S 上で電流素片 $\boldsymbol{J}_s(\boldsymbol{r}')dS'$ による微小磁界をベクトル的に加算することにより，すなわち，式 (7.5) を面積分することにより，曲面 S 上を流れる電流による磁界 $\boldsymbol{H}$ はつぎのように与えられる。

$$\boldsymbol{H} = \iint_S \frac{\boldsymbol{J}_s(\boldsymbol{r}')dS' \times \boldsymbol{a}_R}{4\pi R^2} = \iint_S \frac{\boldsymbol{J}_s(\boldsymbol{r}')dS' \times \boldsymbol{R}}{4\pi R^3} \tag{7.8}$$

（3） 体積電流分布による磁界　領域 v 内で電流素片 $\boldsymbol{J}(\boldsymbol{r}')dv'$ による微小磁界をベクトル的に加算することにより，すなわち，式 (7.6) を体積分することにより，領域 v 内を流れる電流による磁界 $\boldsymbol{H}$ はつぎのように与えられる。

$$\boldsymbol{H} = \iiint_v \frac{\boldsymbol{J}(\boldsymbol{r}')dv' \times \boldsymbol{a}_R}{4\pi R^2} = \iiint_v \frac{\boldsymbol{J}(\boldsymbol{r}')dv' \times \boldsymbol{R}}{4\pi R^3} \tag{7.9}$$

例題 7.1　**図 7.3** に示すように，z 軸に沿って $+z$ 方向に一様な電流 I が $z = -\infty$ から $z = \infty$ まで流れるときの磁界を計算せよ。

† 無限に長い直線電流の場合は，無限遠点で曲線 C がつながっていると考える。

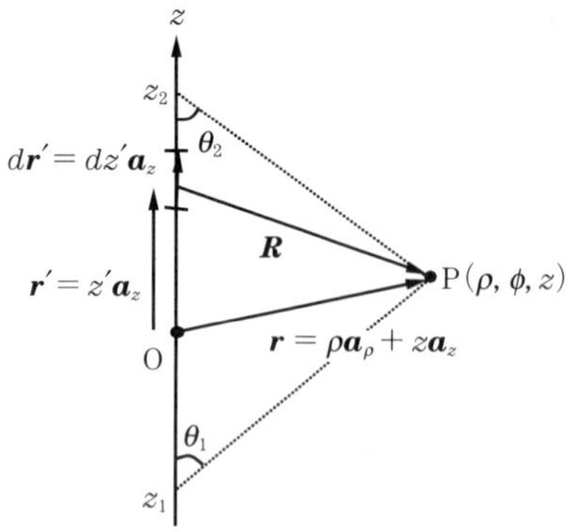

図 7.3　一様な直線電流による磁界

【解答】　観測点を $\boldsymbol{r} = \rho\boldsymbol{a}_\rho + z\boldsymbol{a}_z$ とする。電流上の点 $\boldsymbol{r}' = z'\boldsymbol{a}_z$ における線素は $d\boldsymbol{r}' = dz'\boldsymbol{a}_z$ と与えられる。さらに，$\boldsymbol{R} = \boldsymbol{r} - \boldsymbol{r}' = \rho\boldsymbol{a}_\rho + (z - z')\boldsymbol{a}_z$，$R = |\boldsymbol{R}| = \sqrt{\rho^2 + (z - z')^2}$ となる。これから，ビオ・サバールの法則 (7.3) により，微小磁界は

$$d\boldsymbol{H} = \frac{Id\boldsymbol{r}' \times \boldsymbol{R}}{4\pi R^3} = \frac{Idz'\boldsymbol{a}_z \times \{\rho\boldsymbol{a}_\rho + (z - z')\boldsymbol{a}_z\}}{4\pi\{\rho^2 + (z - z')^2\}^{3/2}}$$

$$= \frac{I\rho dz'}{4\pi\{\rho^2 + (z - z')^2\}^{3/2}}\boldsymbol{a}_\phi$$

と与えられる。これを導線に沿って $z' = -\infty$ から $z' = \infty$ まで積分する。

$$\boldsymbol{H} = \int_{-\infty}^{\infty} \frac{I\rho dz'}{4\pi\{\rho^2 + (z - z')^2\}^{3/2}}\boldsymbol{a}_\phi = \frac{I\rho}{4\pi}\int_{-\infty}^{\infty} \frac{dt}{(t^2 + \rho^2)^{3/2}}\boldsymbol{a}_\phi$$

$$= \frac{I\rho}{4\pi}\left[\frac{t}{\rho^2\sqrt{t^2 + \rho^2}}\right]_{-\infty}^{\infty}\boldsymbol{a}_\phi = \frac{I}{2\pi\rho}\boldsymbol{a}_\phi$$

途中で $t = -(z - z')$ と置換し，積分公式 (C.1) を利用した。　◇

z 軸に沿って一様な無限長の直線電流 I が流れる場合，磁界は

$$\boldsymbol{H} = \frac{I}{2\pi\rho}\boldsymbol{a}_\phi \quad 〔\mathrm{A/m}〕 \tag{7.10}$$

と与えられる。この結果を“アンペアの右ねじの法則”と比較されたい。

例題 7.2　図 7.3 に示すように，z 軸に沿って $+z$ 方向に一様な電流 I が $z = z_1$ から $z = z_2$ まで流れるときの磁界を計算せよ。

【解答】 $d\boldsymbol{H}$ を求めるところまでは例題 7.1 と同じである。

$$\boldsymbol{H} = \int_{z_1}^{z_2} \frac{I\rho dz'}{4\pi\{\rho^2 + (z-z')^2\}^{3/2}} \boldsymbol{a}_\phi$$

$t = -(z-z')$ と変数変換して

$$\boldsymbol{H} = \frac{I\rho}{4\pi}\int_{z_1-z}^{z_2-z} \frac{dt}{(\rho^2+t^2)^{3/2}}\boldsymbol{a}_\phi = \frac{I\rho}{4\pi}\left[\frac{t}{\rho^2\sqrt{\rho^2+t^2}}\right]_{z_1-z}^{z_2-z}\boldsymbol{a}_\phi$$
$$= \frac{I}{4\pi\rho}\left[\frac{z_2-z}{\sqrt{\rho^2+(z_2-z)^2}} - \frac{z_1-z}{\sqrt{\rho^2+(z_1-z)^2}}\right]\boldsymbol{a}_\phi$$
$$= \frac{I}{4\pi\rho}(\cos\theta_1 + \cos\theta_2)\boldsymbol{a}_\phi$$

を得る。θ_1, θ_2 は図 7.3 を参照のこと。 ◇

図 7.3 のように，z 軸に沿って一様な有限長の直線電流 I が流れる場合，磁界は

$$\boldsymbol{H} = \frac{I}{4\pi\rho}(\cos\theta_1 + \cos\theta_2)\boldsymbol{a}_\phi \quad \text{〔A/m〕} \tag{7.11}$$

と与えられる。

例題 7.3　**図 7.4** に示すように，xy 平面上に，中心が原点で，半径が a の円形ループ導線を置く。この導線に沿って一様な電流 I を流すとき，円形ループ中心軸における磁界を計算せよ。ただし，電流の向きは，z 軸の正の向きに右手の親指の向きを合わせるとき，右手の残りの四指が指す向きとする。

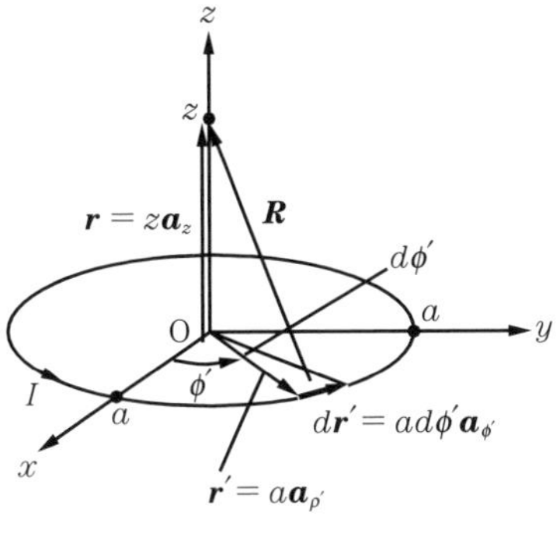

図 7.4　一様な円形ループ電流による磁界

【解答】 z 軸上の点を $\boldsymbol{r} = z\boldsymbol{a}_z$ とし，円周上の点を $\boldsymbol{r}' = a\boldsymbol{a}_{\rho'}$ とする。このとき，$\boldsymbol{R} = \boldsymbol{r} - \boldsymbol{r}' = z\boldsymbol{a}_z - a\boldsymbol{a}_{\rho'}$, $R = |\boldsymbol{R}| = \sqrt{z^2 + a^2}$, $d\boldsymbol{r}' = ad\phi'\boldsymbol{a}_{\phi'}$ となる。ビオ・サバールの法則 (7.3) により，微小磁界は

$$d\boldsymbol{H} = \frac{Id\boldsymbol{r}' \times \boldsymbol{R}}{4\pi R^3} = \frac{Iad\phi'\boldsymbol{a}_{\phi'} \times (z\boldsymbol{a}_z - a\boldsymbol{a}_{\rho'})}{4\pi(z^2 + a^2)^{3/2}} = \frac{Ia(z\boldsymbol{a}_{\rho'} + a\boldsymbol{a}_z)}{4\pi(z^2 + a^2)^{3/2}}d\phi'$$

と与えられる。これを $\phi' = 0$ から $\phi' = 2\pi$ まで積分して

$$\begin{aligned}\boldsymbol{H} &= \frac{Ia}{4\pi}\int_0^{2\pi} \frac{z\boldsymbol{a}_{\rho'} + a\boldsymbol{a}_z}{(z^2 + a^2)^{3/2}}d\phi' \\ &= \frac{Iaz}{4\pi(z^2 + a^2)^{3/2}}\int_0^{2\pi} \boldsymbol{a}_{\rho'}d\phi' + \frac{Ia^2}{4\pi(z^2 + a^2)^{3/2}}\int_0^{2\pi} d\phi'\boldsymbol{a}_z \\ &= \frac{Ia^2}{2(z^2 + a^2)^{3/2}}\boldsymbol{a}_z\end{aligned}$$

を得る。 ◇

例題 7.3 の結果で $z = 0$ とおくと，円形ループ電流の中心における磁界は

$$\boldsymbol{H} = \frac{I}{2a}\boldsymbol{a}_z \quad 〔\mathrm{A/m}〕 \tag{7.12}$$

と与えられる。

ソレノイドの定義　ソレノイド（solenoid）とは，中空の筒状の表面に導線をらせん状に一様に密に巻いたものを指す。

例題 7.4　**図 7.5** に示すように，z 軸を中心軸とする無限長の円形ソレノイドを考える。ソレノイドに流す電流を I とし，円の半径を a とする。このとき，ソレノイド内外における磁界を計算せよ。

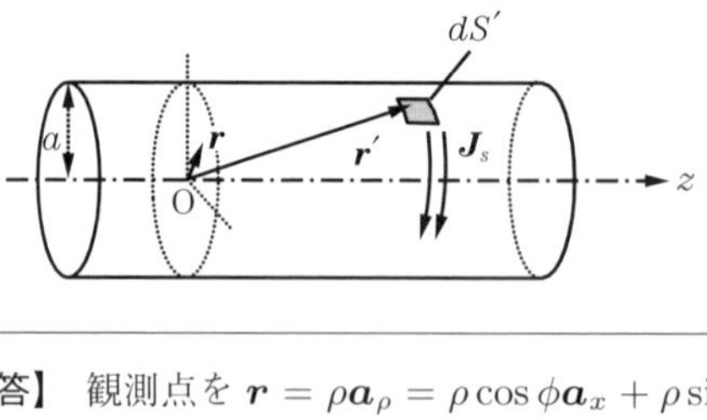

図 7.5　ソレノイドに流れる一様な面電流による磁界

【解答】 観測点を $\boldsymbol{r} = \rho\boldsymbol{a}_\rho = \rho\cos\phi\boldsymbol{a}_x + \rho\sin\phi\boldsymbol{a}_y$ とし，ソレノイド上の点を $\boldsymbol{r}' = a\boldsymbol{a}_{\rho'} + z'\boldsymbol{a}_z = a\cos\phi'\boldsymbol{a}_x + a\sin\phi'\boldsymbol{a}_y + z'\boldsymbol{a}_z$ とおく。このとき

$$\boldsymbol{R} = \boldsymbol{r} - \boldsymbol{r}' = (\rho\cos\phi - a\cos\phi')\boldsymbol{a}_x + (\rho\sin\phi - a\sin\phi')\boldsymbol{a}_y - z'\boldsymbol{a}_z$$
$$R = |\boldsymbol{R}| = \sqrt{\rho^2 - 2\rho a\cos(\phi-\phi') + a^2 + z'^2}$$

であって，ソレノイド上の面素は $dS' = ad\phi' dz'$ と与えられる。また，単位長さ当りの巻き数を n とすれば，ソレノイドの面電流密度は $\boldsymbol{J}_s = nI\boldsymbol{a}_{\phi'}$ となる。ビオ・サバールの法則 (7.5) により，ソレノイド上の電流素片による微小磁界は，$\boldsymbol{a}_{\phi'} \times \boldsymbol{R} = -z'\boldsymbol{a}_{\rho'} + \{a - \rho\cos(\phi-\phi')\}\boldsymbol{a}_z$ となることに注意して

$$\begin{aligned} d\boldsymbol{H} &= \frac{\boldsymbol{J}_s dS' \times \boldsymbol{R}}{4\pi R^3} = \frac{nI\boldsymbol{a}_{\phi'} ad\phi' dz' \times \boldsymbol{R}}{4\pi R^3} \\ &= \frac{nIa}{4\pi}\frac{-z'\boldsymbol{a}_{\rho'} + \{a - \rho\cos(\phi-\phi')\}\boldsymbol{a}_z}{\{\rho^2 - 2\rho a\cos(\phi-\phi') + a^2 + z'^2\}^{3/2}}d\phi' dz' \end{aligned}$$

と与えられる。これをソレノイド全体で面積分することにより，ソレノイドに流れる面電流による磁界は

$$\begin{aligned} \boldsymbol{H} &= \frac{nIa}{4\pi}\int_0^{2\pi}\int_{-\infty}^{\infty}\frac{-z'\boldsymbol{a}_{\rho'} + \{a - \rho\cos(\phi-\phi')\}\boldsymbol{a}_z}{\{\rho^2 - 2\rho a\cos(\phi-\phi') + a^2 + z'^2\}^{3/2}}dz' d\phi' \\ &= \frac{nIa}{2\pi}\int_0^{2\pi}\frac{a - \rho\cos(\phi-\phi')}{\rho^2 - 2\rho a\cos(\phi-\phi') + a^2}d\phi' \boldsymbol{a}_z \end{aligned}$$

となる。上の z' に関する積分計算において，積分公式 (C.1) および被積分関数の偶奇性を利用した。さらに，被積分関数の周期性を考慮し，$t = -(\phi - \phi')$ と変数変換して

$$\begin{aligned} \boldsymbol{H} &= \frac{nI}{2\pi}\int_0^{2\pi}\frac{a - \rho\cos t}{\rho^2 - 2\rho a\cos t + a^2}dt\boldsymbol{a}_z \\ &= \frac{nIa}{4\pi}\left\{\int_0^{2\pi}dt + (a^2 - \rho^2)\int_0^{2\pi}\frac{1}{\rho^2 - 2\rho a\cos t + a^2}dt\right\}\boldsymbol{a}_z \\ &= \frac{nIa}{4\pi}\left\{2\pi + (a^2 - \rho^2)\frac{2\pi}{\sqrt{(\rho^2 + a^2)^2 - (-2\rho a)^2}}\right\}\boldsymbol{a}_z \\ &= \frac{nI}{2}\left(1 + \frac{a^2 - \rho^2}{|a^2 - \rho^2|}\right)\boldsymbol{a}_z = nIu(a-\rho)\boldsymbol{a}_z \end{aligned}$$

となる。上の計算において，積分公式 (C.7) を利用した。ここで，$u(x)$ は単位ステップ関数であり

$$u(x) = \begin{cases} 1 & \text{for } x > 0 \\ 0 & \text{for } x < 0 \end{cases} \tag{7.13}$$

と定義される。このように，ソレノイド内部（$\rho < a$）において，$\boldsymbol{H} = nI\boldsymbol{a}_z$ と

なり，外部（$\rho > a$）において，$\boldsymbol{H} = \boldsymbol{0}$ となることがわかる。　◇

一般に，無限長ソレノイドに面電流密度 $\boldsymbol{J}_s = J_{s0}\boldsymbol{a}_\phi$〔A/m〕の電流を流すとき，ソレノイド内外における磁界は

$$\boldsymbol{H} = \begin{cases} J_{s0}\boldsymbol{a}_z \ \text{〔A/m〕} & \text{inside solenoid} \\ \boldsymbol{0} \ \text{〔A/m〕} & \text{otherwise} \end{cases} \tag{7.14}$$

と与えられる。ただし，ソレノイド軸を z 軸とする。

7.2　アンペアの周回路の法則

7.2.1　鎖　　交

二つの閉曲線が絡み合うことを**鎖交**（linkage）という†。鎖交数はつぎのように定義される。

- 絡み合いが右ねじの関係で 1 回あるとき，鎖交数を $N = +1$ とする。
- 絡み合いが左ねじの関係で 1 回あるとき，鎖交数は $N = -1$ とする。

鎖交数とともに鎖交の例を**図 7.6** に示す。

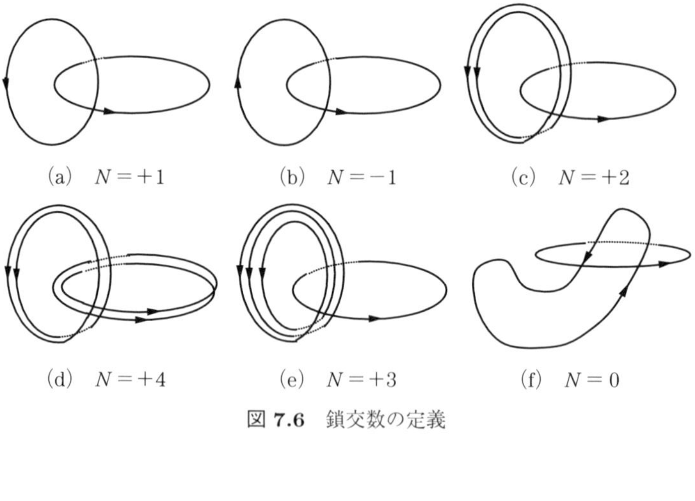

(a)　$N=+1$　　(b)　$N=-1$　　(c)　$N=+2$

(d)　$N=+4$　　(e)　$N=+3$　　(f)　$N=0$

図 7.6　鎖交数の定義

† コイルの巻き数を一般化した概念ととらえるとよい。

7.2.2 アンペアの周回路の法則の導出

例題 7.1 で扱った無限長の直線導線に流れる一様電流による磁界$\boldsymbol{H}=(I/2\pi\rho)\boldsymbol{a}_\phi$について，$xy$ 平面に存在する閉曲線 C に沿って線積分しよう。いま，電流 I が z 軸に沿って流れているとし，閉曲線 C 上の点を $\boldsymbol{r}=\rho\boldsymbol{a}_\rho$ と表す。$d\boldsymbol{r}=\rho\boldsymbol{a}_\phi d\phi$ であるから，線積分は

$$\oint_C \boldsymbol{H}\cdot d\boldsymbol{r}=\int_C \frac{I}{2\pi\rho}\boldsymbol{a}_\phi\cdot\rho\boldsymbol{a}_\phi d\phi=\frac{I}{2\pi}\int_C d\phi$$

と与えられる。**図 7.7** (a) に示すように，閉曲線 C が z 軸を囲むとき

$$\oint_C \boldsymbol{H}\cdot d\boldsymbol{r}=\frac{I}{2\pi}\int_0^{2\pi} d\phi=I$$

となる。図 (b) に示すように，閉曲線 C が z 軸を囲まないとき

$$\begin{aligned}\oint_C \boldsymbol{H}\cdot d\boldsymbol{r}&=\frac{I}{2\pi}\left\{\int_{A(C_1)}^{B} d\phi+\int_{B(C_2)}^{A} d\phi\right\}\\&=\frac{I}{2\pi}\left\{\int_{\phi_1}^{\phi_2} d\phi+\int_{\phi_2}^{\phi_1} d\phi\right\}=0\end{aligned}$$

となる。まとめると，**アンペアの周回路の法則**（Ampère's circuital law）

$$\oint_C \boldsymbol{H}\cdot d\boldsymbol{r}=I_{\text{net through }S} \tag{7.15}$$

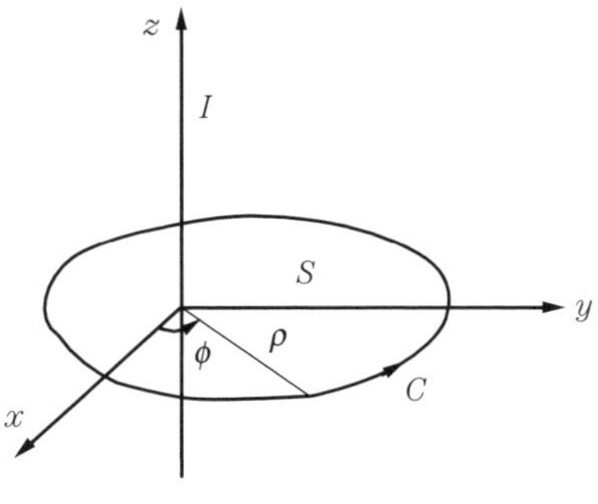

（a） 電流 I が曲面 S を通過する場合

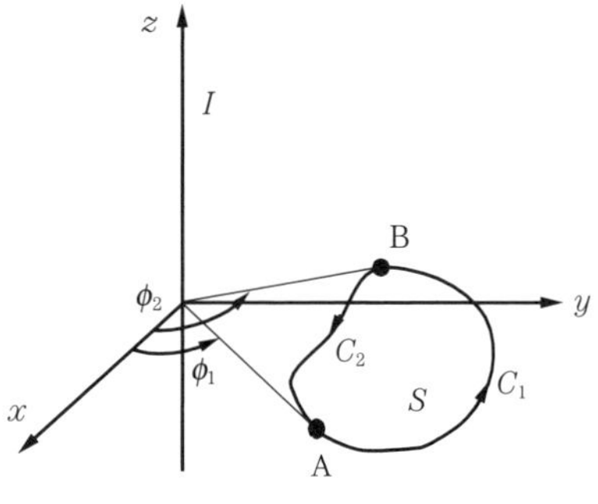

（b） 電流 I が曲面 S を通過しない場合

図 7.7 閉曲線 C で囲まれた曲面 S と直線電流 I

が得られる。ただし，$I_{\text{net through }S}$ は閉曲線 C を周囲とする曲面 S を通過する電流であり，NI に等しい。N は閉曲線 C に関する電流 I の鎖交数とする。このように，閉曲線 C に対する磁界 $\boldsymbol{H}$ の線積分はその閉曲線に鎖交する電流に等しい。さらに，$I_{\text{net through }S} = \iint_S \boldsymbol{J} \cdot d\boldsymbol{S}$ と与えられるから，式 (7.15) は

$$\oint_C \boldsymbol{H} \cdot d\boldsymbol{r} = \iint_S \boldsymbol{J} \cdot d\boldsymbol{S} \tag{7.16}$$

と記述することもできる。

7.2.3 アンペアの周回路の法則の適用

（1） 適用の原則　　つぎの二つの条件を満足するように閉曲線 C を選択すると，アンペアの周回路の法則 (7.15) の面積分が簡単になる。

① 磁界 $\boldsymbol{H}$ が閉曲線 C 上の線素 $d\boldsymbol{r}$ に対して平行もしくは垂直である。閉曲線 C に対して $\boldsymbol{H}$ が平行であるとき，$\boldsymbol{H} \cdot d\boldsymbol{r} = H_t dl$ となる。ただし，H_t は $\boldsymbol{H}$ の閉曲線 C に沿う接線成分であり，$dl = |d\boldsymbol{r}|$ とする。また，閉曲線 C に対して $\boldsymbol{H}$ が垂直であるとき，$\boldsymbol{H} \cdot d\boldsymbol{r} = 0$ となる。

② 磁界 $\boldsymbol{H}$ に平行な閉曲線 C の部分を C_i $(i = 1, 2, \cdots, m)$ とすれば，各 C_i において H_t が一定値 H_i となる。

以上の条件より，アンペアの周回路の法則 (7.15) の面積分は

$$\oint_C \boldsymbol{H} \cdot d\boldsymbol{r} = \sum_{i=1}^{m} \int_{C_i} H_t dl = \sum_{i=1}^{m} H_i \int_{C_i} dl = \sum_{i=1}^{m} H_i \times (C_i \text{ の長さ})$$

と変形されるので，式 (7.15) はつぎのように簡単化される。

$$\sum_{i=1}^{m} H_i \times (C_i \text{ の長さ}) = I_{\text{net through }S} \tag{7.17}$$

これを利用するためには，与えられた電流分布の対称性に着目し，アンペアの右ねじの法則もしくはビオ・サバールの法則によって磁界の向きについて予測する必要がある。以下に具体的な例を示す。

（2） 軸対称電流分布による磁界　　電流が $\boldsymbol{a}_z$ の向きに流れ，z 軸に対して

軸対称分布を示す場合，電流密度は $\boldsymbol{J} = J_z(\rho)\boldsymbol{a}_z$ と与えられる。アンペアの右ねじの法則から，磁界は ϕ 成分のみであり，$\boldsymbol{H} = H_\phi(\rho)\boldsymbol{a}_\phi$ の形となることが予測される。閉曲線 C として，xy 平面に平行で，z 軸に中心を持つような半径 ρ の円周を選ぶ。このとき，$d\boldsymbol{r} = \rho\boldsymbol{a}_\phi d\phi$ であるから，$\boldsymbol{H} \,/\!/\, d\boldsymbol{r}$ の関係が成り立つ。したがって，式 (7.17) より

$$H_\phi \cdot 2\pi\rho = I_{\text{net through } S} \tag{7.18}$$

の関係が得られる。これから，磁界 $\boldsymbol{H}$ は

$$\boldsymbol{H} = \frac{I_{\text{net through } S}}{2\pi\rho}\boldsymbol{a}_\phi = \left(\frac{1}{\rho}\int_0^\rho J_z(\rho')\rho' d\rho'\right)\boldsymbol{a}_\phi \tag{7.19}$$

と与えられる。

例題 7.5　アンペアの周回路の法則を利用して，z 軸に沿って $+z$ 方向に一様な電流 I が $z = -\infty$ から $z = \infty$ まで流れるとき，磁界を求めよ。

【解答】　閉曲線 C として，xy 平面に平行で，z 軸に中心を持つような半径 ρ の円周を選ぶ。この閉曲線 C に囲まれた曲面を通過する電流は $I_{\text{net through } S} = I$ であるから，式 (7.19) より，求めたい磁界は

$$\boldsymbol{H} = \frac{I}{2\pi\rho}\boldsymbol{a}_\phi$$

と与えられる†。　◇

例題 7.6　アンペアの周回路の法則を利用して，同軸ケーブル断面における磁界を計算せよ。ただし，内導体の半径を a，外導体の内径を b，外径を c とし，電流は導体断面を一様に流れるものとする。

【解答】　**図 7.8** に示すように，内導体に I，外導体に $-I$ の電流を流す。題意より，内導体および外導体の断面において電流密度 $\boldsymbol{J} = J_z\boldsymbol{a}_z$ は一定である。このとき，電流密度の z 成分 J_z は

† Dirac のデルタ関数を利用して，電流密度の z 成分を $J_z(\rho) = \delta(\rho)$ と記述し，式 (7.19) の ρ' に関する積分を行ってもよい。

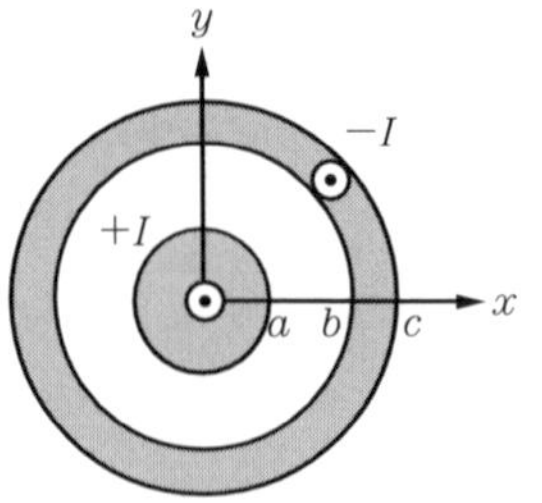

図 **7.8**　同軸ケーブルの断面

$$J_z = \begin{cases} I/\pi a^2 & \text{for } \rho < a \\ -I/\pi(c^2 - b^2) & \text{for } b < \rho < c \\ 0 & \text{otherwise} \end{cases}$$

と与えられる。閉曲線 C として，xy 平面に平行で，z 軸に中心を持つような半径 ρ の円周を選ぶ。以下，この閉曲線 C に囲まれた曲面 S を通過する電流

$$I_{\text{net through } S} = \iint_S \boldsymbol{J} \cdot d\boldsymbol{S}' = \int_0^{2\pi} \int_0^{\rho} J_z \rho' d\rho' d\phi' = 2\pi \int_0^{\rho} J_z \rho' d\rho'$$

を求めよう。

a)　$\rho < a$ のとき，すなわち，内導体内部に閉曲線 C が含まれるとき

$$I_{\text{net through } S} = 2\pi \int_0^{\rho} \frac{I}{\pi a^2} \rho' d\rho' = \frac{\rho^2}{a^2} I$$

となるので，式 (7.19) より，磁界は

$$\boldsymbol{H} = \frac{\dfrac{\rho^2}{a^2} I}{2\pi\rho} \boldsymbol{a}_\phi = \frac{\rho I}{2\pi a^2} \boldsymbol{a}_\phi$$

と与えられる。

b)　$a < \rho < b$ のとき，すなわち，内外導体の間に閉曲線 C が含まれるとき

$$I_{\text{net through } S} = 2\pi \int_0^{a} \frac{I}{\pi a^2} \rho' d\rho' = I$$

となるので，式 (7.19) より，磁界は

$$\boldsymbol{H} = \frac{I}{2\pi\rho} \boldsymbol{a}_\phi$$

と与えられる。

c)　$b < \rho < c$ のとき，すなわち，外導体内部に閉曲線 C が含まれるとき

$$I_{\text{net through } S} = 2\pi\left\{\int_0^a \frac{I}{\pi a^2}\rho' d\rho' + \int_b^\rho \frac{-I}{\pi(c^2-b^2)}\rho' d\rho'\right\}$$
$$= I - \frac{\rho^2-b^2}{c^2-b^2}I = \frac{c^2-\rho^2}{c^2-b^2}I$$

となるので，式 (7.19) より，磁界は

$$\boldsymbol{H} = \frac{\dfrac{c^2-\rho^2}{c^2-b^2}I}{2\pi\rho}\boldsymbol{a}_\phi = \frac{I}{2\pi\rho}\frac{c^2-\rho^2}{c^2-b^2}\boldsymbol{a}_\phi$$

と与えられる。

d) $\rho > c$ のとき，すなわち，閉曲線 C が同軸ケーブル外部にあるとき

$$I_{\text{net through } S} = 2\pi\left\{\int_0^a \frac{I}{\pi a^2}\rho' d\rho' + \int_b^c \frac{-I}{\pi(c^2-b^2)}\rho' d\rho'\right\}$$
$$= I - I = 0$$

となるので，式 (7.19) より，磁界は

$$\boldsymbol{H} = \frac{0}{2\pi\rho}\boldsymbol{a}_\phi = \boldsymbol{0}$$

と与えられる。

なお，同軸ケーブルの外側で磁界が $\boldsymbol{0}$ となる現象を磁気遮蔽効果という。 ◇

(3) 軸対称以外の電流分布による磁界

例題 7.7 アンペアの周回路の法則を利用して，**図 7.9** (a) に示す xy 平面上に流れる面電流密度 $\boldsymbol{J}_s = J_{s0}\boldsymbol{a}_y$ の電流による磁界を計算せよ。ただし，J_{s0} は定数とする。

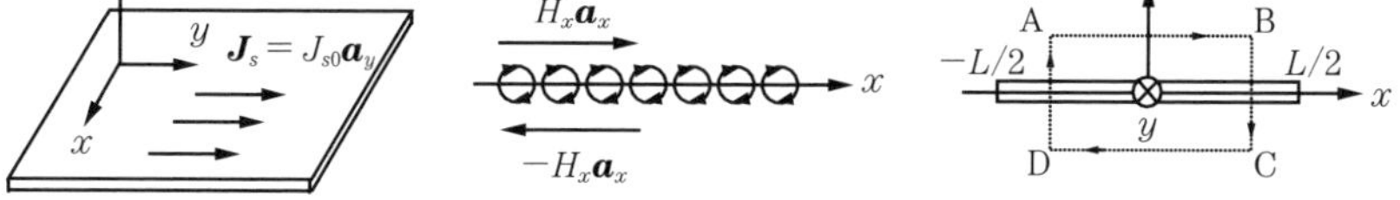

(a) 全体図　(b) 面を多数の導線に分割　(c) 断面図

図 7.9 xy 平面を流れる一様な面電流による磁界

【解答】 面電流を多数の y 軸に平行な直線電流に置き換え，アンペアの右ねじの法

則を適用する。図 (b) に示すように直線電流はその方位角方向に磁界をつくるので，全体として面電流に平行な面では，$z > 0$ において磁界は x 方向を向き，$z < 0$ において $-x$ 方向を向く。また，面電流に垂直な面では，磁界は隣り合う直線電流によって打ち消される。このように，面電流による磁界は $\boldsymbol{H} = H_x(z)\boldsymbol{a}_x$ と与えられる。ただし，$H_x(-z) = -H_x(z)$ とする。図 (c) に示す閉曲線 $ABCD$ に対して，簡単化されたアンペアの周回路の法則 (7.17) を適用する。$I_{\text{net through } S} = J_{s0}L$ であるから

$$H_x(z)L + \{-H_x(-z)\}L = J_{s0}L$$

の関係が成り立つ。これから，$H_x(z) = J_{s0}/2$ となるので，磁界は

$$\boldsymbol{H} = \frac{J_{s0}}{2}\text{sgn}(z)\boldsymbol{a}_x$$

と与えられる。さらに，電流が流れる面の法単位ベクトルのうち，観測点の側を向くものを $\boldsymbol{a}_n$ とすれば，磁界は

$$\boldsymbol{H} = \frac{1}{2}\boldsymbol{J}_s \times \boldsymbol{a}_n$$

と記述することもできる。 ◇

例題 7.8　中心軸を z 軸とするような無限長の円形ソレノイドに面電流密度 $\boldsymbol{J}_s = J_{s0}\boldsymbol{a}_\phi$ が流れるとき，アンペアの周回路の法則を利用して，ソレノイド内外の磁界を計算せよ。ただし，J_{s0} は定数とし，a をソレノイド断面の円の半径とする。

【解答】　磁界は，軸対称性から ϕ の関数でなく，無限長であることから z の関数でない。さらに，電流の向きに着目し，アンペアの右ねじの法則を用いると，磁界は $\boldsymbol{H} = H_z(\rho)\boldsymbol{a}_z$ の形になることが予測される。**図 7.10** に示すように，z 軸を含む平面内に長方形の閉曲線を設ける。

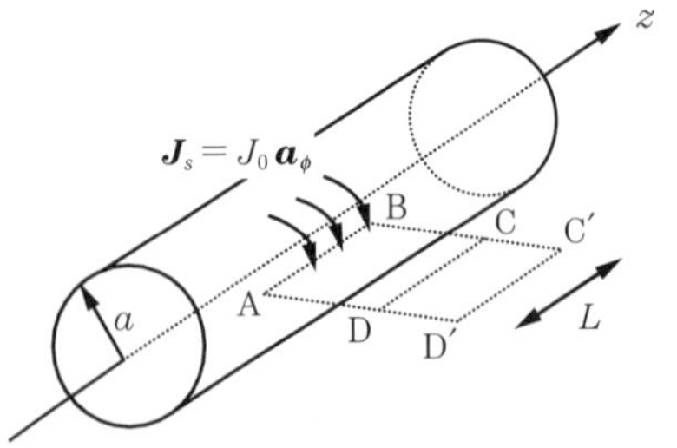

図 7.10　無限長ソレノイドと閉曲線の設定

a) ソレノイドの外部に設けられた閉曲線 DCC′D′ に対して考える。辺 DC, C′D′ において $\boldsymbol{H} \,/\!/\, d\boldsymbol{r}$ であり，辺 DD′, C′C において $\boldsymbol{H} \perp d\boldsymbol{r}$ である。この閉曲線で囲まれた曲面 S を通過する電流は $I_{\text{net through } S} = 0$ である。z 軸から辺 DC, C′D′ までの距離をそれぞれ ρ_1, ρ_2 とすれば，簡単化されたアンペアの周回路の法則 (7.17) より

$$H_z(\rho_1)L + \{-H_z(\rho_2)\}L = 0$$

が成り立つ。これから，$H_z(\rho_1) = H_z(\rho_2)$ となり，$\rho > a$ において H_z は ρ に関係なく一定であることがわかる。$\rho \to \infty$ において $H_z = 0$ となるので，$\rho > a$ において

$$\boldsymbol{H} = \boldsymbol{0}$$

と与えられる。

b) ソレノイドをまたぐように設けられた閉曲線 ABCD に対して考える。辺 AB, CD において $\boldsymbol{H} \,/\!/\, d\boldsymbol{r}$ であり，辺 BC, DA において $\boldsymbol{H} \perp d\boldsymbol{r}$ である。この閉曲線で囲まれた曲面 S を通過する電流は $I_{\text{net through } S} = J_{s0}L$ である。z 軸から辺 AB, DC までの距離をそれぞれ ρ, ρ_1 とすれば，簡単化されたアンペアの周回路の法則 (7.17) より

$$H_z(\rho)L + \{-H_z(\rho_1)\}L = J_{s0}L$$

が成り立つ。$\rho_1 > a$ より $H_z(\rho_1) = 0$ となるので，$\rho < a$ において

$$\boldsymbol{H} = J_{s0}\boldsymbol{a}_z$$

と与えられる。

一般に，断面形状によらずソレノイド内部での磁界は一定となる。 ◇

例題 7.9 図 **7.11** に示すような断面が円形であるトロイダルコイル（toroid, 環状ソレノイド）による磁界を求めよ。コイルに流れる電流を I とし，巻き数を N とする。また，トロイダルコイルの中心から断面の中心までの距離を a とし，断面の半径を b とするとき，$a \gg b$ であることを仮定せよ。

【解答】 図 7.11 に示すような座標系を設定する。電流の向きに対してアンペアの右ねじの法則を用いると，磁界は ϕ 成分のみであり，$\boldsymbol{H} = H_\phi(\rho, z)\boldsymbol{a}_\phi$ の形とな

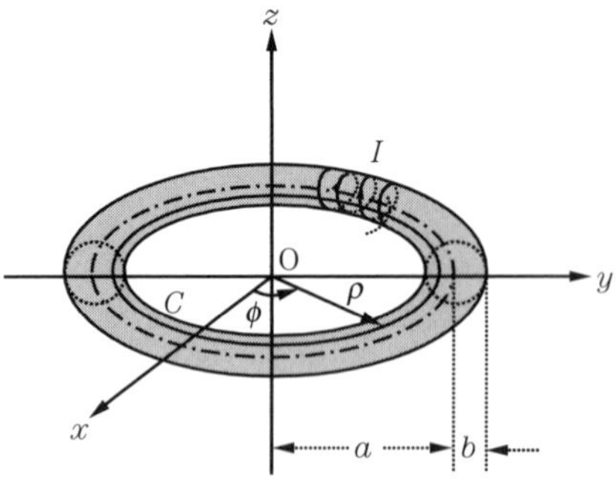

図 **7.11**　トロイダルコイル

ると予測される。閉曲線 C として，xy 平面に平行で，z 軸に中心軸を持つような半径 ρ の円周を選ぶ。このとき，$d\boldsymbol{r} = \rho \boldsymbol{a}_\phi d\phi$ であるから，$\boldsymbol{H} \mathbin{//} d\boldsymbol{r}$ の関係が成り立つ。したがって，簡単化されたアンペアの周回路の法則 (7.17) より

$$H_\phi \cdot 2\pi\rho = I_{\text{net through } S}$$

の関係が得られる。ここで，閉曲線 C に囲まれる曲面を S とする。

a)　閉曲線 C がコイルの内径よりも内側にあるとき，曲面 S と鎖交する電流は存在しないので，$I_{\text{net through } S} = 0$ となる。すなわち，磁界は $\boldsymbol{H} = \boldsymbol{0}$ と与えられる。

b)　閉曲線 C がコイルの内側に含まれるとき，曲面 S と鎖交する電流はコイルの内側の側面を流れる電流であるから，巻き数 N が鎖交数となり，$I_{\text{net through } S} = NI$ となる。すなわち，磁界は

$$\boldsymbol{H} = \frac{NI}{2\pi\rho}\boldsymbol{a}_\phi$$

と与えられる。

c)　閉曲線 C がコイルの外径よりも外側にあるとき，曲面 S と鎖交する電流はコイルの内側の側面および外側の側面を流れる電流であり，それぞれ巻き数 N だけ曲面と交差するが，鎖交数は $N + (-N) = 0$ となるので，$I_{\text{net through } S} = 0$ となる。すなわち，磁界は $\boldsymbol{H} = \boldsymbol{0}$ と与えられる。

以上をまとめると，コイルの内側では $\boldsymbol{H} = (NI/2\pi\rho)\boldsymbol{a}_\phi$ となり，外側では $\boldsymbol{H} = \boldsymbol{0}$ となる。一般に，この結果は任意の断面形状に対して成り立つ。　◇

過去の Q&A から

Q7.1: 例題 7.8 において，辺 CD がソレノイドの内側にある場合を考えなくともよいのですか。

A7.1: ここでは，辺 CD がソレノイドの内側にある場合の閉曲線 ABCD の扱いについて考えます。この場合，閉曲線に囲まれた曲面 S を通過する電流が存在しないことに注意して，例題 7.8 と同様に，簡単化されたアンペアの周回路の法則 (7.17) より

$$H_z(\rho)L + \{-H_z(\rho_1)\}L = 0$$

が成り立ちます。これから，$H_z(\rho) = H_z(\rho_1)$ となり，ソレノイドの内側 $(\rho < a)$ において H_z は ρ に関係なく一定となります。例題 7.8 では，b) の ρ の選び方は任意なので，このような考察をするまでもなく，b) の結果からソレノイド内部で H_z が一定であることがわかります。

7.3 回転とストークスの定理

7.3.1 回　転

(1) 長方形の微小閉曲線に関するアンペアの周回路の法則 図 **7.12** に示すように，点 (x, y, z) と点 $(x+\Delta x, y+\Delta y, z)$ を結ぶ線分が対角線となるような長方形の積分路 ΔC を考える。Δx, Δy は十分に小さいと仮定する。このとき，アンペアの周回路の法則 (7.15) の線積分を評価しよう。まず，線積分を $x = x$, $y = y + \Delta y$, $x = x + \Delta x$, $y = y$ の四つの辺に分ける。

$$\oint_{\Delta C} \boldsymbol{H} \cdot d\boldsymbol{r} = \int_x \boldsymbol{H} \cdot d\boldsymbol{r} + \int_{y+\Delta y} \boldsymbol{H} \cdot d\boldsymbol{r} + \int_{x+\Delta x} \boldsymbol{H} \cdot d\boldsymbol{r} + \int_y \boldsymbol{H} \cdot d\boldsymbol{r}$$

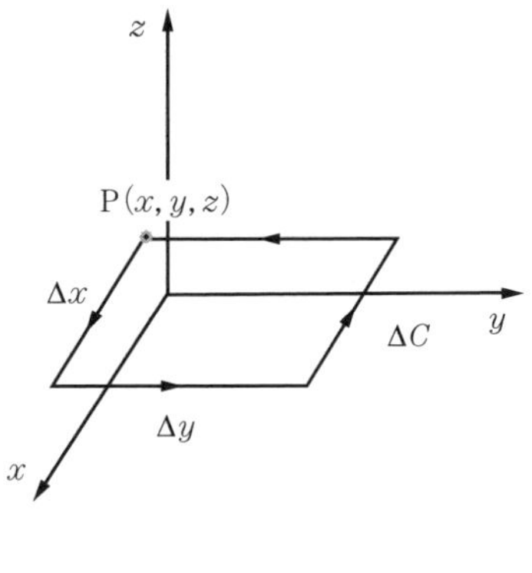

図 **7.12** 長方形の閉曲線に沿う線積分

各辺は十分に短いので，各辺において磁界 $\boldsymbol{H}$ は定ベクトルとみなすことができる。例えば

$$\int_{x}+\int_{x+\Delta x} \fallingdotseq \boldsymbol{H}(x,y,z)\cdot\int_{x} d\boldsymbol{r}+\boldsymbol{H}(x+\Delta x,y,z)\cdot\int_{x+\Delta x} d\boldsymbol{r}$$
$$=\boldsymbol{H}(x,y,z)\cdot(-\Delta y\boldsymbol{a}_y)+\boldsymbol{H}(x+\Delta x,y,z)\cdot(\Delta y\boldsymbol{a}_y)$$
$$=\frac{H_y(x+\Delta x,y,z)-H_y(x,y,z)}{\Delta x}\Delta x\Delta y \fallingdotseq \frac{\partial H_y}{\partial x}\Delta S$$

と変形できる。ここで，$\Delta S=\Delta x\Delta y$ とする。同様に

$$\int_{y+\Delta y}+\int_{y} \fallingdotseq -\frac{\partial H_x}{\partial y}\Delta S$$

と変形できるので，式 (7.15) の線積分は

$$\oint_{\Delta C}\boldsymbol{H}\cdot d\boldsymbol{r}=\left(\frac{\partial H_y}{\partial x}-\frac{\partial H_x}{\partial y}\right)\Delta S \tag{7.20}$$

と近似できる。アンペアの周回路の法則によれば，この線積分は長方形を貫く電流 $\Delta I=J_z\Delta S$ に等しい。ここで，J_z は電流密度 $\boldsymbol{J}$ の z 成分である。したがって，ΔS を十分に小さくする極限において，式 (7.15) は

$$\frac{\partial H_y}{\partial x}-\frac{\partial H_x}{\partial y}=\lim_{\Delta S\to 0}\frac{1}{\Delta S}\oint_{\Delta C}\boldsymbol{H}\cdot d\boldsymbol{r}=\lim_{\Delta S\to 0}\frac{\Delta I}{\Delta S}=J_z \tag{7.21}$$

と書き直すことができる。

（2）　回転の定義　　閉曲線 ΔC で囲まれた曲面の面積を ΔS とするとき

$$(\nabla\times\boldsymbol{A})_n=(\nabla\times\boldsymbol{A})\cdot\boldsymbol{a}_n=\lim_{\Delta S\to 0}\frac{1}{\Delta S}\oint_{\Delta C}\boldsymbol{A}\cdot d\boldsymbol{r} \tag{7.22}$$

をその曲面に対するベクトル場 $\boldsymbol{A}$ の**回転**（rotation）の法線成分と定義する。ここで，添字 n は曲面に対して垂直な成分であることを表す。$\boldsymbol{a}_n$ はその曲面の法単位ベクトルであり，閉曲線 ΔC の向きと $\boldsymbol{a}_n$ は右ねじの関係にある。物理的には，単位面積当りのベクトルの回転量（渦の量）に対応する。

（3）　回転の成分表示　　直角座標系における成分表示の x, y 成分は式 (7.20) と同様に得られる。円筒座標系，球座標系についても同様に導くことができる[†]。

---

† 章末問題【 7 】,【 8 】を参照されたい。

円筒座標系，球座標系の成分表示は，直角座標系のように形式的に ∇ と $\boldsymbol{A}$ の外積の成分表示の形でないことに注意しよう。

（a） 直角座標系

$$\nabla \times \boldsymbol{A} = \left(\frac{\partial A_z}{\partial y} - \frac{\partial A_y}{\partial z}\right)\boldsymbol{a}_x + \left(\frac{\partial A_x}{\partial z} - \frac{\partial A_z}{\partial x}\right)\boldsymbol{a}_y + \left(\frac{\partial A_y}{\partial x} - \frac{\partial A_x}{\partial y}\right)\boldsymbol{a}_z = \begin{vmatrix} \boldsymbol{a}_x & \boldsymbol{a}_y & \boldsymbol{a}_z \\ \dfrac{\partial}{\partial x} & \dfrac{\partial}{\partial y} & \dfrac{\partial}{\partial z} \\ A_x & A_y & A_z \end{vmatrix} \tag{7.23a}$$

（b） 円筒座標系

$$\nabla \times \boldsymbol{A} = \left(\frac{1}{\rho}\frac{\partial A_z}{\partial \phi} - \frac{\partial A_\phi}{\partial z}\right)\boldsymbol{a}_\rho + \left(\frac{\partial A_\rho}{\partial z} - \frac{\partial A_z}{\partial \rho}\right)\boldsymbol{a}_\phi + \frac{1}{\rho}\left[\frac{\partial(\rho A_\phi)}{\partial \rho} - \frac{\partial A_\rho}{\partial \phi}\right]\boldsymbol{a}_z = \frac{1}{\rho}\begin{vmatrix} \boldsymbol{a}_\rho & \rho\boldsymbol{a}_\phi & \boldsymbol{a}_z \\ \dfrac{\partial}{\partial \rho} & \dfrac{\partial}{\partial \phi} & \dfrac{\partial}{\partial z} \\ A_\rho & \rho A_\phi & A_z \end{vmatrix} \tag{7.23b}$$

（c） 球 座 標 系

$$\nabla \times \boldsymbol{A} = \frac{1}{r\sin\theta}\left[\frac{\partial(\sin\theta A_\phi)}{\partial\theta} - \frac{\partial A_\theta}{\partial\phi}\right]\boldsymbol{a}_r + \frac{1}{r}\left[\frac{1}{\sin\theta}\frac{\partial A_r}{\partial\phi} - \frac{\partial(rA_\phi)}{\partial r}\right]\boldsymbol{a}_\theta + \frac{1}{r}\left[\frac{\partial(rA_\theta)}{\partial r} - \frac{\partial A_r}{\partial\theta}\right]\boldsymbol{a}_\phi = \frac{1}{r^2\sin\theta}\begin{vmatrix} \boldsymbol{a}_r & r\boldsymbol{a}_\theta & r\sin\theta\boldsymbol{a}_\phi \\ \dfrac{\partial}{\partial r} & \dfrac{\partial}{\partial\theta} & \dfrac{\partial}{\partial\phi} \\ A_r & rA_\theta & r\sin\theta A_\phi \end{vmatrix} \tag{7.23c}$$

（4） アンペアの周回路の法則の微分形　式 (7.21) は $(\nabla \times \boldsymbol{H})_z = J_z$ と記述できる。x, y 成分について同様の関係が成り立つので

$$\nabla \times \boldsymbol{H} = \boldsymbol{J} \tag{7.24}$$

の関係を得る。これを**アンペアの周回路の法則の微分形**(point form of Ampère's circuital law）という。このように，磁界の渦の大きさと向きはその点における電流密度 $\boldsymbol{J}$ によって決まる。

例題 7.10　z 軸に沿って一様に流れる電流 I による磁界 $\boldsymbol{H}$ の回転を計算せよ。ただし，z 軸は除外する。

【解答】　例題 7.1 の結果から，$H_\phi = I/2\pi\rho$, $H_\rho = H_z = 0$ となる。式 (7.23b) から

$$\nabla \times \boldsymbol{H} = -\frac{\partial H_\phi}{\partial z}\boldsymbol{a}_\rho + \frac{1}{\rho}\frac{\partial(\rho H_\phi)}{\partial \rho}\boldsymbol{a}_z = \boldsymbol{0}$$

となる。このように，電流が流れる部分である z 軸 $(\rho = 0)$ を除いて電流密度は $\boldsymbol{J} = \boldsymbol{0}$ である。アンペアの周回路の法則によれば，z 軸が貫く曲面に関する $\boldsymbol{J}$ の面積分は I となることに注意されたい†。　◇

7.3.2　ストークスの定理

(1)　導　　出　アンペアの周回路の法則 (7.16) にその微分形の式 (7.24) を代入し，電流密度 $\boldsymbol{J}$ を消去することで，ストークスの定理を導く。すなわち

$$\oint_C \boldsymbol{H} \cdot d\boldsymbol{r} = \iint_S \boldsymbol{J} \cdot d\boldsymbol{S} = \iint_S \nabla \times \boldsymbol{H} \cdot d\boldsymbol{S}$$

となる。$\boldsymbol{H}$ を $\boldsymbol{A}$ に置き換えて，**ストークスの定理**（Stokes' theorem）

$$\oint_C \boldsymbol{A} \cdot d\boldsymbol{r} = \iint_S \nabla \times \boldsymbol{A} \cdot d\boldsymbol{S} \tag{7.25}$$

を得る。この数学定理は，任意のベクトル場 $\boldsymbol{A}$ の閉曲線 C に沿っての接線成分に関する線積分が，閉曲線 C で囲まれた曲面 S におけるベクトル場 $\boldsymbol{A}$ の回転 $\nabla \times \boldsymbol{A}$ の法線成分に関する面積分に等しいことを示している。

(2)　物理的な意味　図 **7.13** に示す閉曲線 C で囲まれた曲面 S を考える。曲面 S を大きさの異なる小さな曲面に分割する。そのうち，一つの小さな

---

† Dirac のデルタ関数を用いて，$\boldsymbol{J} = (I/2\pi)\delta(\rho)\boldsymbol{a}_z$ と記述できる。

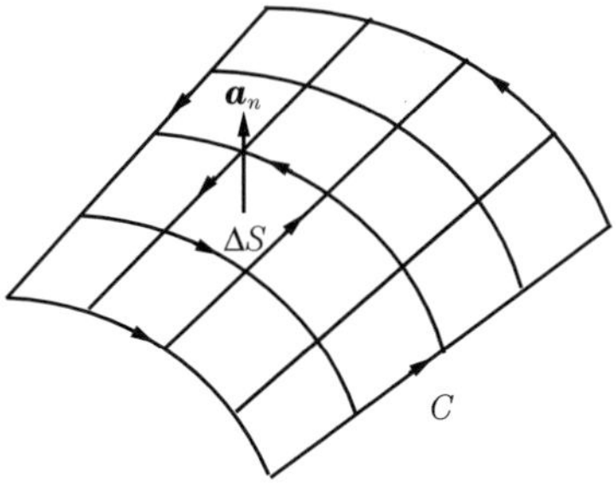

図 **7.13** ストークスの定理の物理的な意味

曲面に関する線積分について，隣り合う曲面との共通辺において径路の向きが逆転するので，共通辺における線積分の寄与は相殺される。したがって，曲面 S 全体では，小さな曲面に関する線積分の寄与の総計は，共通辺とならない曲面 S の外周である閉曲線 C における線積分に等しい。これは，大きな渦を考えるとき，各点における小さな渦を考えて，それらの重ね合わせとして渦の量を評価してよいことを意味している。

例題 7.11 原点を中心とし，xy 平面内に存在する半径 a の円周を閉曲面 C として，ベクトル場 $\boldsymbol{A} = f(\rho)\boldsymbol{a}_\phi$ に対してストークスの定理 (7.25) が成り立つことを確認せよ。

【解答】 ストークスの定理の線積分は

$$\oint_C \boldsymbol{A}\cdot d\boldsymbol{r} = \int_{\phi=0}^{2\pi} f(a)\boldsymbol{a}_\phi \cdot (ad\phi\boldsymbol{a}_\phi) = af(a)\int_0^{2\pi} d\phi = 2\pi af(a)$$

と計算される。一方，$A_\phi = f(\rho)$, $A_\rho = A_z = 0$ であるから，(7.23b) より

$$\nabla\times\boldsymbol{A} = \frac{1}{\rho}\frac{d}{d\rho}(\rho f(\rho))\,\boldsymbol{a}_z$$

となり，ストークスの定理の面積分は

$$\int_{\phi=0}^{2\pi}\int_{\rho=0}^{a}\frac{1}{\rho}\frac{d}{d\rho}(\rho f(\rho))\,\boldsymbol{a}_z\cdot(\rho d\rho d\phi\boldsymbol{a}_z) = \int_0^{2\pi}\int_0^{a}\frac{d}{d\rho}(\rho f(\rho))\,d\rho d\phi$$
$$= 2\pi\left[\rho f(\rho)\right]_0^a = 2\pi af(a)$$

と計算される。以上により，半径 $\rho = a$ の円周を閉曲線に選んだ場合，$\boldsymbol{A} = f(\rho)\boldsymbol{a}_\phi$ に対してストークスの定理 (7.25) が成り立つことが確認された。 ◇

7.4　磁界に関するガウスの法則

（1） 磁束密度と磁束の定義

（a） 磁 束 密 度　自由空間において，磁界 $\boldsymbol{H}$ を μ_0 倍したベクトル場を**磁束密度**（magnetic flux density）$\boldsymbol{B}$ と定義する。

$$\boldsymbol{B} = \mu_0 \boldsymbol{H} \quad 〔\mathrm{T}〕 \tag{7.26}$$

単位はテスラ〔T〕あるいはウェーバ毎平方メートル〔$\mathrm{Wb/m^2}$〕である。$\mu_0 = 4\pi \times 10^{-7}$〔H/m〕（〔H〕はヘンリー）は自由空間の**透磁率**（permeability）と呼ばれる物理定数である。

（b） 磁　　束　ある曲面 S を通過する磁力線の流量を評価するために，**図 7.14** に示すように，曲面 S における磁束密度 $\boldsymbol{B}$ の面積分

$$\Phi = \iint_S \boldsymbol{B} \cdot d\boldsymbol{S} \quad 〔\mathrm{Wb}〕 \tag{7.27}$$

を**磁束**（magnetic flux）と定義する。単位は〔Wb〕である。

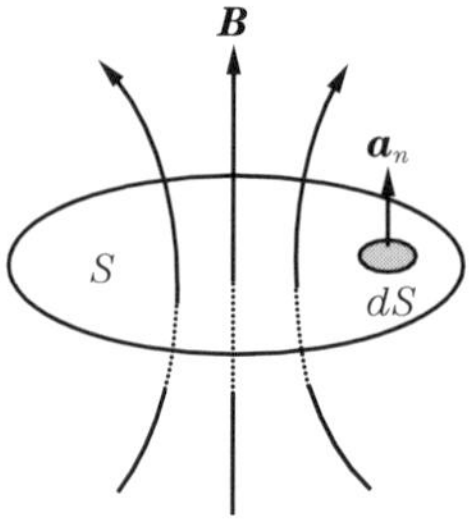

図 7.14　磁束の定義

例題 7.12　**図 7.15** に示す同軸ケーブルの内外導体間（$z = 0$ から $z = L$ の間）の磁束を計算せよ。ただし，内導体の半径を a，外導体の半径（内径）を b とし，電流 I が内導体断面に一様に $\boldsymbol{a}_z$ 方向に流れると仮定する。

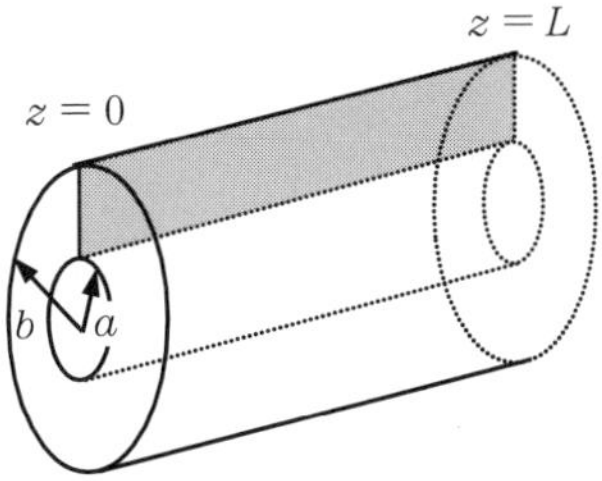

図 **7.15** 同軸ケーブルの内外導体間を貫く磁束

【解答】 例題 7.6 の結果より，内外導体間（$a < \rho < b$）において $\boldsymbol{B} = \mu_0 \boldsymbol{H} = (\mu_0 I/2\pi\rho)\boldsymbol{a}_\phi$ となるから，磁束は

$$\Phi = \iint_S \boldsymbol{B} \cdot d\boldsymbol{S} = \int_0^L \int_a^b \frac{\mu_0 I}{2\pi\rho}\boldsymbol{a}_\phi \cdot \boldsymbol{a}_\phi d\rho dz$$
$$= \frac{\mu_0 I}{2\pi}\int_0^L dz \int_a^b \frac{d\rho}{\rho} = \frac{\mu_0 I L}{2\pi}\ln\frac{b}{a}$$

と与えられる。 ◇

（2） **磁束密度の無終端性**　磁束の流線（磁力線）は閉じており，源（source）に終端しない（磁力線には切れ目がない）†。これを式で表すと

$$\nabla \cdot \boldsymbol{B} = 0 \tag{7.28}$$

と与えられる。また，その積分形

$$\oiint_S \boldsymbol{B} \cdot d\boldsymbol{S} = 0 \tag{7.29}$$

は**磁界に関するガウスの法則**（Gauss' law for magnetic field）を与える。

証明 式 (7.29) は表面を S とする領域 v において式 (7.28) を体積分し，ガウスの発散定理 (3.23) を適用すればよい。

$$\iiint_v \nabla \cdot \boldsymbol{B} dv = \oiint_S \boldsymbol{B} \cdot d\boldsymbol{S} = 0$$

式 (7.28) はビオ・サバールの法則 (7.6) より数学的に導かれる。式 (7.6) より

---

† 静電界では電束の流線は電荷に終端するが，磁界では単極磁荷（モノポール）に終端しない。これまでのところ，磁荷は単極の形で観測されていない。このため，磁力線は無終端となる。

$$\nabla\cdot\boldsymbol{B}(\boldsymbol{r})=\nabla\cdot\left[\frac{\mu_0}{4\pi}\iiint_v\frac{\boldsymbol{J}(\boldsymbol{r}')dv'\times\boldsymbol{R}}{R^3}\right]=\frac{\mu_0}{4\pi}\iiint_v\nabla\cdot\left\{\boldsymbol{J}(\boldsymbol{r}')\times\left(\frac{\boldsymbol{R}}{R^3}\right)\right\}dv'$$

となり，ベクトル恒等式 (B.16) を用いて

$$\begin{aligned}\nabla\cdot\boldsymbol{B}(\boldsymbol{r})&=\frac{\mu_0}{4\pi}\iiint_v\left[\frac{\boldsymbol{R}}{R^3}\cdot[\nabla\times\boldsymbol{J}(\boldsymbol{r}')]-\boldsymbol{J}(\boldsymbol{r}')\cdot\nabla\times\left(\frac{\boldsymbol{R}}{R^3}\right)\right]dv'\\&=-\frac{\mu_0}{4\pi}\iiint_v\boldsymbol{J}(\boldsymbol{r}')\cdot\nabla\times\left(\frac{\boldsymbol{R}}{R^3}\right)dv'\end{aligned}$$

と計算される。上式において，$\boldsymbol{J}(\boldsymbol{r}')$ は電流源の座標 (x',y',z') の関数であり，∇ は観測点の座標 (x,y,z) に対して作用することから，$\nabla\times\boldsymbol{J}(\boldsymbol{r}')=\mathbf{0}$ となることを利用した。さらに，公式 (B.13) を用いると

$$\nabla\left(\frac{1}{R}\right)=\frac{d}{dR}\left(\frac{1}{R}\right)\nabla R=-\frac{1}{R^2}\frac{\boldsymbol{R}}{R}=-\frac{\boldsymbol{R}}{R^3}\tag{7.30}$$

となることを利用し，ベクトル恒等式 (B.21) を考慮すると

$$\nabla\cdot\boldsymbol{B}(\boldsymbol{r})=\frac{\mu_0}{4\pi}\iiint_v\boldsymbol{J}(\boldsymbol{r}')\cdot\nabla\times\nabla\left(\frac{1}{R}\right)dv'=0$$

と計算される。以上により，式 (7.28) が証明された。　♠

過去の Q&A から

Q7.2: 磁束 Φ は磁束密度の大きさ B と面積 S の積であると習った記憶がありますが，これは間違いですか。

A7.2: 高校の教科書に載っている公式 $\Delta\Phi=B\Delta S$ は，微小な面積 ΔS に対して成り立つのであって，必ずしも面全体で成り立つわけではありません。つまり，一般に $\Phi=BS$ とはなりません。$\Phi=BS$ と記述できるのは，磁束密度 $\boldsymbol{B}$ が考えている平面に垂直であり，かつ，その大きさが一定の場合に限定されます。試験の際に $\Phi=BS$ とする人が多いので，面積分による磁束の定義式 (7.27) でしっかり覚えて下さい。

7.5　ベクトルポテンシャル

(1)　ベクトルポテンシャルの定義　　磁界に関するガウスの法則の微分形 (7.28) とベクトル恒等式 (B.22)，すなわち，$\nabla\cdot\boldsymbol{B}=0$ と $\nabla\cdot(\nabla\times\boldsymbol{A})=0$ を

比較し，つぎのように，**ベクトルポテンシャル**（vector potential）$\boldsymbol{A}$ を定義する†。

$$\boldsymbol{B} = \nabla \times \boldsymbol{A} \tag{7.31}$$

単位は〔Wb/m〕である。

(2) ベクトルポテンシャルの具体的な形　ビオ・サバールの法則 (7.6) と式 (7.30) の関係から

$$\begin{aligned}\boldsymbol{B}(\boldsymbol{r}) &= \frac{\mu_0}{4\pi}\iiint_v \frac{\boldsymbol{J}(\boldsymbol{r}')dv' \times \boldsymbol{R}}{R^3} = -\frac{\mu_0}{4\pi}\iiint_v \boldsymbol{J}(\boldsymbol{r}') \times \nabla\left(\frac{1}{R}\right)dv' \\ &= \frac{\mu_0}{4\pi}\iiint_v \nabla \times \left(\frac{\boldsymbol{J}(\boldsymbol{r}')}{R}\right)dv' = \nabla \times \left[\frac{\mu_0}{4\pi}\iiint_v \frac{\boldsymbol{J}(\boldsymbol{r}')dv'}{R}\right]\end{aligned}$$

と変形できる。ここで，定ベクトル $\boldsymbol{c}$ に対して $\nabla \times (f\boldsymbol{c}) = -\boldsymbol{c} \times \nabla f$ が成り立つことを利用した。したがって，ベクトルポテンシャル $\boldsymbol{A}$ は

$$\boldsymbol{A}(\boldsymbol{r}) = \frac{\mu_0}{4\pi}\iiint_v \frac{\boldsymbol{J}(\boldsymbol{r}')dv'}{R} \quad 〔\mathrm{Wb/m}〕 \tag{7.32}$$

と与えられる。式 (7.32) においてベクトルポテンシャルの基準が無限遠点となっていることに注意されたい。式は省略するが，線電流あるいは面電流に対するベクトルポテンシャル $\boldsymbol{A}$ の式は，電流素片の等価性の式 (7.4) に基づいて，式 (7.32) において電流素片の $\boldsymbol{J}(\boldsymbol{r}')dv'$ を $I(\boldsymbol{r}')d\boldsymbol{r}'$ あるいは $\boldsymbol{J}_s(\boldsymbol{r}')dS'$ に置き換え，体積分を線積分あるいは面積分に置き換えることで得られる。

例題 7.13　xy 平面の $\rho \leqq a$ の範囲に面電流密度 $\boldsymbol{J}_s = J_{s0}\boldsymbol{a}_y$ の電流が流れるとき，z 軸上におけるベクトルポテンシャル $\boldsymbol{A}$ および磁界 $\boldsymbol{H}$ を求めよ。ただし，J_{s0} は定数とする。

【解答】　観測点の位置ベクトルを $\boldsymbol{r} = z\boldsymbol{a}_z$ とし，電流素片の位置ベクトルを $\boldsymbol{r}' = \rho'\boldsymbol{a}_{\rho'}$ と設定すると，その間の距離は $R = |\boldsymbol{r} - \boldsymbol{r}'| = \sqrt{\rho'^2 + z^2}$ となる。電流素片は $\boldsymbol{J}_s dS' = J_{s0}\rho' d\rho' d\phi' \boldsymbol{a}_y$ と与えられるから，ベクトルポテンシャルは

† ベクトルポテンシャル $\boldsymbol{A}$ には，$-\nabla\varphi$（φ はスカラー場）の任意性があることに注意されたい。

$$\boldsymbol{A} = \frac{\mu_0}{4\pi}\int_0^{2\pi}\int_0^a \frac{J_{s0}\rho' d\rho' d\phi'}{\sqrt{\rho'^2+z^2}}\boldsymbol{a}_y = \frac{\mu_0 J_{s0}}{2}\int_0^a \frac{\rho' d\rho'}{\sqrt{\rho'^2+z^2}}\boldsymbol{a}_y$$
$$= \frac{\mu_0 J_{s0}}{2}\left[\sqrt{\rho'^2+z^2}\right]_0^a \boldsymbol{a}_y = \frac{\mu_0 J_{s0}}{2}\left(\sqrt{a^2+z^2}-|z|\right)\boldsymbol{a}_y$$

と計算される。$\boldsymbol{A} = A_y(z)\boldsymbol{a}_y$ の形であるから，式 (7.23a) より，磁界は

$$\boldsymbol{H} = \frac{1}{\mu_0}\nabla\times\boldsymbol{A} = -\frac{1}{\mu_0}\frac{dA_y(z)}{dz}\boldsymbol{a}_x = \frac{J_{s0}}{2}\left(\mathrm{sgn}(z) - \frac{z}{\sqrt{a^2+z^2}}\right)\boldsymbol{a}_x$$

と与えられる。$a\to\infty$ とき，$\boldsymbol{H} = (J_{s0}/2)\mathrm{sgn}(z)\boldsymbol{a}_x$ となり，例題 7.7 の結果に一致する。 ◇

(3) クーロンゲージ　定常磁界において

$$\nabla\cdot\boldsymbol{A} = 0 \tag{7.33}$$

の関係が成り立つ。これを**クーロンゲージ**（Coulomb gauge）という。

証明　まず，式 (7.30) と同様に，$\nabla'(1/R) = \boldsymbol{R}/R^3$ と計算される†。これから

$$\nabla\left(\frac{1}{R}\right) = -\nabla'\left(\frac{1}{R}\right) = -\frac{\boldsymbol{R}}{R^3} \tag{7.34}$$

が成り立つ。この関係を用いて，式 (7.32) より

$$\nabla\cdot\boldsymbol{A} = \nabla\cdot\left(\frac{\mu_0}{4\pi}\iiint_v \frac{\boldsymbol{J}(\boldsymbol{r}')}{R}dv'\right) = \frac{\mu_0}{4\pi}\iiint_v \nabla\cdot\left(\frac{\boldsymbol{J}(\boldsymbol{r}')}{R}\right)dv'$$
$$= \frac{\mu_0}{4\pi}\iiint_v \boldsymbol{J}(\boldsymbol{r}')\cdot\nabla\left(\frac{1}{R}\right)dv' = -\frac{\mu_0}{4\pi}\iiint_v \boldsymbol{J}(\boldsymbol{r}')\cdot\nabla'\left(\frac{1}{R}\right)dv'$$
$$= -\frac{\mu_0}{4\pi}\iiint_v \left[\nabla'\cdot\left(\frac{\boldsymbol{J}(\boldsymbol{r}')}{R}\right) - \nabla'\cdot\boldsymbol{J}(\boldsymbol{r}')\frac{1}{R}\right]dv'$$

と計算される。ここで，ベクトル恒等式 (B.15) および $\nabla\cdot\boldsymbol{J}(\boldsymbol{r}') = 0$ であることを利用した。上式の第 1 項にガウスの発散定理 (3.23) を，第 2 項に定常状態における連続の式 (6.8) を適用すると

$$\nabla\cdot\boldsymbol{A} = -\frac{\mu_0}{4\pi}\oiint_S \frac{\boldsymbol{J}(\boldsymbol{r}')}{R}\cdot\boldsymbol{a}_n dS' = -\frac{\mu_0}{4\pi}\oiint_S \frac{\boldsymbol{a}_n\cdot\boldsymbol{J}(\boldsymbol{r}')}{R}dS'$$

となる。ここで，$\boldsymbol{a}_n$ は閉曲面 S に対する法単位ベクトルとする。電流分布がその内部にすべて含まれるように閉曲面 S を選ぶと，閉曲面 S から流れ出る電流

† x, y, z で偏微分する代わりに x', y', z' で偏微分すればよい。

の法線成分は存在しないので，$\boldsymbol{a}_n \cdot \boldsymbol{J}(\boldsymbol{r}') = 0$ の関係が成り立つ。以上により，式 (7.33) が証明された。♠

過去のQ&Aから

Q7.3: ベクトルポテンシャルの説明を読んでも具体的にわからない。

A7.3: 磁界を計算するための数学的な補助手段であると考えておきましょう。大雑把にいうと，電界に対する電位の関係が，磁界に対するベクトルポテンシャルの関係に対応します。静電界の場合は $\nabla \times \boldsymbol{E} = \boldsymbol{0}$（渦巻き状の電気力線が存在しない）が基本となっていましたが，定常磁界の場合は $\nabla \cdot \boldsymbol{B} = 0$（磁力線の湧出しや吸込みはない）が基本となっていますので，数学的な表現が違っています。

Q7.4: 式 (7.32) の導出において，∇ が $\iiint_v$ の中に入るのが理解できません。

A7.4: $\iiint_v$ の体積素は dv' となっており，プライムありの変数について体積分することになりますから，プライムなしの変数に関する偏微分からなる ∇ とは無関係と考えて構いません。なお，被積分関数はプライムありとなしの 2 種類の変数の関数ですから，∇ と ∇' のどちらからも作用を受けることに注意しなければなりません。

章　末　問　題

【1】 正方形のループを一様に流れる電流 I がその中心軸上につくる磁界を求めよ。

【2】 図 7.16 に示すように，半径 a の半円とその両端に連続する二本の半直線からなる導線に電流 I が流れるとき，半円の中心における磁界を求めよ。

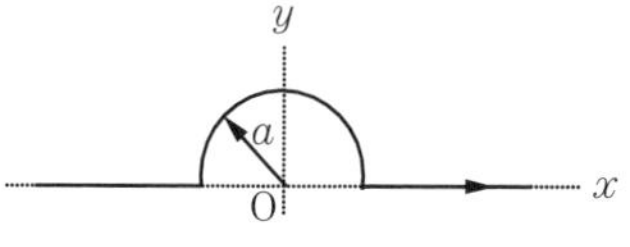

図 7.16　半円と 2 本の半直線からなる導線

【3】 半径 a, b，巻き数 N_A, N_B の二つの円形コイルが間隔 $d = (a+b)/2$ で向き合っている。コイル A からコイル B 側に距離 $a/2$ の点 P の近くの軸上において，これら二つのコイルによる合成磁界の大きさが一定となるための条件を求めよ。ただし，両コイルには同じ大きさの電流が同じ向きに流れているものと

する。このようなコイルはヘルムホルツコイル（Helmholtz coils）と呼ばれており，一様な磁界をつくるために利用される。

【4】 軸対称の電流分布による磁界が，式 (7.19) により与えられることを確認せよ。

【5】 半径 a の無限長の円筒表面に，その軸方向に電流 I を流すとき，円筒面内外における磁界を求めよ。

【6】 幅が w の 2 枚の無限長の導体板が間隔 d で平行に置かれている。一方の導体板には長手方向に電流 I を流し，もう一方には反対向きに電流 I を流す。平行導体板間の磁界を求めよ。ただし，$w \gg d$ と仮定する。

【7】 図 1.14 に示される円筒座標系の体積素の各面に対する回転を計算し，円筒座標系における回転の成分表示 (7.23b) を確認せよ。

【8】 図 1.15 に示される球座標系の体積素の各面に対する回転を計算し，球座標系における回転の成分表示 (7.23c) を確認せよ。

【9】 z 軸に沿って z 方向に一様な電流 I が $z = -\infty$ から $z = \infty$ まで流れるときのベクトルポテンシャル $\boldsymbol{A}$ をつぎの手順で求めよ。

(1) 電流が z 軸に沿って流れることから $\boldsymbol{A}$ は z 成分のみをもち，幾何学的対称性から $\boldsymbol{A}$ は ρ のみの関数である。すなわち，$\boldsymbol{A} = A_z(\rho)\boldsymbol{a}_z$ である。磁束密度 $\boldsymbol{B}$ の ρ, ϕ, z 成分を $A_z(\rho)$ を用いて記せ。

(2) $\boldsymbol{B} = (\mu_0 I/2\pi\rho)\boldsymbol{a}_\phi$ であることを利用して，$\boldsymbol{A}$ を決定せよ。

【10】 ベクトルポテンシャル $\boldsymbol{A}$ のベクトルラプラシアン $\nabla^2\boldsymbol{A}$ は式 (B.10) で定義される。ポアソンの方程式 (4.36) の解が式 (4.37) で与えられることに利用して，$\nabla^2\boldsymbol{A} = -\mu_0\boldsymbol{J}$ の関係を示せ。また，この関係とベクトル恒等式 (B.23) を用いて，$\nabla \times \boldsymbol{H} = \boldsymbol{J}$ の関係が成り立つことを確認せよ。

8 電磁力・磁性体・インダクタンス

本章では，7 章で定義された磁束密度を利用して，電流が及ぼす力について議論する。その出発点として，磁界中を運動する点電荷に作用する力，すなわち，ローレンツ力を実験事実と認めることにしよう。電荷の流れが電流を構築していることに着目して，電流が及ぼす力ならびにトルクについて考察する。

続いて，磁気的な性質を示す磁性体について紹介し，磁界を再定義することにより，磁性体内におけるアンペアの周回路の法則について論じる。

インダクタは基本的に導線ループにより構成される。保持できる鎖交磁束とループを流れる電流は比例関係にあり，インダクタンスはその比例定数として定義される。インダクタンスを計算するには，これまでの磁界に関する知識を総動員する必要があり，定常磁界のよい復習となることだろう。

8.1 運動電荷に作用する力

(1) ローレンツ力　電界 $\boldsymbol{E}$，磁束密度 $\boldsymbol{B}$ である中を速度 $\boldsymbol{v}$ で運動する電荷に作用する力は

$$\boldsymbol{F} = Q(\boldsymbol{E} + \boldsymbol{v} \times \boldsymbol{B}) \tag{8.1}$$

と与えられる。ここで, Q は運動する電荷の電荷量とする。この力を**ローレンツ力** (Lorentz force) という。このうち, 磁束密度 $\boldsymbol{B}$ に関係する力 $\boldsymbol{F}_m = Q\boldsymbol{v} \times \boldsymbol{B}$ については，$Q > 0$ ならば，$\boldsymbol{F}_m$ の向きは $\boldsymbol{v}$ と $\boldsymbol{B}$ を含む平面に垂直で，$\boldsymbol{v}$ から $\boldsymbol{B}$ に右ねじを回す向きとなる。$Q < 0$ ならば，$\boldsymbol{F}_m$ の向きは反対の向きと

なる。また，電界 $\boldsymbol{E}$ に関係する力 $\boldsymbol{F}_e = Q\boldsymbol{E}$ と異なり，$\boldsymbol{F}_m$ は電荷が運動している場合にのみ作用する。さらに，dt の時間における $\boldsymbol{F}_m$ に関連する仕事の変化量 dW は，$\boldsymbol{F}_m \cdot \boldsymbol{v} = 0$ が成り立つから

$$dW = \boldsymbol{F}_m \cdot d\boldsymbol{r} = \boldsymbol{F}_m \cdot (\boldsymbol{v}dt) = 0$$

となる。このように，$\boldsymbol{F}_m$ は運動の方向を変えられるが，速さを変えられない。

ローレンツ力の例として，つぎにホール効果について紹介するが，この他の例については章末問題【**1**】,【**2**】を参照されたい。

(**2**)　**ホール効果**　　導電性の試料において，電流に対して垂直に磁界を印加するとき，電流と磁界に直交する方向に電圧が生じる。この現象を**ホール効果**（Hall effect）といい，生じる電圧を**ホール電圧**（Hall voltage）という。

図 **8.1** に示すように，導電性の試料において，$-x$ 方向に一様な電流が流れ，z 方向に一様な磁束密度が印加されているとしよう。電流に関する体積電荷密度を ρ_v とし，その平均速度を $\boldsymbol{v}$ とすれば，式 (6.3) より，電流密度は $\boldsymbol{J} = \rho_v\boldsymbol{v}$ と与えられる。このとき，電流を担う電荷 Q に作用するローレンツ力は

$$\boldsymbol{F}_Q = Q\boldsymbol{v} \times \boldsymbol{B} = \frac{Q}{\rho_v}\boldsymbol{J} \times \boldsymbol{B}$$

となる。J_0, B_0 を定数として，電流密度は $\boldsymbol{J} = -J_0\boldsymbol{a}_x$ と与えられ，磁束密度は $\boldsymbol{B} = B_0\boldsymbol{a}_z$ と与えられるから

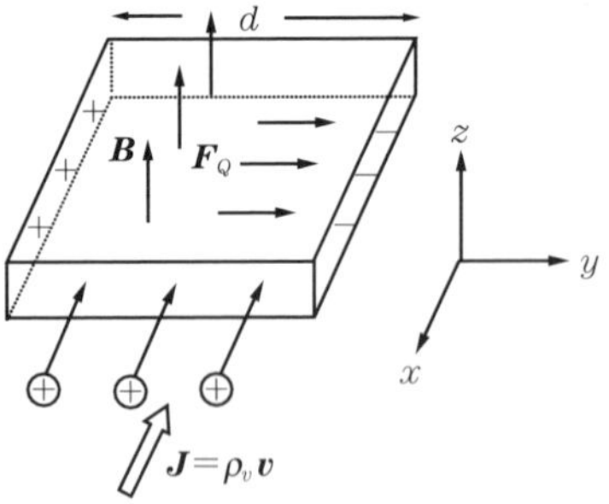

図 **8.1**　ホール効果

$$\boldsymbol{F}_Q = \frac{Q}{\rho_v}(-J_0\boldsymbol{a}_x) \times (B_0\boldsymbol{a}_z) = Q\frac{J_0B_0}{\rho_v}\boldsymbol{a}_y = Q\boldsymbol{E}_H$$

と変形される。ここで

$$\boldsymbol{E}_H = \frac{J_0B_0}{\rho_v}\boldsymbol{a}_y = R_H(J_0B_0\boldsymbol{a}_y) \tag{8.2}$$

とする。$R_H = 1/\rho_v$ は**ホール定数**（Hall coefficient）と呼ばれている。このように，電荷が y 方向に移動することから，y 方向に電界 $\boldsymbol{E}_H$ が生じると考えてもよい。したがって，試料の y 方向の長さを d とすると，ホール電圧は

$$V_H = -\int_{-}^{+} \boldsymbol{E}_H \cdot d\boldsymbol{r} = -R_HJ_0B_0\int_{d}^{0} dy = R_HJ_0B_0d \tag{8.3}$$

と与えられる。式 (8.3) から，R_H の正負によってホール電圧 V_H の正負が変わる。この事実は，半導体の n 型（キャリヤ：電子，electron），p 型（キャリヤ：正孔，hole）を判定するために利用される。

8.2 電流素片に作用する力

（1） 電流素片に作用する力　磁束密度 $\boldsymbol{B}$ の中を電流が流れるとき，体積素 dv に含まれる自由電荷 $dQ = \rho_v dv$ に対して作用するローレンツ力は

$$d\boldsymbol{F} = dQ\boldsymbol{v} \times \boldsymbol{B} = (\rho_v dv)\boldsymbol{v} \times \boldsymbol{B} = (\rho_v\boldsymbol{v})dv \times \boldsymbol{B}$$

となる。ここで，ρ_v は体積電荷密度であり，$\boldsymbol{v}$ は自由電荷の平均速度である。式 (6.3) より，$\boldsymbol{J} = \rho_v\boldsymbol{v}$ であるから，電流素片 $\boldsymbol{J}dv$ に作用する力は

$$d\boldsymbol{F} = \boldsymbol{J}dv \times \boldsymbol{B} \tag{8.4}$$

と与えられる。式 (8.4) は，電流素片の等価性 (7.4) から，線電流分布に対して

$$d\boldsymbol{F} = Id\boldsymbol{r} \times \boldsymbol{B} \tag{8.5}$$

となり，面電流分布に対して

$$dF = J_s dS \times B \tag{8.6}$$

となる。電流が流れる導体に作用する力は，電流の分布形態に応じて，式 (8.5) を線積分する，式 (8.6) を面積分する，式 (8.4) を体積分することで得られる。

(2)　一様磁界中の直線導線に作用する力　　式 (8.5) を電流の流れる範囲 C で線積分することにより，一様磁界中の直線導線に作用する力は

$$\boldsymbol{F} = \int_C I d\boldsymbol{r} \times \boldsymbol{B} = I\left(\int_C d\boldsymbol{r}\right) \times \boldsymbol{B} = I\boldsymbol{L} \times \boldsymbol{B} \tag{8.7}$$

と与えられる。ここで，$\int_C d\boldsymbol{r} = \boldsymbol{L}$ は C の始点から終点を結ぶベクトルに対応する。式 (8.7) は“フレミングの左手の法則”を数学的に記述したものにほかならない。**図 8.2** に示すように，電流の向きから磁束密度の向きに右ねじを回した向きが電流に作用する力の向きとなる†。

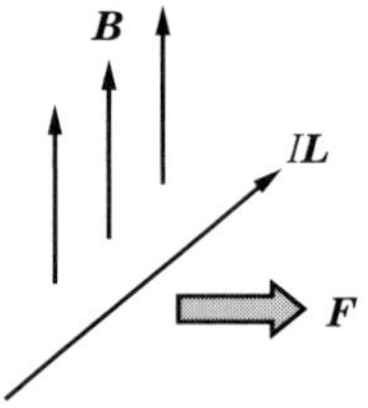

図 **8.2**　磁界中の直線導線に作用する力

例題 8.1　**図 8.3** に示すように，z 軸に沿って一様な電流 I_1 を z 方向に流す。また，z 軸から d の位置に固定された一辺 a の正方形ループに沿って図の向きに一様な電流 I_2 を流す。正方形ループに作用する力を求めよ。

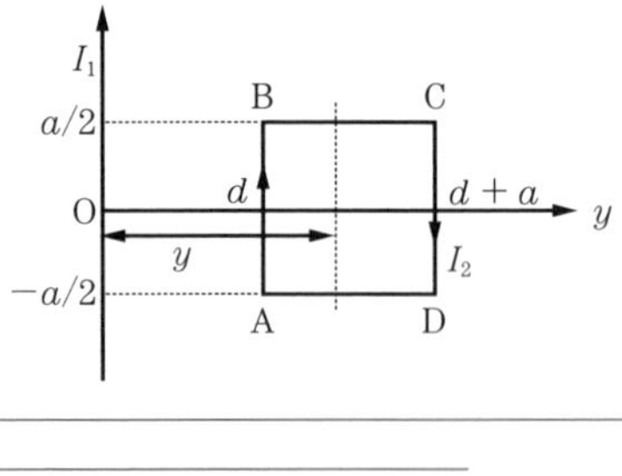

図 **8.3**　直線電流と正方形ループ電流

---

† フレミングの左手の法則（$\boldsymbol{F}$：親指，$\boldsymbol{B}$：人差指，$I\boldsymbol{L}$：中指）を利用しても構わないが，混乱をきたす可能性があるので，式 (8.7) の外積を用いた形で覚え直すのが安全であろう。

【解答】 正方形ループを四つの辺に分けて考える。辺 AB 上では直線電流による磁束密度は $\boldsymbol{B} = (\mu_0 I_1/2\pi d)(-\boldsymbol{a}_x)$ と与えられ，辺 AB に作用する力は

$$\boldsymbol{F}_{\mathrm{AB}} = \int_A^B I_2 d\boldsymbol{r} \times \boldsymbol{B} = \int_{-a/2}^{a/2} I_2(dz\boldsymbol{a}_z) \times \left(-\frac{\mu_0 I_1}{2\pi d}\boldsymbol{a}_x\right)$$
$$= -\frac{\mu_0 I_1 I_2}{2\pi d}\int_{-a/2}^{a/2} dz\boldsymbol{a}_y = -\frac{\mu_0 I_1 I_2 a}{2\pi d}\boldsymbol{a}_y$$

となる。辺 BC 上では直線電流による磁束密度は $\boldsymbol{B} = (\mu_0 I_1/2\pi y)(-\boldsymbol{a}_x)$ と与えられ，辺 BC に作用する力は

$$\boldsymbol{F}_{\mathrm{BC}} = \int_{\mathrm{B}}^{\mathrm{C}} I_2 d\boldsymbol{r} \times \boldsymbol{B} = \int_d^{d+a} I_2(dy\boldsymbol{a}_y) \times \left(-\frac{\mu_0 I_1}{2\pi y}\boldsymbol{a}_x\right)$$
$$= \frac{\mu_0 I_1 I_2}{2\pi}\int_d^{d+a} \frac{dy}{y}\boldsymbol{a}_z = \frac{\mu_0 I_1 I_2}{2\pi}\ln\left(\frac{d+a}{d}\right)\boldsymbol{a}_z$$

となる。辺 CD 上では直線電流による磁束密度は $\boldsymbol{B} = (\mu_0 I_1/2\pi(d+a))(-\boldsymbol{a}_x)$ と与えられ，辺 CD に作用する力は

$$\boldsymbol{F}_{\mathrm{CD}} = \int_{\mathrm{C}}^{\mathrm{D}} I_2 d\boldsymbol{r} \times \boldsymbol{B} = \int_{a/2}^{-a/2} I_2(dz\boldsymbol{a}_z) \times \left(-\frac{\mu_0 I_1}{2\pi(d+a)}\boldsymbol{a}_x\right)$$
$$= -\frac{\mu_0 I_1 I_2}{2\pi(d+a)}\int_{a/2}^{-a/2} dz\boldsymbol{a}_y = \frac{\mu_0 I_1 I_2 a}{2\pi(d+a)}\boldsymbol{a}_y$$

となる。辺 DA 上では直線電流による磁束密度は $\boldsymbol{B} = (\mu_0 I_1/2\pi y)(-\boldsymbol{a}_x)$ と与えられ，辺 DA に作用する力は

$$\boldsymbol{F}_{\mathrm{DA}} = \int_{\mathrm{D}}^{\mathrm{A}} I_2 d\boldsymbol{r} \times \boldsymbol{B} = \int_{d+a}^{d} I_2(dy\boldsymbol{a}_y) \times \left(-\frac{\mu_0 I_1}{2\pi y}\boldsymbol{a}_x\right)$$
$$= \frac{\mu_0 I_1 I_2}{2\pi}\int_{d+a}^{d} \frac{dy}{y}\boldsymbol{a}_z = -\frac{\mu_0 I_1 I_2}{2\pi}\ln\left(\frac{d+a}{d}\right)\boldsymbol{a}_z$$

となる。したがって，正方形ループ全体に作用する力は

$$\boldsymbol{F} = \boldsymbol{F}_{\mathrm{AB}} + \boldsymbol{F}_{\mathrm{BC}} + \boldsymbol{F}_{\mathrm{CD}} + \boldsymbol{F}_{\mathrm{DA}} = -\frac{\mu_0 I_1 I_2 a}{2\pi}\left(\frac{1}{d} - \frac{1}{d+a}\right)\boldsymbol{a}_y$$

となる。$I_1 I_2 > 0$ ならば，この力は引力となる。これは，直線電流に平行な辺には距離に反比例した力が作用し，2 辺の電流の向きが反対であることから，引力と反発力の合力となるが，直線電流に近い辺の力が大きく，全体として引力になるためである。なお，直線電流に垂直な 2 辺に作用する力は，電流の向きが反対であるため，相殺されている。 ◇

(3) 電流素片間に作用する力　　図 **8.4** に示すように，点 $\boldsymbol{r}_1$ における電流素片 $I_1 d\boldsymbol{r}_1$ が点 $\boldsymbol{r}_2$ における電流素片 $I_2 d\boldsymbol{r}_2$ に作用する力を考えよう。点 $\boldsymbol{r}_2$ における電流素片 $I_1 d\boldsymbol{r}_1$ による磁束密度 $d\boldsymbol{B}_{21}$ は，ビオ・サバールの法則 (7.3) から

$$d\boldsymbol{B}_{21} = \frac{\mu_0 I_1 d\boldsymbol{r}_1 \times \boldsymbol{a}_{R_{21}}}{4\pi R_{21}^2}$$

と与えられる。ここで，$\boldsymbol{R}_{21} = \boldsymbol{r}_2 - \boldsymbol{r}_1$, $R_{21} = |\boldsymbol{R}_{21}|$, $\boldsymbol{a}_{R_{21}} = \boldsymbol{R}_{21}/R_{21}$ とする。これから，電流素片 $I_2 d\boldsymbol{r}_2$ に作用する力は，式 (8.5) から

$$d(d\boldsymbol{F}_{21}) = I_2 d\boldsymbol{r}_2 \times d\boldsymbol{B}_{21} = \frac{\mu_0 I_1 I_2}{4\pi} \frac{d\boldsymbol{r}_2 \times (d\boldsymbol{r}_1 \times \boldsymbol{a}_{R_{21}})}{R_{21}^2}$$

と与えられる。ベクトル三重積の公式 (B.5) を用いると

$$d(d\boldsymbol{F}_{21}) = \frac{\mu_0 I_1 I_2}{4\pi} \frac{(d\boldsymbol{r}_2 \cdot \boldsymbol{a}_{R_{21}}) d\boldsymbol{r}_1 - (d\boldsymbol{r}_2 \cdot d\boldsymbol{r}_1)\boldsymbol{a}_{R_{21}}}{R_{21}^2} \tag{8.8}$$

となる。逆に，電流素片 $I_2 d\boldsymbol{r}_2$ が電流素片 $I_1 d\boldsymbol{r}_1$ に作用する力は，式 (8.8) において添字の 1 と 2 を交換して

$$d(d\boldsymbol{F}_{12}) = \frac{\mu_0 I_2 I_1}{4\pi} \frac{(d\boldsymbol{r}_1 \cdot \boldsymbol{a}_{R_{12}}) d\boldsymbol{r}_2 - (d\boldsymbol{r}_1 \cdot d\boldsymbol{r}_2)\boldsymbol{a}_{R_{12}}}{R_{12}^2} \tag{8.9}$$

と与えられる。ここで，$\boldsymbol{R}_{12} = \boldsymbol{r}_1 - \boldsymbol{r}_2$, $R_{12} = |\boldsymbol{R}_{12}|$, $\boldsymbol{a}_{R_{12}} = \boldsymbol{R}_{12}/R_{12}$ とする。$\boldsymbol{R}_{12} = -\boldsymbol{R}_{21}$ より，$R_{12} = R_{21}$, $\boldsymbol{a}_{R_{12}} = -\boldsymbol{a}_{R_{21}}$ の関係にある。式 (8.8) と式 (8.9) を比較すると，$d(d\boldsymbol{F}_{12}) \neq -d(d\boldsymbol{F}_{21})$ であるから，電流素片の間に作用する力に対して作用・反作用の法則は成り立たない。

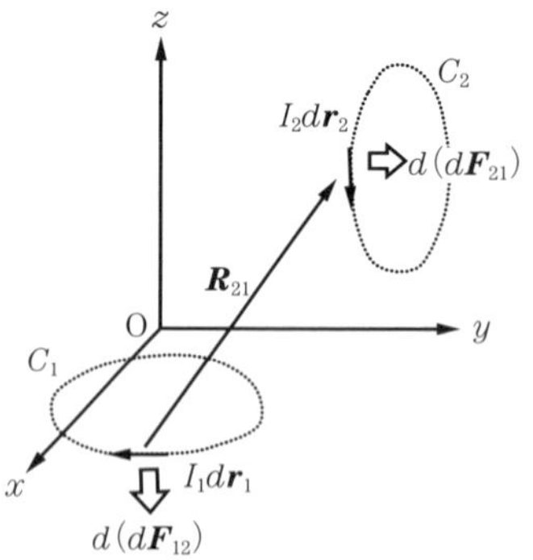

図 **8.4**　電流素片間に作用する力

(4)　ループの間に作用する力　電流が流れる閉曲線，すなわち，ループの間に作用する力に対しては作用・反作用の法則が成り立つ。このことを示そう。電流素片 $I_1 d\boldsymbol{r}_1$ が含まれるループを C_1 とし，電流素片 $I_2 d\boldsymbol{r}_2$ が含まれるループを C_2 とする。二つのループ C_1, C_2 に対して式 (8.8) を線積分することにより，ループ C_1 がループ C_2 に作用する力は

$$\boldsymbol{F}_{21} = \frac{\mu_0 I_1 I_2}{4\pi} \oint_{C_1} \oint_{C_2} \left[\frac{(d\boldsymbol{r}_2 \cdot \boldsymbol{a}_{R_{21}}) d\boldsymbol{r}_1}{R_{21}^2} - \frac{(d\boldsymbol{r}_2 \cdot d\boldsymbol{r}_1)\boldsymbol{a}_{R_{21}}}{R_{21}^2} \right] \quad (8.10)$$

と与えられる。さて，$\boldsymbol{r}_2$ に関するナブラ演算子を ∇_2 と表記することにすれば，式 (7.30) と同様にして，$\boldsymbol{a}_{R_{21}}/R_{21}^2 = -\nabla_2(1/R_{21})$ の関係が成り立つ。この関係，ストークスの定理 (7.25) およびベクトル恒等式 $\nabla_2 \times \nabla_2 \varphi = \boldsymbol{0}$ を利用すると，式 (8.10) の第 1 項の積分は

$$\oint_{C_1} \oint_{C_2} \frac{(d\boldsymbol{r}_2 \cdot \boldsymbol{a}_{R_{21}}) d\boldsymbol{r}_1}{R_{21}^2} = -\oint_{C_1} \left\{ \oint_{C_2} \nabla_2 \left(\frac{1}{R_{21}} \right) \cdot d\boldsymbol{r}_2 \right\} d\boldsymbol{r}_1$$
$$= -\oint_{C_1} \left[\iint_{S_2} \nabla_2 \times \nabla_2 \left(\frac{1}{R_{12}} \right) \cdot d\boldsymbol{S}_2 \right] d\boldsymbol{r}_1 = \boldsymbol{0}$$

となる。ここで，S_2 は C_2 で囲まれた曲面とする。したがって，式 (8.10) は

$$\boldsymbol{F}_{21} = -\frac{\mu_0 I_1 I_2}{4\pi} \oint_{C_1} \oint_{C_2} \frac{(d\boldsymbol{r}_2 \cdot d\boldsymbol{r}_1)\boldsymbol{a}_{R_{21}}}{R_{21}^2}$$

と与えられる。同様に，添字 1 と 2 を交換することにより，ループ C_2 がループ C_1 に作用する力は

$$\boldsymbol{F}_{12} = -\frac{\mu_0 I_2 I_1}{4\pi} \oint_{C_2} \oint_{C_1} \frac{(d\boldsymbol{r}_1 \cdot d\boldsymbol{r}_2)\boldsymbol{a}_{R_{12}}}{R_{12}^2}$$

と与えられる。これから，$\boldsymbol{F}_{12} = -\boldsymbol{F}_{21}$ が成り立ち，ループ間に作用する力に対して作用・反作用の法則が成り立つことがわかる。

(5)　平行導線間に作用する力

例題 8.2　反対方向に電流 I が流れる間隔 d の 2 本の無限長の平行導線に作用する力を求めよ。

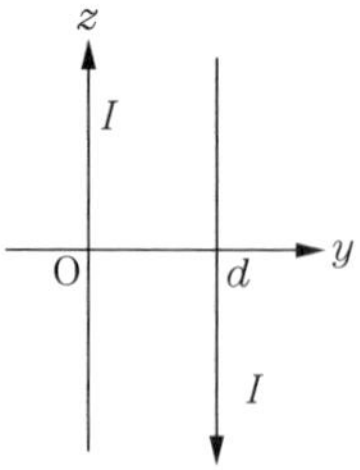

図 **8.5**　平行な 2 本の導線の間に作用する力

【解答】 図 **8.5** に示すように座標系を選ぶ。z 軸に沿って流れる直線電流が直線 $x=0,\ y=d$ につくる磁束密度は $\boldsymbol{B}=-(\mu_0 I/2\pi d)\boldsymbol{a}_x$ と与えられるから，$x=0,\ y=d$ の直線導線の間に作用する力は，単位長さ当り

$$\boldsymbol{F}=I\boldsymbol{L}\times\boldsymbol{B}=I(-\boldsymbol{a}_z)\times\left(-\frac{\mu_0 I}{2\pi d}\boldsymbol{a}_x\right)=\frac{\mu_0 I^2}{2\pi d}\boldsymbol{a}_y$$

と与えられる。このように，反対方向に電流が流れる導線の間に作用する力は反発力である。 ◇

この例題の結果から，平行な導線の間に作用する力はつぎの性質を持つ。

① 力の大きさは，間隔 d に反比例し，電流の大きさの積に比例する。

② 力の向きは，同一方向に電流が流れる場合は引力となり，反対方向に電流が流れる場合は反発力となる。

過去の Q&A から

Q8.1: 例題 8.1 の磁束密度の向きが $-\boldsymbol{a}_x$ となる理由がわかりません。また，辺 BC および辺 DA において $\rho=y$ となる理由がわかりません。

A8.1: yz 平面では，$\phi=\pi/2$ であり，式 (1.6), (1.23a), (1.23b) から

$$\begin{aligned}\rho&=\boldsymbol{r}\cdot\boldsymbol{a}_\rho=(x\boldsymbol{a}_x+y\boldsymbol{a}_y+z\boldsymbol{a}_z)\cdot(\cos\phi\boldsymbol{a}_x+\sin\phi\boldsymbol{a}_y)\\&=x\cos\phi+y\sin\phi=y\\\boldsymbol{a}_\phi&=-\boldsymbol{a}_x\sin\phi+\boldsymbol{a}_y\cos\phi=-\boldsymbol{a}_x\end{aligned}$$

の関係が成り立ちます。

8.3　一様磁界中におけるループに作用する力とトルク

（1）一様磁界中におけるループに作用する力　磁束密度 $\boldsymbol{B}$ が定ベクトルであるとき，一定電流 I が流れるループ C に作用する力は

$$\boldsymbol{F} = \oint_C I d\boldsymbol{r} \times \boldsymbol{B} = I\left(\oint_C d\boldsymbol{r}\right) \times \boldsymbol{B} = I(\boldsymbol{0}) \times \boldsymbol{B} = \boldsymbol{0} \tag{8.11}$$

と与えられる。このように，一様な磁界中において一定電流が流れるループに作用する力は $\boldsymbol{0}$ となる[†1]。

（2）トルクの定義　**図 8.6** に示すように，ある点のまわりの，質点に作用する力 $\boldsymbol{F}$ のトルク（torque, 偶力モーメント）は

$$\boldsymbol{T} = \boldsymbol{R} \times \boldsymbol{F} \quad 〔\mathrm{N{\cdot}m}〕 \tag{8.12}$$

と定義される。ここで，ある点 $\boldsymbol{r}_0$ から作用点 $\boldsymbol{r}$ までの距離ベクトルを $\boldsymbol{R} = \boldsymbol{r} - \boldsymbol{r}_0$ とする。トルクの大きさが回転の大きさに対応する。トルクの向きに右手の親指を合わせるとき，残りの右手の指が指す向きが回転の方向に対応する。特に，原点のまわりのトルクは，$\boldsymbol{r}_0 = \boldsymbol{0}$ であるから，$\boldsymbol{T} = \boldsymbol{r} \times \boldsymbol{F}$ と与えられる。

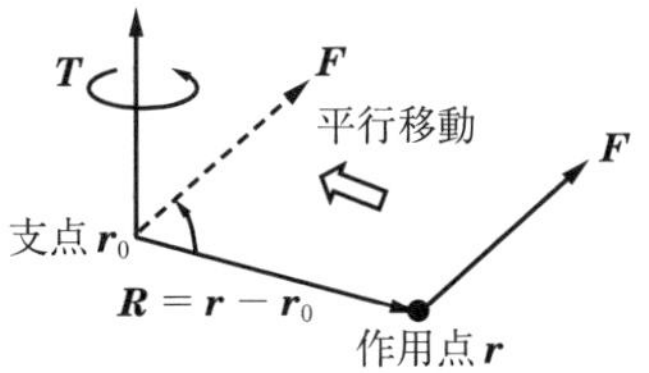

図 8.6　トルクの定義

力 $\boldsymbol{F}$ が質点ではなく，ある範囲にわたって作用する場合のトルクは，その領域の微小部分に作用する力 $d\boldsymbol{F}$ に対するトルク

$$d\boldsymbol{T} = \boldsymbol{R} \times d\boldsymbol{F} \tag{8.13}$$

を考え，それを範囲全体で重ね合わせる必要がある。すなわち，$d\boldsymbol{T}$ を範囲に応じて線積分，面積分，体積分することで，領域全体でのトルク $\boldsymbol{T}$ が得られる[†2]。

†1　平面上を流れる一様な面電流による磁界，ソレノイド内の磁界は一様である。

†2　一様磁界中で，ループ全体に作用する力 $\boldsymbol{F}$ が $\boldsymbol{0}$ であるからといって，ループ全体のトルク $\boldsymbol{T}$ が $\boldsymbol{0}$ であるとは限らない。

(3) 一様磁界中におけるループのトルク

(a) 前 準 備　φ をスカラー場とするとき，つぎの公式が成り立つ。

$$\oint_C \varphi d\boldsymbol{r} = \iint_S \boldsymbol{a}_n \times \nabla\varphi dS \tag{8.14}$$

ここで，$\boldsymbol{a}_n$ は閉曲線 C で囲まれた曲面 S の法単位ベクトルとする。

証明　ストークスの定理 (7.25) において，面積分の面素を $d\boldsymbol{S} = \boldsymbol{a}_n dS$ とし，$\boldsymbol{A} = \varphi\boldsymbol{c}$ とおく。ただし，$\boldsymbol{c}$ は定ベクトルとする。ベクトル恒等式 (B.19) から $\nabla \times \boldsymbol{A} = \nabla\varphi \times \boldsymbol{c}$ となるので，スカラー三重積の公式 (B.4) を用いると

$$\oint_C \varphi\boldsymbol{c}\cdot d\boldsymbol{r} = \iint_S (\nabla\varphi \times \boldsymbol{c})\cdot \boldsymbol{a}_n dS = \iint_S \boldsymbol{c}\cdot(\boldsymbol{a}_n \times \nabla\varphi)dS$$

と変形される。すなわち

$$\boldsymbol{c}\cdot\left\{\oint_C \varphi d\boldsymbol{r} - \iint_S \boldsymbol{a}_n \times \nabla\varphi dS\right\} = 0$$

となる。$\boldsymbol{c}$ は任意に選べるので，式 (8.14) が成り立つ。　♠

(b) ループのトルク　式 (8.5) より，一様な磁束密度 $\boldsymbol{B}$ の中で，ループ C 上の電流素片 $Id\boldsymbol{r}$ に作用する力は $d\boldsymbol{F} = Id\boldsymbol{r} \times \boldsymbol{B}$ と与えられるので，電流素片の部分に働くトルクは，ベクトル三重積の公式 (B.5) を用いると

$$d\boldsymbol{T} = \boldsymbol{r} \times (Id\boldsymbol{r} \times \boldsymbol{B}) = I\{(\boldsymbol{r}\cdot\boldsymbol{B})d\boldsymbol{r} - (\boldsymbol{r}\cdot d\boldsymbol{r})\boldsymbol{B}\} \tag{8.15}$$

と与えられる。ここで，**図 8.7** に示すように，トルクの支点を原点 O とする。

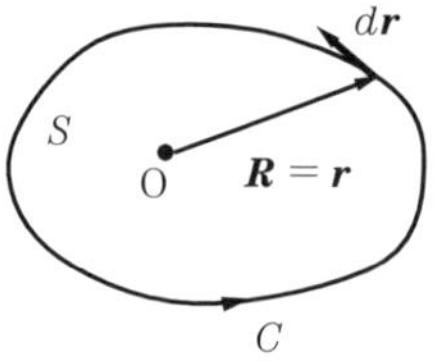

図 8.7　ループのトルクの計算

一定電流 I が流れるループ C のトルクは，式 (8.15) を閉曲線 C に沿って線積分することによって得られる。公式 (8.14) ならびにストークスの定理 (7.25) を用いると，ループ C のトルクは

$$\boldsymbol{T} = \oint_C d\boldsymbol{T} = I\oint_C (\boldsymbol{r}\cdot\boldsymbol{B})d\boldsymbol{r} - I\left(\oint_C \boldsymbol{r}\cdot d\boldsymbol{r}\right)\boldsymbol{B}$$
$$= I\iint_S \boldsymbol{a}_n \times \nabla(\boldsymbol{r}\cdot\boldsymbol{B})dS - I\left(\iint_S \nabla\times\boldsymbol{r}\cdot d\boldsymbol{S}\right)\boldsymbol{B} \qquad (8.16)$$

と変形される。ここで，S は閉曲線 C で囲まれた曲面とする。また，$\boldsymbol{B}$ は定ベクトルなので $\nabla(\boldsymbol{r}\cdot\boldsymbol{B}) = \boldsymbol{B}$ であり，$\nabla\times\boldsymbol{r} = \boldsymbol{0}$ であることから，式 (8.16) は

$$\boldsymbol{T} = I\iint_S \boldsymbol{a}_n \times \boldsymbol{B}dS = I\left(\iint_S \boldsymbol{a}_n dS\right)\times\boldsymbol{B} = I\boldsymbol{S}\times\boldsymbol{B}$$

となる。ここで，曲面 S の面積ベクトルは

$$\boldsymbol{S} = \iint_S d\boldsymbol{S} = \iint_S \boldsymbol{a}_n dS \quad 〔\mathrm{m}^2〕 \qquad (8.17)$$

と与えられる。ループの**磁気モーメント**（magnetic dipole moment）を

$$\boldsymbol{m} = I\boldsymbol{S} \quad 〔\mathrm{A\cdot m}^2〕 \qquad (8.18)$$

と定義すると，ループのトルク $\boldsymbol{T}$ は

$$\boldsymbol{T} = \boldsymbol{m}\times\boldsymbol{B} \quad 〔\mathrm{N\cdot m}〕 \qquad (8.19)$$

と与えられる†。

（c） 直流モータの原理　**図 8.8** に示すように，一様な磁束密度 $\boldsymbol{B}$ が印加されている場合，電流ループ C には軸 PQ に沿ってトルク $\boldsymbol{T} = \boldsymbol{m}\times\boldsymbol{B}$ が生じ，この軸のまわりに回転するようになる。これが直流モータの原理となる。

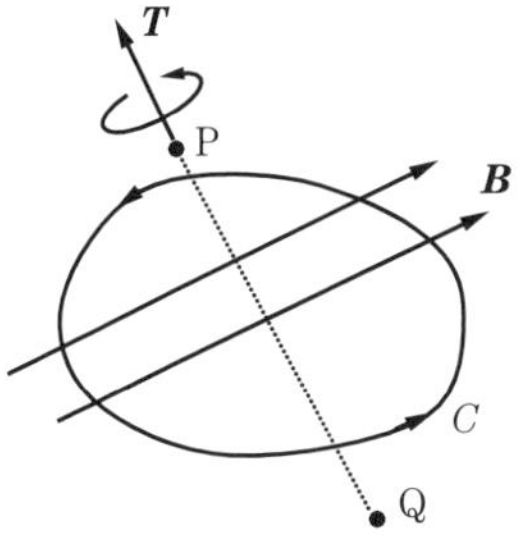

図 8.8　直流モータの原理

† 磁界が一様でない限り，式 (8.19) を適用できないことに注意されたい。

原理図のままでは電流ループの磁気モーメントと磁束密度の向きが一致すると回転しなくなるが，実際の直流モータではブラシを介して回転子と呼ばれるコイルに電流を流すことで連続的に回転させる。

過去の Q&A から

Q8.2: トルク $\boldsymbol{T} = \boldsymbol{R} \times \boldsymbol{F}$ のイメージが湧きません。

A8.2: わかりやすい例としては「やじろべえ」があります。支点と作用点までの距離と力の大きさの積が等しいとき釣り合いましたね（$\boldsymbol{R}$ と $\boldsymbol{F}$ とのなす角が $\pm 90^\circ$ となっています）。

Q8.3: 磁気モーメント $\boldsymbol{m} = I\boldsymbol{S}$ がなぜモーメントと呼ばれるのですか。

A8.3: 回転運動の能力を与える量であるため，モーメントと呼ばれていると理解すればよいでしょう。本書では説明しませんが，磁荷 Q_m，$-Q_m$ に対して，その距離ベクトルを $\boldsymbol{d}$ とするとき，磁気モーメントを $\boldsymbol{m} = Q_m\boldsymbol{d}$ と定義することもできます。これは，双極子モーメント $\boldsymbol{p} = Q\boldsymbol{d}$ と類似の形となっていますね。

8.4 磁性体の性質

物質の磁気的な性質は，図 **8.9** に示すように，物質を構成する原子や分子のまわりの電子の軌道運動および自転運動によって生じる等価的なループ電流によって決まる。

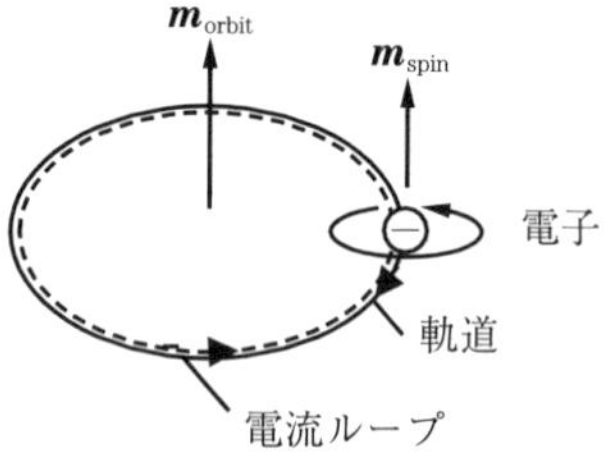

図 **8.9**　電子の軌道運動と自転運動による内部磁界の発生

(1) 電子の軌道運動と自転運動

(a) 軌道運動に伴う内部磁界の発生　ボーアの古典的な原子モデルによれば，原子核のまわりのいくつかの軌道を電子は回転している。電子が軌道運動することにより，その進む向きと逆の向きに電流が流れ，軌道面に対して垂直な磁界が生じる。量子論によれば，とびとびの軌道のうち，最も内側の軌道に存在する電子の軌道運動に関する磁気モーメントの大きさは $m_{\rm orbit} = e\hbar/2m = 9.274 \times 10^{-24}\,{\rm A{\cdot}m^2}$ と与えられる。ここで，電子の電荷は $-e = -1.602 \times 10^{-19}\,{\rm C}$ であり，質量は $m = 9.109 \times 10^{-31}\,{\rm kg}$ である。なお，$h = 6.626 \times 10^{-34}\,{\rm J{\cdot}s}$ はプランク定数であり，$\hbar = h/2\pi$ とする。しかしながら，多くの物質では，外部から磁界が印加されない限り，電子の軌道面はランダムな方向を向くため，正味の磁気モーメントは $\mathbf{0}$ もしくは非常に小さい。

(b) 自転運動に伴う内部磁界の発生　量子論によれば，電子は自身の自転運動に伴うスピン磁気モーメントを持つ。その大きさは，$m_{\rm spin} = e\hbar/2m$ と与えられ，軌道運動に関する磁気モーメントの最小値に等しい。原子番号が偶数であるような原子では，自転の向きが正反対であるような二つの電子が対となって存在するため，たがいにスピン磁気モーメントを相殺し，自転に伴う内部磁界は発生しない。これに対して，原子番号が奇数であるような原子では，不対電子が存在し，そのスピン磁気モーメントにより内部磁界が発生する。なお，原子核自身の自転によるスピン磁気モーメントは，電子に比べて原子核の質量が大きいため，大きさで 10^{-3} 倍以下となるので，無視してよい。

(2) 磁性体の種類　磁気的な性質を示す物質を**磁性体**（magnetic material）という。ここでは，4 種類の磁性体について簡単に説明する。以下，電子の軌道運動による磁気モーメントを $\boldsymbol{m}_{\rm orbit}$ とし，自転運動による磁気モーメント $\boldsymbol{m}_{\rm spin}$ とする。

(a) 反磁性体　$\boldsymbol{m}_{\rm orbit} + \boldsymbol{m}_{\rm spin} = \mathbf{0}$ となっており，電子の軌道運動および自転運動による磁化が完全に打ち消し合っている磁性体を**反磁性体**（diamagnetic material）という。このような状態に外部から磁界を印加すると，9 章で習うレンツの法則により，外部磁界と反対向きの磁界が誘導される。

(b) 常磁性体　内部磁界の完全な打消しはないものの，熱振動のため，$\boldsymbol{m}_{\rm orbit}$ および $\boldsymbol{m}_{\rm spin}$ の向きはランダムであり，$\boldsymbol{m}_{\rm orbit} + \boldsymbol{m}_{\rm spin}$ が非常に小さくなっている磁性体を**常磁性体**（paramagnetic material）という。このような

状態に外部から磁界を印加すると，磁気モーメントにトルクが生じ，磁気モーメントが磁界の向きに傾くことで内部磁界が表れる。

(c) 強磁性体　外部から磁界を印加しなくとも大きな内部磁界が存在する磁性体を**強磁性体**（ferromagnetic material）という。例としては，鉄，ニッケル，コバルトあるいはアルニコ磁石などの永久磁石がある。強磁性体では，$|\boldsymbol{m}_{\rm spin}| \gg |\boldsymbol{m}_{\rm orbit}|$ となっており，磁気モーメントは平行に配列する。強磁性体に大きな内部磁界が生じることは**磁区**（domain）を用いて説明される。磁壁で囲まれた数 μm から数 cm の大きさの磁区と呼ばれる領域では，磁気モーメントは同じ向きを向く。磁区の向きは磁区ごとにランダムであるが，磁界を加えると磁壁が移動して磁界と同じ方向をもつ磁区が成長するか，磁区の向きが磁界の向きに回転して，物質全体に著しく大きな内部磁界が存在するようになる。

(d) フェリ磁性体　金属イオンと酸化鉄の化合物である**フェライト**（ferrite）に代表される磁性体を**フェリ磁性体**（ferrimagnetic material）という。フェリ磁性体では，$|\boldsymbol{m}_{\rm spin}| > |\boldsymbol{m}_{\rm orbit}|$ となっており，大きさの異なる磁気モーメントが反平行に配列する分だけ，強磁性体より磁化は小さい。また，フェライトは強磁性体よりも導電率が小さく，かつ，低損失であることから，プリント基板から高周波放射を抑制するために利用されている。

(3) 磁　　化　物質の内部における磁気モーメントによる振舞いを表現するために，単位体積当りの磁気モーメントの総和を**磁化**（magnetization）と定義する。

$$\boldsymbol{M} = \lim_{\Delta v \to 0} \frac{1}{\Delta v} \sum_{i=1}^{n} \boldsymbol{m}_i \quad \text{〔A/m〕} \tag{8.20}$$

ここで，n は微小体積 Δv 内に含まれる磁気モーメントの数とする。なお，磁化 $\boldsymbol{M}$ は磁界 $\boldsymbol{H}$ と同じ次元であることに注意されたい。

(4) 内部磁界の源としての束縛電流　閉曲線 ΔC_i に流れる電流 I_i による磁気モーメントは，閉曲線 ΔC_i で囲まれた曲面の面積ベクトルを $\Delta \boldsymbol{S}_i$ とすれば，$\boldsymbol{m}_i = I_i \Delta \boldsymbol{S}_i$ と与えられる。いま，物質内に閉曲線 C を設定し，閉曲線 C が囲む曲面 S を n 個の小曲面に分割する。小曲面 ΔS_i を囲む閉曲線を ΔC_i

とする。隣り合う小曲面の共有線において，線積分は打ち消し合うことから

$$\oint_C \boldsymbol{M}\cdot d\boldsymbol{r} = \lim_{\Delta v\to 0}\frac{1}{\Delta v}\sum_{i=1}^{n}\oint_{\Delta C_i}\boldsymbol{m}_i\cdot d\boldsymbol{r}$$
$$= \lim_{\Delta v\to 0}\frac{1}{\Delta v}\sum_{i=1}^{n} I_i\oint_{\Delta C_i}\Delta\boldsymbol{S}_i\cdot d\boldsymbol{r}$$

と変形できる。最後の線積分は面積ベクトル $\Delta\boldsymbol{S}_i$ と閉曲線 ΔC_i により形成される筒状領域の体積 Δv_i に等しいので

$$I_b = \lim_{\Delta v\to 0}\frac{1}{\Delta v}\sum_{i=1}^{n} I_i\Delta v_i = \oint_C \boldsymbol{M}\cdot d\boldsymbol{r} \tag{8.21}$$

となる。ここで，I_b は物質から取り出せない束縛電流の体積的な平均を与える。

8.5 磁性体内部における磁界

（1） アンペアの周回路の法則と磁界の再定義 磁性体内を流れる電流は束縛電流 I_b と自由電荷による電流 I の和であるから，アンペアの周回路の法則 (7.15) は

$$I_b + I = \oint_C \frac{\boldsymbol{B}}{\mu_0}\cdot d\boldsymbol{r}$$

となる。式 (8.21) を利用して，上式を変形すると

$$I = \oint_C \frac{\boldsymbol{B}}{\mu_0}\cdot d\boldsymbol{r} - I_b = \oint_C \left(\frac{\boldsymbol{B}}{\mu_0} - \boldsymbol{M}\right)\cdot d\boldsymbol{r}$$

そこで，磁界 $\boldsymbol{H}$ を改めて $\boldsymbol{H} = \dfrac{\boldsymbol{B}}{\mu_0} - \boldsymbol{M}$ と定義し直す。このとき

$$\boldsymbol{B} = \mu_0(\boldsymbol{H} + \boldsymbol{M}) \tag{8.22}$$

であり，アンペアの周回路の法則は

$$\oint_C \boldsymbol{H}\cdot d\boldsymbol{r} = I \tag{8.23}$$

となり，閉曲線 C を通過する自由電荷による電流 I に対して適用することができる[†]。ストークスの定理 (7.25) を用いると，その微分形は

$$\nabla \times \boldsymbol{H} = \boldsymbol{J} \tag{8.24}$$

と与えられる。ここで，$\boldsymbol{J}$ は自由電荷による電流 I に関する電流密度である。

（2） 透　磁　率　ある媒質内で磁束密度 $\boldsymbol{B}$ と磁界 $\boldsymbol{H}$ との間の関係式が

$$\boldsymbol{B} = \mu \boldsymbol{H} \tag{8.25}$$

と与えられるとき，μ をその媒質の**透磁率**という。媒質が自由空間の場合，透磁率 μ は自由空間の透磁率 μ_0 に対応する。**比透磁率**（relative permeability）μ_r は媒質の透磁率 μ の自由空間の透磁率 μ_0 に対する比であって

$$\mu_r = \frac{\mu}{\mu_0} \tag{8.26}$$

と定義される。

（3） 磁　化　率　磁化 $\boldsymbol{M}$ と磁界 $\boldsymbol{H}$ が線形関係にある媒質中では

$$\boldsymbol{M} = \chi_m \boldsymbol{H} \tag{8.27}$$

の関係がある。ここで，χ_m は**磁化率**（magnetic susceptibility）と呼ばれる無次元の量である。このとき

$$\boldsymbol{B} = \mu_0(\boldsymbol{H} + \chi_m \boldsymbol{H}) = (1 + \chi_m)\mu_0 \boldsymbol{H}$$

となるので，比透磁率 μ_r と磁化率 χ_m の間には

$$\mu_r = 1 + \chi_m \tag{8.28}$$

の関係が成り立つ。代表的な物質の磁化率を**表 8.1** に示す。

---

† 束縛電流の効果を磁界 $\boldsymbol{H}$ に含めたので，自由電荷による電流 I に対してアンペアの周回路の法則を適用しなければならない。

表 **8.1** 代表的な物質の磁化率

物質	χ_m	物質	χ_m	物質	χ_m
銅	-0.94×10^{-5}	空気	3.60×10^{-7}	ニッケル	294
鉛	-1.70×10^{-5}	プラチナ	2.90×10^{-4}	鉄	$\sim10^{4}$
水	-0.88×10^{-5}	アルミニウム	2.10×10^{-5}	パーマロイ	$\sim10^{6}$
真空	0.00	液体酸素	3.5×10^{-3}	MnZn フェライト	$\sim2\,000$

8.6 境界条件：磁性体境界における磁界

二つの磁性体の境界において，つぎの二つの境界条件が成り立つ。

① 境界において，磁界の接線成分の不連続成分は面電流密度に等しい。

② 境界において，磁束密度の法線成分は等しい。

磁性体を添字 1, 2 で区別し，磁性体 1, 2 における磁界を $\boldsymbol{H}_1$, $\boldsymbol{H}_2$ とする。また，磁性体 1, 2 における磁束密度を $\boldsymbol{B}_1$, $\boldsymbol{B}_2$ とする。このとき，上の条件は

① 接線成分 $$\boldsymbol{a}_n\times(\boldsymbol{H}_1-\boldsymbol{H}_2)=\boldsymbol{J}_s \tag{8.29}$$

② 法線成分 $$\boldsymbol{a}_n\cdot(\boldsymbol{B}_1-\boldsymbol{B}_2)=0 \tag{8.30}$$

と記述される。ここで，$\boldsymbol{a}_n$ は磁性体 2 から磁性体 1 に向く境界における法単位ベクトルとする。

〔条件 ① の証明〕 アンペアの周回路の法則 (7.15) を利用する。図 **8.10** のように，境界に沿って閉曲線 C を選ぶ。Δw は十分に小さいとし，それよりも Δh はさらに小さいとし，閉曲線 C の各区間で磁界 $\boldsymbol{H}$ が定ベクトルであるとみなす。このとき，線積分は，$\Delta h\to 0$ の極限の下で

$$\begin{aligned}
\oint_C \boldsymbol{H}\cdot d\boldsymbol{r} &= \int_{\mathrm{A}}^{\mathrm{B}}+\int_{\mathrm{B}}^{\mathrm{C}}+\int_{\mathrm{C}}^{\mathrm{D}}+\int_{\mathrm{D}}^{\mathrm{E}}+\int_{\mathrm{E}}^{\mathrm{F}}+\int_{\mathrm{F}}^{\mathrm{A}} \\
&= \boldsymbol{H}_1\cdot\int_{\mathrm{A}}^{\mathrm{B}} d\boldsymbol{r}+\boldsymbol{H}_2\cdot\int_{\mathrm{B}}^{\mathrm{C}} d\boldsymbol{r}+\boldsymbol{H}_2\cdot\int_{\mathrm{C}}^{\mathrm{D}} d\boldsymbol{r} \\
&\quad +\boldsymbol{H}_2\cdot\int_{\mathrm{D}}^{\mathrm{E}} d\boldsymbol{r}+\boldsymbol{H}_1\cdot\int_{\mathrm{E}}^{\mathrm{F}} d\boldsymbol{r}+\boldsymbol{H}_1\cdot\int_{\mathrm{F}}^{\mathrm{A}} d\boldsymbol{r} \\
&= \boldsymbol{H}_1\cdot\left(-\frac{\Delta h}{2}\boldsymbol{a}_n\right)+\boldsymbol{H}_2\cdot\left(-\frac{\Delta h}{2}\boldsymbol{a}_n\right)+\boldsymbol{H}_2\cdot(\Delta w\boldsymbol{a}_t)
\end{aligned}$$

$$+\boldsymbol{H}_2\cdot\left(\frac{\Delta h}{2}\boldsymbol{a}_n\right)+\boldsymbol{H}_1\cdot\left(\frac{\Delta h}{2}\boldsymbol{a}_n\right)+\boldsymbol{H}_1\cdot(-\Delta w\boldsymbol{a}_t)$$

$$\rightarrow(\boldsymbol{H}_2-\boldsymbol{H}_1)\cdot\boldsymbol{a}_t\Delta w$$

となる。ここで，$\boldsymbol{a}_t$ は境界に沿った接単位ベクトルとする。閉曲線 C に囲まれた曲面 S を通過する電流は $I_{\text{net through }S}=\boldsymbol{J}_s\cdot\boldsymbol{a}_s\Delta w$ となる。$\boldsymbol{a}_s$ は曲面 S の法単位ベクトルとする。したがって，アンペアの周回路の法則 (7.15) より，$(\boldsymbol{H}_2-\boldsymbol{H}_1)\cdot\boldsymbol{a}_t\Delta w=\boldsymbol{J}_s\cdot\boldsymbol{a}_s\Delta w$ となる。この関係に $\boldsymbol{a}_t=\boldsymbol{a}_n\times\boldsymbol{a}_s$ を代入して，スカラー三重積の公式 (B.4) を利用すると，任意の $\boldsymbol{a}_n$ に対して式 (8.29) が成り立つ。

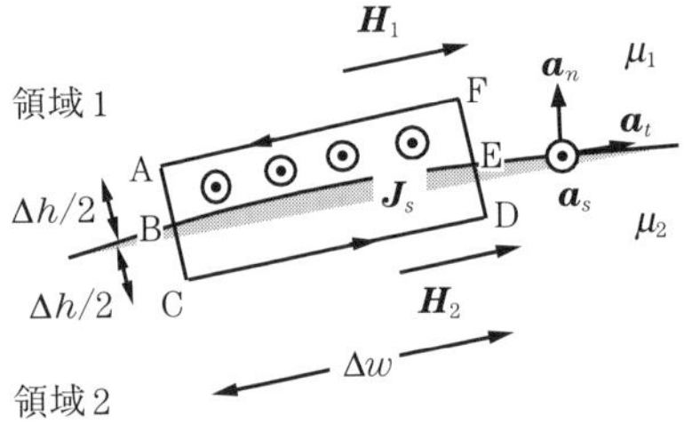

図 **8.10**　接線成分に関する境界条件の導出

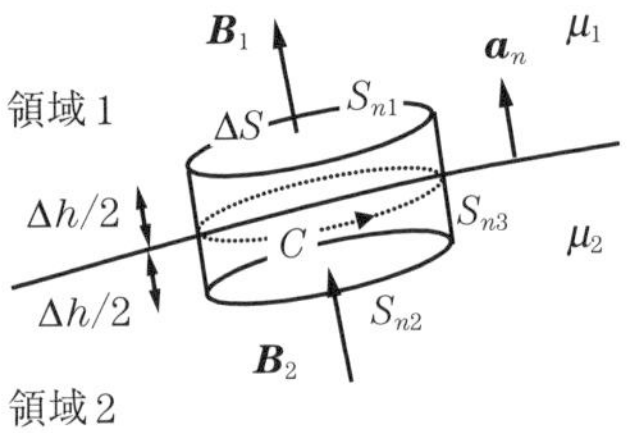

図 **8.11**　法線成分に関する境界条件の導出

〔条件 ② の証明〕　図 **8.11** に示すような円筒面を考え，その表面 S において磁界に関するガウスの法則 (7.29) を適用する。境界面から円筒面の底面 S_{n1}, S_{n2} までの距離を $\Delta h/2$ とし，円筒面の側面 S_{n3} と境界面が交わる閉曲線を C とする。底面 S_{n1}, S_{n2} の面積 ΔS は十分に小さいとし，それよりも Δh はさらに小さいとする。このとき，磁界に関するガウスの法則 (7.29) より

$$\oiint_S \boldsymbol{B}\cdot d\boldsymbol{S}=\iint_{S_{n1}}\boldsymbol{B}\cdot d\boldsymbol{S}+\iint_{S_{n2}}\boldsymbol{B}\cdot d\boldsymbol{S}+\iint_{S_{n3}}\boldsymbol{B}\cdot d\boldsymbol{S}$$
$$=\{\boldsymbol{B}_1\cdot\boldsymbol{a}_n+\boldsymbol{B}_2\cdot(-\boldsymbol{a}_n)\}\Delta S$$
$$+\frac{\Delta h}{2}\left(\oint_C\boldsymbol{B}_1\cdot d\boldsymbol{r}+\oint_C\boldsymbol{B}_2\cdot d\boldsymbol{r}\right)$$
$$=0$$

が成り立つ。これから，$\Delta h\rightarrow 0$ の極限の下で，式 (8.30) が得られる。

8.7 インダクタンス

図 **8.12** に示すように，閉曲線 C_j に沿って流れる電流 I_j により磁束密度 $\boldsymbol{B}_j$ が生じ，それを曲面 S_i において面積分することにより磁束 Φ_{ij} が得られる。すなわち，磁束 Φ_{ij} は電流 I_j に比例する。この比例係数は**インダクタンス**(inductance) と呼ばれ，つぎのように与えられる。

$$L_{ij} = \frac{\Phi_{ij}}{I_j} = \frac{1}{I_j} \iint_{S_i} \boldsymbol{B}_j \cdot d\boldsymbol{S} \quad \text{〔H〕} \tag{8.31}$$

単位は〔H〕であり，〔Wb/m〕に等しい。ここで，磁束を保持できる構成を**インダクタ** (inductor) という。インダクタはさまざまな回路で利用されている†。インダクタンスは導体の大きさや位置，磁性体の配置によって決定する量であり，つぎの 3 通りの方法で計算することができる。

① 電流分布を仮定し，鎖交磁束を計算する。その結果を式 (8.33) に代入する。

② ノイマンの公式 (8.35) を適用する。

③ 電流分布を仮定し，9.2 節で述べる磁気的蓄積エネルギー W_m を計算する。その結果を式 (9.30) あるいは式 (9.31) に代入する。

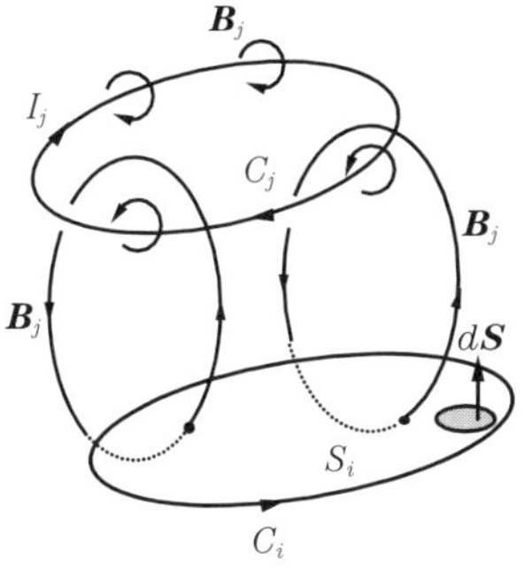

図 **8.12**　ループ C_j に流れる電流 I_j による磁束密度 $\boldsymbol{B}_j$ がループ C_i の内側を通過する様子

† コンデンサや抵抗のように小型化できないため，実際の回路ではインダクタよりもコンデンサを用いることが多い。

本節では，① と ② の方法について扱う。以下，断らない限り，透磁率は一様で μ とする。

（1） **鎖交磁束とインダクタンス**　　式 (8.31) において，曲面 S_i を通過する磁束は Φ_{ij} であった。一巻きループが曲面 S_i の外周を構成する場合は，ループ面を通過する磁束は Φ_{ij} そのままで構わない。しかしながら，**図 8.13** に示すように，N 巻きループの場合は一巻きループが N 個重なっていると考え，それぞれのループ面を通過する磁束を加算して全体の磁束を考える必要がある。そこで，磁束を計測するループ C_i の巻き数を N_i として，**鎖交磁束** (flux linkage) Λ_{ij} †をつぎのように定義する。

$$\Lambda_{ij} = N_i \Phi_{ij} \quad \text{〔Wb〕} \tag{8.32}$$

これに伴い，インダクタンスの定義は

$$L_{ij} = \frac{\Lambda_{ij}}{I_j} = \frac{N_i \Phi_{ij}}{I_j} \quad \text{〔H〕} \tag{8.33}$$

と変更しなければならない。

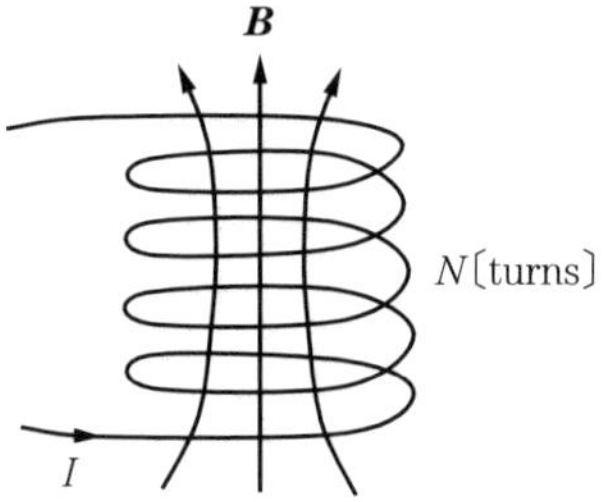

図 **8.13**　N 巻きループ

（2） **自己インダクタンスと相互インダクタンス**　　多数の電流ループが存在するとき，あるループ C_i に絡む鎖交磁束 Λ_i はそのループ自身に流れる電流 I_i による鎖交磁束 Λ_{ii} と自身以外のループに流れる電流 I_j による鎖交磁束 Λ_{ij} の和となる。

† Λ は “ラムダ” と読む。

$$\Lambda_i = \Lambda_{ii} + \sum_{i \neq j} \Lambda_{ij} = L_{ii} I_i + \sum_{i \neq j} L_{ij} I_j \tag{8.34}$$

この2種類の鎖交磁束にかかわるインダクタンスをつぎのように分類する。

① ループ C_j がループ C_i に一致するとき，すなわち，$j = i$ のとき，L_{ii} を**自己インダクタンス**（self inductance）という。L と表記することがある。

② ループ C_j がループ C_i に一致しないとき，すなわち，$j \neq i$ のとき，L_{ij} を**相互インダクタンス**（mutual inductance）という。M と表記することがある。

（3） ノイマンの公式と相互インダクタンスの可逆性　電流 I_j が N_j 巻きのループ C_j に流れるとき，N_i 巻きのループ C_i に囲まれる曲面 S_i を通過する鎖交磁束 Λ_{ij} は，式(7.31)より $\boldsymbol{B}_j$ に関するベクトルポテンシャル $\boldsymbol{A}_j$ を導入し，ストークスの定理(7.25)を用いると

$$\Lambda_{ij} = N_i \iint_{S_i} \boldsymbol{B}_j \cdot d\boldsymbol{S}_i = N_i \iint_{S_i} \nabla \times \boldsymbol{A}_j \cdot d\boldsymbol{S}_i = N_i \oint_{C_i} \boldsymbol{A}_j \cdot d\boldsymbol{r}_i$$

と与えられる。ここで，面素 $d\boldsymbol{S}_i$ および線素 $d\boldsymbol{r}_i$ における添字 i は，それぞれ曲面 S_i および閉曲線 C_i に関することを強調するために付している。電流素片を $N_j I_j d\boldsymbol{r}_j$ とみなすと，式(7.32)の線積分の形式からベクトルポテンシャル $\boldsymbol{A}_j$ が与えられる。これから，鎖交磁束 Λ_{ij} は

$$\Lambda_{ij} = N_i \oint_{C_i} \left(\frac{\mu(N_j I_j)}{4\pi} \oint_{C_j} \frac{d\boldsymbol{r}_j}{R_{ij}} \right) \cdot d\boldsymbol{r}_i = \frac{\mu N_i N_j I_j}{4\pi} \oint_{C_i} \oint_{C_j} \frac{d\boldsymbol{r}_j \cdot d\boldsymbol{r}_i}{R_{ij}}$$

となる。ここで，$R_{ij} = |\boldsymbol{r}_i - \boldsymbol{r}_j|$ はループ C_j 上の点 $\boldsymbol{r}_j$ からループ C_i 上の点 $\boldsymbol{r}_i$ までの距離とする。式(8.33)より，相互インダクタンス L_{ij} は

$$L_{ij} = \frac{\mu N_i N_j}{4\pi} \oint_{C_i} \oint_{C_j} \frac{d\boldsymbol{r}_j \cdot d\boldsymbol{r}_i}{R_{ij}} \tag{8.35}$$

と与えられる。これを**ノイマンの公式**（Neumann formula）という。式(8.35)において，添字の i と j を交換することで，可逆性の関係 $L_{ji} = L_{ij}$ が容易に知られる。

例題 8.3　断面が $h \times w$ の長方形であるようなトロイダルコイルの自己インダクタンス L を求めよ。トロイダルコイルは同じ断面の鉄心（透磁率 μ）に N 回巻かれているものとする。

【解答】　図 **8.14** に示すように，トロイダルコイルの半径 a を設定する。また，トロイダルコイルの中心を原点 O とし，その軸を z 軸とする。例題 7.9 の結果から，コイルに流れる電流を I とすると，コイル内部における磁束密度は $\boldsymbol{B} = (\mu NI/2\pi\rho)\boldsymbol{a}_\phi$ と与えられる。これから，コイル断面における磁束は

$$\begin{aligned}\varPhi &= \int_{z=-h/2}^{h/2}\int_{\rho=a-w/2}^{a+w/2}\frac{\mu NI}{2\pi\rho}\boldsymbol{a}_\phi\cdot\boldsymbol{a}_\phi d\rho dz\\ &= \frac{\mu NIh}{2\pi}\int_{a-w/2}^{a+w/2}\frac{d\rho}{\rho} = \frac{\mu NIh}{2\pi}\ln\left(\frac{a+w/2}{a-w/2}\right)\end{aligned}$$

となる。したがって，自己インダクタンスは

$$L = \frac{N\varPhi}{I} = N^2\frac{\mu h}{2\pi}\ln\frac{a+w/2}{a-w/2}$$

と計算される。さらに，近似式 $\ln(1+x) \fallingdotseq x$ $(|x| \ll 1)$ を用いると，$a \gg w$ であるとき

$$\begin{aligned}\ln\frac{a+w/2}{a-w/2} &= \ln\frac{a(1+w/2a)}{a(1-w/2a)} = \ln\left(1+\frac{w}{2a}\right) - \ln\left(1-\frac{w}{2a}\right)\\ &\fallingdotseq \frac{w}{2a} - \left(-\frac{w}{2a}\right) = \frac{w}{a}\end{aligned}$$

となるので，自己インダクタンスは

$$L \fallingdotseq N^2\frac{\mu(wh)}{2\pi a} = N^2\frac{\mu S}{l}$$

と近似される。ここで，$S = wh$ はコイルの断面積，$l = 2\pi a$ はコイルの平均磁

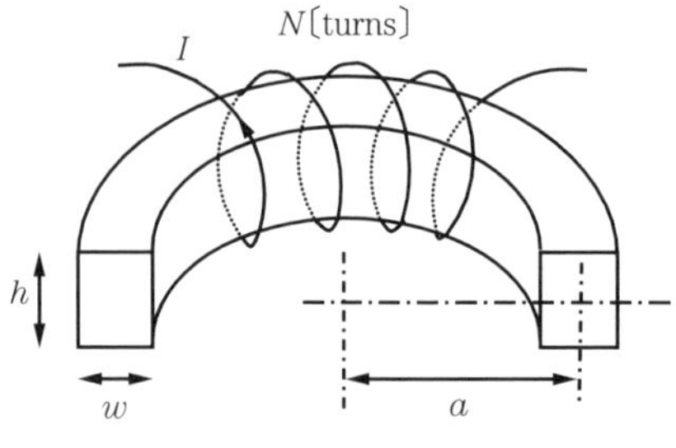

図 **8.14**　長方形断面のトロイダルコイル

路長である。なお，断面が円形の場合も近似的に同じ結果が得られる。章末問題【７】を参照されたい。 ◇

例題 8.4 無限に長い直線導線に平行に１辺 a の正方形ループが同一平面内に置かれたとき，その間の相互インダクタンスを求めよ。ただし，正方形から直線電流までの最短距離を d とする。

【解答】 図 8.3 のように座標系を選ぶと，直線電流 I_1 が正方形ループ内の点 $(0, y, z)$ につくる磁束密度は $\boldsymbol{B} = (\mu_0 I_1/2\pi y)(-\boldsymbol{a}_x)$ と与えられる。これから，正方形ループと鎖交する磁束は，正方形ループの断面を S として

$$\begin{aligned}\Lambda &= \iint_S \boldsymbol{B}\cdot(-\boldsymbol{a}_x dS) = \frac{\mu_0 I_1}{2\pi}\iint_S \frac{dS}{y} = \frac{\mu_0 I_1}{2\pi}\int_{-a/2}^{a/2} dz \int_d^{d+a} \frac{dy}{y} \\ &= \frac{\mu_0 I_1 a}{2\pi}\int_d^{d+a}\frac{dy}{y} = \frac{\mu_0 I_1 a}{2\pi}\Big[\ln y\Big]_d^{d+a} = \frac{\mu_0 I_1 a}{2\pi}\ln\frac{d+a}{d}\end{aligned}$$

となるから，相互インダクタンスは

$$M = \frac{\Lambda}{I_1} = \frac{\mu_0 a}{2\pi}\ln\frac{d+a}{d}$$

と与えられる。 ◇

例題 8.5 同軸ソレノイド（鉄心なし）の単位長さ当りの自己インダクタンスおよび相互インダクタンスを求めよ。内側ソレノイドは，半径 a の円の断面であり，単位長さ当りの巻き数が n_1 であって，外側ソレノイドは，半径 b の円の断面であって，単位長さ当りの巻き数が n_2 である。

【解答】 内側ソレノイドを添字１で表し，外側ソレノイドを添字２で表す。図 **8.15** に示すように，二つのソレノイドの共通の中心軸を z 軸とする円筒座標系を利用する。例題 7.4 の結果から，内側ソレノイドによる磁束密度は

$$\boldsymbol{B}_1 = \mu_0 n_1 I_1 u(a-\rho)\boldsymbol{a}_z$$

と与えられ，外側ソレノイドによる磁束密度は

$$\boldsymbol{B}_2 = \mu_0 n_2 I_2 u(b-\rho)\boldsymbol{a}_z$$

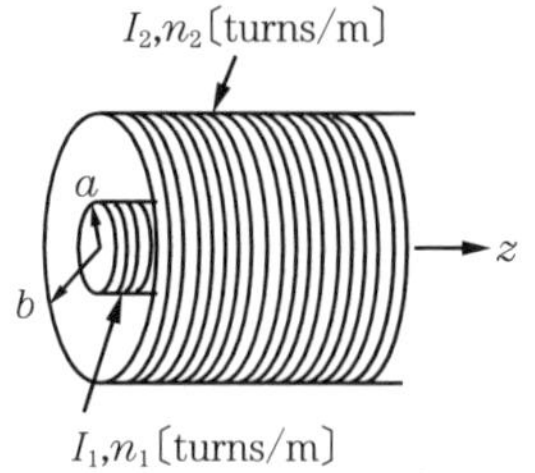

図 8.15　同軸ソレノイド

と与えられる。これから，自己インダクタンスおよび相互インダクタンスは

$$L_{11} = \frac{\Lambda_{11}}{I_1} = \frac{n_1\Phi_{11}}{I_1} = \frac{n_1}{I_1}\iint_{S_1} \boldsymbol{B}_1 \cdot d\boldsymbol{S} = \frac{n_1}{I_1}\iint_{S_1} \mu_0 n_1 I_1 \boldsymbol{a}_z \cdot \boldsymbol{a}_z dS$$
$$= \mu_0 n_1^2 \iint_{S_1} dS = \mu_0 n_1^2 \cdot \pi a^2$$
$$L_{22} = \frac{\Lambda_{22}}{I_2} = \frac{n_2\Phi_{22}}{I_2} = \frac{n_2}{I_2}\iint_{S_2} \boldsymbol{B}_2 \cdot d\boldsymbol{S} = \frac{n_2}{I_2}\iint_{S_2} \mu_0 n_2 I_2 \boldsymbol{a}_z \cdot \boldsymbol{a}_z dS$$
$$= \mu_0 n_2^2 \iint_{S_2} dS = \mu_0 n_2^2 \cdot \pi b^2$$
$$L_{21} = \frac{\Lambda_{21}}{I_1} = \frac{n_2\Phi_{21}}{I_1} = \frac{n_2}{I_1}\iint_{S_2} \boldsymbol{B}_1 \cdot d\boldsymbol{S} = \frac{n_2}{I_1}\iint_{S_1} \mu_0 n_1 I_1 \boldsymbol{a}_z \cdot \boldsymbol{a}_z dS$$
$$= \mu_0 n_1 n_2 \iint_{S_1} dS = \mu_0 n_1 n_2 \cdot \pi a^2$$
$$L_{12} = \frac{\Lambda_{12}}{I_2} = \frac{n_1\Phi_{12}}{I_2} = \frac{n_1}{I_2}\iint_{S_1} \boldsymbol{B}_2 \cdot d\boldsymbol{S} = \frac{n_1}{I_2}\iint_{S_1} \mu_0 n_2 I_2 \boldsymbol{a}_z \cdot \boldsymbol{a}_z dS$$
$$= \mu_0 n_1 n_2 \iint_{S_1} dS = \mu_0 n_1 n_2 \cdot \pi a^2$$

と与えられる[†]。上の計算から，相互インダクタンスの可逆性 $L_{21} = L_{12}$ が確認される。　◇

章　末　問　題

【1】 質量 m，電荷量 Q の荷電粒子が一様な磁束密度 $\boldsymbol{B}$ の中を初速度 $\boldsymbol{v}_0$ で $\boldsymbol{B}$ に垂直に入射したとき，荷電粒子はどのような運動をするか。

† L_{21} の計算で，面積分の範囲が S_2 から S_1 となる部分がわからない人が多い。$\boldsymbol{B}_1$ は内側ソレノイドによる磁束密度であるから，S_2 のうち S_1 の外側の部分において $\boldsymbol{B}_1 = \boldsymbol{0}$ となることに注意しよう。

【2】 間隔 d，電位差 V の平行平板電極間に，電極と平行に一様な磁束密度 $\boldsymbol{B}$ が加えられるとき，陰極から飛び出した電子はどのように運動するか。

【3】 無限に長い直線電流 I_1 と半径 a の円電流 I_2 が同一平面内に，円の中心から直線電流までの距離が d（$d > a$）となるように置かれたとき，円電流が流れるループに作用する力を求めよ。

【4】 半径 a の半円とその直径で電流ループを形成し，電流 I を流す。いま，電流ループの直径は x 軸上にあり，半円の部分は xy 平面の $y > 0$ にあるとしよう。一様な磁束密度 $\boldsymbol{B} = B\boldsymbol{a}_y$ を加えるとき，電流ループの半円の部分に作用する力を求めよ。

【5】 一様な磁束密度 $\boldsymbol{B}$ を加えるとき，トルクの定義式 (8.13) より，円形ループのトルクを計算せよ。ただし，トルクの支点を円形ループの中心とする。

【6】 断面円が半径 a，単位長さ当りの巻き数 n の無限長ソレノイドの自己インダクタンスを計算せよ。

【7】 円環の中心半径が a，断面が半径 b の円，巻き数が N であるようなトロイダルコイルの自己インダクタンスを計算せよ。ただし，トロイダルコイルの鉄心の透磁率を μ とする。

【8】 半径 a_1，長さ l_1，全巻き数 N_1 の有限長ソレノイド（$l_1 \gg a_1$）内に，その中心軸に対して角度 θ の傾きで半径 a_2，全巻き数 N_2 の円形コイルが入っているとき，両コイル間の相互インダクタンスを求めよ。

【9】 間隔 d で平行な長さ l の細い 2 本の導線間の相互インダクタンスを求めよ。特に，$l \gg d$ の場合はどうか。

【10】 十分に長い直線状導線と半径 a の円形コイルが同一平面内に，円の中心から直線電流までの距離が d（$d > a$）となるように置かれたとき，その間の相互インダクタンスを求めよ。

9 時間変化する電磁界

8章までは，多くの場合，電荷や電流に時間的な変化がないという前提での議論であった。このため，電荷分布のみにより電界が生じ，電流分布のみにより磁界が生じていた。つまり，電界と磁界をまったく別々に扱うことができた。しかしながら，電荷や電流が時間的に変化するとき，電界と磁界は時間的に変化するだけではなく，たがいに結合し，波として自由空間や物質の中を伝わるようになる。ファラデーの電磁誘導の法則によれば，磁界の時間的な変化により電界の回転が生じ，アンペア・マクスウェルの法則によれば，電界の時間的な変化により磁界の回転が生じる。これらは同時に生じ，どちらが先でどちらが後ということではない。本章では，これらの法則について述べるとともに，これまで登場した電磁界の法則をマクスウェルの方程式として集約する。

9.1 電磁誘導の法則

（1） ファラデーの電磁誘導の法則　電流により磁界が生じるならば，磁界により電流が生じるのではないかと考え，1831年，ファラデーは電磁誘導現象を実験的に見いだした。すなわち，ループに鎖交する磁束 Λ が時間的に変化するとき，ループの鎖交磁束の時間変化 $-d\Lambda/dt$ に比例した**起電力**（emf: electromotive force）が誘導される。その向きは鎖交磁束の変化を妨げるようにループ上に流れる電流の向きと一致する。これを**ファラデーの電磁誘導の法則**（Faraday's law of electromagnetic induction）という。**レンツの法則**（Lenz's law）は，この法則のうち向きの部分だけを取り出したものであり，図 **9.1** に示

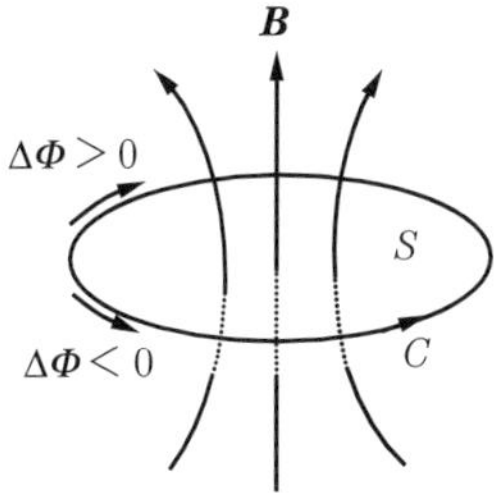

図 9.1 ループに鎖交する磁束の変化と電磁誘導

すように，鎖交磁束が増加（減少）するとき，その磁束を減少（増加）させるようにループ上に流れる電流の向きに起電力が生じることを意味している。ループが N 巻きであるとすれば，ファラデーの電磁誘導の法則は

$$V_e = -\frac{d\Lambda}{dt} = -N\frac{d\Phi}{dt} \tag{9.1}$$

と与えられる。ここで，Φ は一巻き当りの磁束とする。

さて，式 (9.1) が意味するところを調べるために，磁束 Φ を磁束密度 $\boldsymbol{B}$ に関する面積分に置き換えた上で，数学的な変形を行う。簡単のため，$N=1$ としよう。

$$V_e = -\frac{d\Phi}{dt} \tag{9.2}$$

式 (9.2) において，$\nabla \cdot \boldsymbol{B} = 0$ の関係に注意して，式 (A.6) の**ヘルムホルツの輸送定理**（Helmholtz transport theorem）を適用すると，起電力 V_e は

$$V_e = -\frac{d}{dt}\iint_S \boldsymbol{B}\cdot d\boldsymbol{S} = -\iint_S \frac{\partial \boldsymbol{B}}{\partial t}\cdot d\boldsymbol{S} + \oint_C (\boldsymbol{v}\times\boldsymbol{B})\cdot d\boldsymbol{r} \tag{9.3}$$

と与えられる。ここで，C はループを表し，S はループ C で囲まれた曲面である。$\boldsymbol{v}$ はループ C の移動速度である。ヘルムホルツの輸送定理の証明については付録 A. を参照されたい。式 (9.3) から，磁束 Φ の時間的変化は，磁束密度の時間的変化とループの運動に分解することができる。これから，磁束 Φ が時間的に変化する場合としてつぎの三つが考えられる。

① 磁束密度が時間的に変化し，ループが静止している場合，すなわち，$\partial\boldsymbol{B}/\partial t \neq \boldsymbol{0}$, $\boldsymbol{v} = \boldsymbol{0}$ の場合

② 磁束密度が時間的に変化せず，ループが運動している場合，すなわち，$\partial \boldsymbol{B}/\partial t = \boldsymbol{0}$, $\boldsymbol{v} \neq \boldsymbol{0}$ の場合

③ 磁束密度が時間的に変化し，ループが運動している場合，すなわち，$\partial \boldsymbol{B}/\partial t \neq \boldsymbol{0}$, $\boldsymbol{v} \neq \boldsymbol{0}$ の場合

一方，ループ内に生じる起電力 V_e に対応する電界 $\boldsymbol{E}$ に対して

$$V_e = \oint_C \boldsymbol{E} \cdot d\boldsymbol{r} \tag{9.4}$$

という関係があるから，式 (9.3) は

$$\oint_C \boldsymbol{E} \cdot d\boldsymbol{r} = -\iint_S \frac{\partial \boldsymbol{B}}{\partial t} \cdot d\boldsymbol{S} + \oint_C (\boldsymbol{v} \times \boldsymbol{B}) \cdot d\boldsymbol{r} \tag{9.5}$$

と書き直すことができる。以降，① および ② の二つの場合について，式 (9.2) を直接調べよう。

（2） 磁束密度が時間的に変化し，ループが静止している場合　ループ C が静止していることから，ループ C によって囲まれた曲面 S は時刻 t の関数ではない。したがって，磁束 Φ の時間微分は

$$\begin{aligned}
\frac{d\Phi}{dt} &= \lim_{\Delta t \to 0} \frac{\Phi(t+\Delta t) - \Phi(t)}{\Delta t} \\
&= \lim_{\Delta t \to 0} \frac{1}{\Delta t} \left\{ \iint_S \boldsymbol{B}(\boldsymbol{r}, t+\Delta t) \cdot d\boldsymbol{S} - \iint_S \boldsymbol{B}(\boldsymbol{r}, t) \cdot d\boldsymbol{S} \right\} \\
&= \iint_S \left\{ \lim_{\Delta t \to 0} \frac{\boldsymbol{B}(\boldsymbol{r}, t+\Delta t) - \boldsymbol{B}(\boldsymbol{r}, t)}{\Delta t} \right\} \cdot d\boldsymbol{S} \\
&= \iint_S \frac{\partial \boldsymbol{B}}{\partial t} \cdot d\boldsymbol{S}
\end{aligned} \tag{9.6}$$

と与えられる。ここで，$\boldsymbol{B}(\boldsymbol{r}, t)$ は曲面 S を通過する磁束密度であり，仮定より時刻 t の関数である。式 (9.2) に式 (9.4), (9.6) を代入すると

$$\oint_C \boldsymbol{E} \cdot d\boldsymbol{r} = -\iint_S \frac{\partial \boldsymbol{B}}{\partial t} \cdot d\boldsymbol{S} \tag{9.7}$$

という関係が得られる。式 (9.7) の左辺に対してストークスの定理 (7.25) を適用すると

$$\iint_S \nabla \times \boldsymbol{E} \cdot d\boldsymbol{S} = -\iint_S \frac{\partial \boldsymbol{B}}{\partial t} \cdot d\boldsymbol{S} \tag{9.8}$$

となる。任意の曲面 S に対して式 (9.8) が成り立つことから

$$\nabla \times \boldsymbol{E} = -\frac{\partial \boldsymbol{B}}{\partial t} \tag{9.9}$$

を得る。これは式 (9.7) の微分形であり，マクスウェルの方程式の一つである。

もし $\boldsymbol{B}$ が時刻 t の関数でないならば，式 (9.7) から

$$\oint_C \boldsymbol{E} \cdot d\boldsymbol{r} = 0 \tag{9.10}$$

が得られ，式 (9.9) から

$$\nabla \times \boldsymbol{E} = \boldsymbol{0} \tag{9.11}$$

が得られる。このように，時間的に変化しない場合，ファラデーの電磁誘導の法則の式 (9.7), (9.9) は静電界が保存場であることを示す式 (9.10), (9.11) となる。

(3) 磁束密度が時間的に変化せず，ループが運動している場合　磁束密度 $\boldsymbol{B}$ は時刻 t の関数ではない。一方，ループは時刻 t とともにその位置が変化することを考慮して，ループを $C(\boldsymbol{r}, t)$ と表し，ループによって囲まれる曲面を $S(\boldsymbol{r}, t)$ と表す。このとき，磁束 Φ の時間微分は

$$\begin{aligned} \frac{d\Phi}{dt} &= \lim_{\Delta t \to 0} \frac{\Phi(t + \Delta t) - \Phi(t)}{\Delta t} \\ &= \lim_{\Delta t \to 0} \frac{1}{\Delta t} \left\{ \iint_{S(\boldsymbol{r}, t+\Delta t)} \boldsymbol{B} \cdot d\boldsymbol{S} - \iint_{S(\boldsymbol{r}, t)} \boldsymbol{B} \cdot d\boldsymbol{S} \right\} \end{aligned} \tag{9.12}$$

と与えられる。ループは速度 $\boldsymbol{v}$ で運動しており，**図 9.2** に示すように，時刻 t において $C(\boldsymbol{r}, t)$ であったループが時刻 $t + \Delta t$ において $C(\boldsymbol{r}, t + \Delta t)$ に移動し

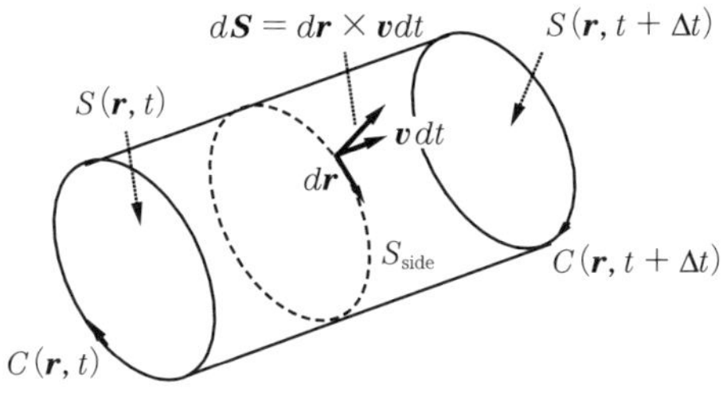

図 9.2　閉曲線 $C(\boldsymbol{r}, t)$ の運動により，曲面 $S(\boldsymbol{r}, t)$ が通過する領域

ている。このループ面が通過した領域を考えると，その境界面は閉曲面であり，$S(\boldsymbol{r},t)$, $S(\boldsymbol{r},t+\Delta t)$ および残りの側面 $S_{\rm side}$ より構成される。この境界面に対して，磁界に関するガウスの法則 (7.29) を適用すると

$$\iint_{S(\boldsymbol{r},t)} \boldsymbol{B}\cdot(-d\boldsymbol{S}) + \iint_{S(\boldsymbol{r},t+\Delta t)} \boldsymbol{B}\cdot d\boldsymbol{S} + \iint_{S_{\rm side}} \boldsymbol{B}\cdot d\boldsymbol{S} = 0 \quad (9.13)$$

となる。式 (7.29) を適用する際，面積分の面素の向きは外向きに選ぶことから，式 (9.13) の左辺第 1 項の面素を $-d\boldsymbol{S}$ としている。式 (9.13) を式 (9.12) に代入すると

$$\frac{d\Phi}{dt} = -\lim_{\Delta t\to 0}\frac{1}{\Delta t}\iint_{S_{\rm side}} \boldsymbol{B}\cdot d\boldsymbol{S} \quad (9.14)$$

となる。このように，磁束の時間的変化は，最初にループを通過していた磁束から移動後のループを通過する磁束を差し引くとよい。この様子を図 **9.3** に示す。さて，側面 $S_{\rm side}$ における面素は，ループ $C(\boldsymbol{r},t)$ における線素 $d\boldsymbol{r}$ およびループの微小変位 $\boldsymbol{v}dt$ を用いて，$d\boldsymbol{S} = d\boldsymbol{r}\times\boldsymbol{v}dt$ と与えられるので，Δt が十分に小さいとすれば

$$\begin{aligned}\iint_{S_{\rm side}} \boldsymbol{B}\cdot d\boldsymbol{S} &= \int_0^{\Delta t}\oint_{C(\boldsymbol{r},t)} \boldsymbol{B}\cdot(d\boldsymbol{r}\times\boldsymbol{v})dt \\ &\fallingdotseq \Delta t\oint_{C(\boldsymbol{r},t)} (\boldsymbol{v}\times\boldsymbol{B})\cdot d\boldsymbol{r}\end{aligned} \quad (9.15)$$

と近似できる。ここで，スカラー三重積の公式 (B.4) を利用した。式 (9.15) を式 (9.14) に代入すると

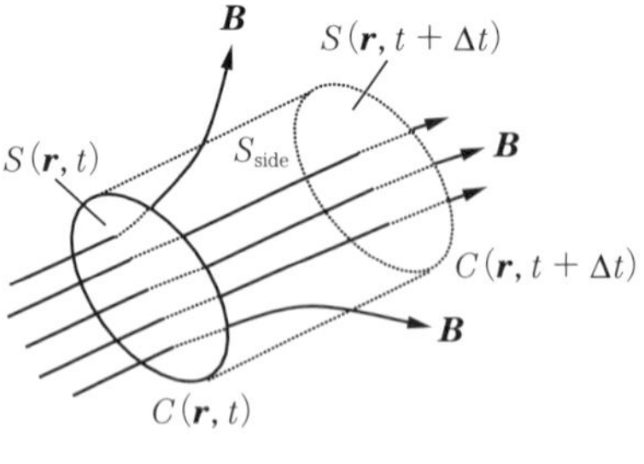

図 **9.3**　閉曲線 $C(\boldsymbol{r},t)$ の運動による磁束の変化

$$\frac{d\Phi}{dt} = -\oint_{C(\boldsymbol{r},t)} (\boldsymbol{v} \times \boldsymbol{B}) \cdot d\boldsymbol{r} \tag{9.16}$$

を得る。したがって，式 (9.4) と式 (9.16) より，式 (9.2) は

$$\oint_C \boldsymbol{E} \cdot d\boldsymbol{r} = \oint_C (\boldsymbol{v} \times \boldsymbol{B}) \cdot d\boldsymbol{r} \tag{9.17}$$

となるので，任意のループ C に対して式 (9.17) が成り立つためには

$$\boldsymbol{E} = \boldsymbol{v} \times \boldsymbol{B} \tag{9.18}$$

とならなければならない。このように，ループが磁束密度の中を運動することにより誘導電界が生じる。

例題 9.1　**図 9.4** に示すように，U 字形に曲げた導線に直線状の導線をわたして長方形回路をつくる。U 字形の導線の向かい合う 2 辺の間隔を l とする。このとき，回路に対して垂直になるように，大きさ B の一様な磁束密度を印加する。わたした導線が一定の速さ v で運動するとき，磁束の時間変化に着目して，回路に生じる起電力を求めよ。

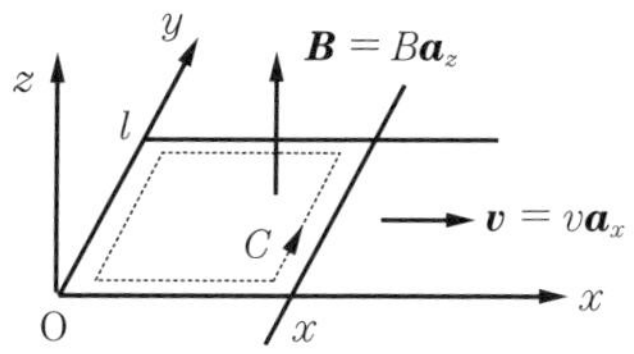

図 9.4　U 字形導線上を移動する直線導体による起電力

【解答】 図 9.4 に示すように，座標系を設定する。題意より，$\boldsymbol{B} = B\boldsymbol{a}_z$, $\boldsymbol{v} = v\boldsymbol{a}_x$ となる。直線状導線が運動することにより生じる誘導電界は $\boldsymbol{E} = \boldsymbol{v} \times \boldsymbol{B} = (v\boldsymbol{a}_x) \times (B\boldsymbol{a}_z) = -vB\boldsymbol{a}_y$ と与えられるので，ループ C に沿って生じる起電力は

$$V_e = \oint_C \boldsymbol{E} \cdot d\boldsymbol{r} = \int_{y=0}^{l} (-vB\boldsymbol{a}_y) \cdot (\boldsymbol{a}_y dy) = -vB \int_0^l dy = -vBl$$

となる。上式の負号は起電力がループ C と反対向きに生じることを示している。 ◇

（4） **自己誘導と相互誘導**　N 個のループ C_j に電流 I_j を流すとき，ルー

プ C_i に鎖交する磁束 Λ_i は式 (8.34) で与えられる。式 (9.1) により，ループ C_i に生じる起電力は

$$V_{ei} = -\frac{d\Lambda_i}{dt} = -L_{ii}\frac{dI_i}{dt} - \sum_{i \neq j} L_{ij}\frac{dI_j}{dt} \tag{9.19}$$

となる。このように，ループ C_i に生じる起電力は，ループ C_i 自身に流れる電流 I_i の時間変化によって誘導される起電力 $-L_{ii}(dI_i/dt)$ と自身以外のループ C_j $(j \neq i)$ に流れる電流 I_j によって誘導される起電力 $-L_{ij}(dI_j/dt)$ の和として与えられる。前者の電磁誘導を**自己誘導**（self-induction）といい，後者を**相互誘導**（mutual induction）という。

9.2　磁気的蓄積エネルギー

（1）磁気的蓄積エネルギーの回路的表現　閉曲線 C で囲まれた曲面 S 内で鎖交磁束 Λ が時間的に変化した場合を考えよう。ファラデーの電磁誘導の法則 (9.1) により，閉曲線 C に沿って誘導起電力 $V_e = -d\Lambda/dt$ が生じるが，この起電力に逆らって微小電荷 $dQ = Idt$ がこの閉曲線 C に沿って運動するためには外部からエネルギーの供給を受ける必要がある。このエネルギーは

$$dW_m = -V_e dQ = -V_e I dt = I d\Lambda = \frac{1}{L}\Lambda d\Lambda \tag{9.20}$$

となる。ここで，L を自己インダクタンスとし，$I = \Lambda/L$ の関係を利用した。これより，鎖交磁束を 0 から Λ まで増やすのに要する仕事は

$$W_m = \int_0^{\Lambda} \frac{1}{L}\Lambda d\Lambda = \frac{1}{2}\frac{\Lambda^2}{L} = \frac{1}{2}\Lambda I = \frac{1}{2}LI^2 \tag{9.21}$$

と与えられる。これがインダクタの**磁気的蓄積エネルギー**（stored magnetic energy）である。

（2）磁気的蓄積エネルギーとそのエネルギー密度　まず閉曲線 C に沿って電流 I が流れるときの磁気的蓄積エネルギーを計算する。閉曲線 C で囲まれた曲面 S を n 分割し，その小曲面 S_i の周囲を閉曲線 C_i で表す。閉曲線 C_i に沿って流れる電流を I_i とし，曲面 S_i を通過する鎖交磁束を Λ_i とする。$\boldsymbol{B} = \nabla \times \boldsymbol{A}$

の関係およびストークスの定理 (7.25) を利用して

$$\Lambda_i = N_i \iint_{S_i} \boldsymbol{B} \cdot d\boldsymbol{S} = N_i \iint_{S_i} \nabla \times \boldsymbol{A} \cdot d\boldsymbol{S} = N_i \oint_{C_i} \boldsymbol{A} \cdot d\boldsymbol{r} \tag{9.22}$$

と与えられることに注意すると

$$\begin{aligned} W_m &= \lim_{n\to\infty} \sum_{i=1}^{n} \frac{1}{2} I_i \Lambda_i = \lim_{n\to\infty} \sum_{i=1}^{n} \frac{1}{2} I_i N_i \oint_{C_i} \boldsymbol{A} \cdot d\boldsymbol{r} \\ &= \lim_{n\to\infty} \frac{1}{2} \sum_{i=1}^{n} \oint_{C_i} \boldsymbol{A} \cdot N_i I_i d\boldsymbol{r} \end{aligned} \tag{9.23}$$

となる。最後の等号は閉曲線 C_i が十分に小さいとして，閉曲線 C_i に沿って鎖交電流 $N_i I_i$ が一定であるとみなせることによる。また，式 (9.23) において隣り合う閉曲線 C_i の共有部分における線積分の寄与は 0 となるので，式 (9.23) は閉曲線 C に沿った線積分により評価すればよい。したがって

$$W_m = \frac{1}{2} \oint_C \boldsymbol{A} \cdot N I d\boldsymbol{r} \tag{9.24}$$

となる。NI は閉曲線 C に沿う鎖交電流である。いま，電流が閉曲線 C に沿ってのみ存在するのではなく，空間的に分布するのならば，磁気的蓄積エネルギーは，式 (9.24) において電流素片 $NId\boldsymbol{r}$ を $\boldsymbol{J}dv$ に置き換え，電流が流れる領域 v における体積分を考えて

$$W_m = \frac{1}{2} \iiint_v \boldsymbol{A} \cdot \boldsymbol{J} dv \tag{9.25}$$

と与えられる。ベクトル恒等式 (B.16) および $\nabla \times \boldsymbol{B} = \mu \boldsymbol{J}$，$\nabla \times \boldsymbol{A} = \boldsymbol{B}$ の関係より

$$\nabla \cdot (\boldsymbol{B} \times \boldsymbol{A}) = \boldsymbol{A} \cdot \nabla \times \boldsymbol{B} - \boldsymbol{B} \cdot \nabla \times \boldsymbol{A} = \mu \boldsymbol{A} \cdot \boldsymbol{J} - \boldsymbol{B} \cdot \boldsymbol{B}$$

であるから，ガウスの発散定理 (3.23) を利用して

$$\begin{aligned} W_m &= \frac{1}{2\mu} \iiint_v \nabla \cdot (\boldsymbol{B} \times \boldsymbol{A}) dv + \frac{1}{2} \iiint_v \boldsymbol{B} \cdot \boldsymbol{H} dv \\ &= \frac{1}{2\mu} \oint\!\!\oint_S \boldsymbol{B} \times \boldsymbol{A} \cdot d\boldsymbol{S} + \iiint_v \frac{\boldsymbol{B} \cdot \boldsymbol{H}}{2} dv \end{aligned} \tag{9.26}$$

を得る。ここで，S として $r \to \infty$ とした S_∞ を選ぶと，$|\boldsymbol{B}| \propto 1/r^2$, $|\boldsymbol{A}| \propto 1/r$, $|d\boldsymbol{S}| \propto r^2$ であるから，$|\boldsymbol{B} \times \boldsymbol{A} \cdot d\boldsymbol{S}| \propto 1/r$ となる。これより，$r \to \infty$ のとき，式 (9.26) の第 1 項は 0 としてよい。ゆえに，磁気的蓄積エネルギーは

$$W_m = \iiint_v w_m dv = \iiint_v \frac{\boldsymbol{B} \cdot \boldsymbol{H}}{2} dv \quad \text{〔J〕} \tag{9.27}$$

となる。これより，**磁界のエネルギー密度**（magnetic energy density）は

$$w_m = \frac{\boldsymbol{B} \cdot \boldsymbol{H}}{2} \quad \text{〔J/m}^3\text{〕} \tag{9.28}$$

と与えられる。

（3） 磁気的蓄積エネルギーによるインダクタンスの表現　n 個のループ C_i に電流 I_i が流れるとき，ループ C_i に囲まれた曲面 S_i を通過する鎖交磁束を Λ_i とすると，これらのループにおける磁気的蓄積エネルギーは，式 (9.21) より

$$\begin{aligned} W_m &= \sum_{i=1}^{n} \frac{1}{2} \Lambda_i I_i = \sum_{i=1}^{n} \frac{1}{2} \left(\sum_{j=1}^{n} L_{ij} I_j \right) I_i \\ &= \frac{1}{2} \sum_{i=1}^{n} \sum_{j=1}^{n} L_{ij} I_i I_j \end{aligned} \tag{9.29}$$

と与えられる。いま，ループ C_i に流れる電流 I_i により生じる磁界を $\boldsymbol{H}_i$ とする。式 (9.29) において $I_i \neq 0$, $I_j = 0\,(j \neq i)$ であるとき，$\boldsymbol{H}_j = \boldsymbol{0}\,(j \neq i)$ となり，$\boldsymbol{H} = \boldsymbol{H}_i$ となることから，自己インダクタンス L_{ii} は

$$L_{ii} = \frac{1}{I_i^2} \iiint_v \mu |\boldsymbol{H}_i|^2 dv \tag{9.30}$$

と与えられる。また，式 (9.29) において $I_i \neq 0$, $I_j \neq 0$, $I_k = 0\,(k \neq i, j)$ であるとき，$\boldsymbol{H}_k = \boldsymbol{0}\,(k \neq i, j)$ となり，$\boldsymbol{H} = \boldsymbol{H}_i + \boldsymbol{H}_j$ となることから，つぎの関係が得られる。

$$\begin{aligned} \frac{1}{2} L_{ii} I_i^2 + L_{ij} I_i I_j + \frac{1}{2} L_{jj} I_j^2 &= \frac{1}{2} \iiint_v \mu (\boldsymbol{H}_i + \boldsymbol{H}_j) \cdot (\boldsymbol{H}_i + \boldsymbol{H}_j) dv \\ &= \frac{1}{2} \iiint_v \mu |\boldsymbol{H}_i|^2 dv + \iiint_v \mu \boldsymbol{H}_i \cdot \boldsymbol{H}_j dv + \frac{1}{2} \iiint_v \mu |\boldsymbol{H}_j|^2 dv \end{aligned}$$

ただし，$L_{ji}=L_{ij}$ であることを利用した。式 (9.30) の関係を考慮して，相互インダクタンス L_{ij} は

$$L_{ij}=\frac{1}{I_iI_j}\iiint_v \mu\boldsymbol{H}_i\cdot\boldsymbol{H}_j dv \tag{9.31}$$

と与えられる。

例題 9.2　同軸ケーブルの単位長さ当りの自己インダクタンスを計算せよ。ただし，内導体は半径 a の導電性（透磁率 μ_0）の導体とし，外導体は半径 b の導電シールドとする。なお，内外導体間の透磁率を μ とし，電流 I が内導体断面を一様に流れていると仮定せよ。

【解答】　同軸ケーブルの中心軸を z 軸とするような円筒座標系で考える。例題 7.6 の結果から，磁界は，内導体の内部において $\boldsymbol{H}=(I\rho/2\pi a^2)\boldsymbol{a}_\phi$ となり，内外導体間において $\boldsymbol{H}=(I/2\pi\rho)\boldsymbol{a}_\phi$ となる。これから，同軸ケーブルの単位長さ当りの磁気的蓄積エネルギーは

$$\begin{aligned}W_m&=\iiint_v\frac{\mu}{2}|\boldsymbol{H}|^2dv=\frac{\mu_0}{2}\int_0^1\int_0^{2\pi}\int_0^a\left(\frac{I\rho}{2\pi a^2}\right)^2\rho d\rho d\phi dz\\&\quad+\frac{\mu}{2}\int_0^1\int_0^{2\pi}\int_a^b\left(\frac{I}{2\pi\rho}\right)^2\rho d\rho d\phi dz\\&=\frac{\mu_0I^2}{4\pi a^4}\int_0^a\rho^3d\rho+\frac{\mu I^2}{4\pi}\int_a^b\frac{d\rho}{\rho}=I^2\left(\frac{\mu_0}{16\pi}+\frac{\mu}{4\pi}\ln\frac{b}{a}\right)\end{aligned}$$

となるから，自己インダクタンスは

$$L=\frac{2W_m}{I^2}=\frac{\mu_0}{8\pi}+\frac{\mu}{2\pi}\ln\frac{b}{a}$$

と与えられる。　◇

過去の Q&A から

Q9.1: S_∞ において，$|\boldsymbol{B}|\propto 1/r^2$，$|\boldsymbol{A}|\propto 1/r$，$|d\boldsymbol{S}|\propto r^2$ となる理由をもう少し詳しく説明して下さい。

A9.1: $r\gg r'$ であるとき，ベクトルポテンシャル $\boldsymbol{A}$ と磁束密度 $\boldsymbol{B}$ は

$$\boldsymbol{A}=\frac{\mu}{4\pi}\iiint_v\frac{\boldsymbol{J}dv}{R}\fallingdotseq\frac{\mu}{4\pi r}\iiint_v\boldsymbol{J}dv$$

$$\boldsymbol{B} = \frac{\mu}{4\pi}\iiint_v \frac{\boldsymbol{J}dv \times \boldsymbol{a}_R}{R^2} \fallingdotseq \frac{\mu}{4\pi r^2}\iiint_v \boldsymbol{J}dv \times \boldsymbol{a}_r$$

と近似できます。最後の $\fallingdotseq$ では $R = |\boldsymbol{r} - \boldsymbol{r}'| \fallingdotseq r$ という近似を利用します。これから，十分に遠方では，$\boldsymbol{A}$ は $1/r$ の割合で減少し，$\boldsymbol{B}$ は $1/r^2$ の割合で減少します。一方，十分に大きな領域 v として半径 r の球を考えると，その球面 S 上の面素は $d\boldsymbol{S} = \boldsymbol{a}_r r^2 \sin\theta d\theta d\phi$ となります。

9.3　仮想変位と磁界の及ぼす力

仮想仕事の原理によって，導体や磁性体に作用する力を議論する。磁界内で，導体や磁性体が $d\boldsymbol{r}$ だけ仮想変位した場合を考える。このときのエネルギー収支について，その変化分に着目する。系に入力されるエネルギーの増分 dW_s は，系の磁気的なエネルギーの増分 dW_m と力学的に行われた仕事 dW に費やされる。これを式で書くと

$$dW_m + dW = dW_s \tag{9.32}$$

となる。系に作用している力を $\boldsymbol{F}$ とすれば，力学的に行われた仕事は $dW = \boldsymbol{F}\cdot d\boldsymbol{r}$ と与えられる。一方，式 (4.24) から，エネルギーの増分は $dW_m = (\nabla W_m)\cdot d\boldsymbol{r}$ となる。したがって，つぎの関係が成り立つ。

$$(\boldsymbol{F} + \nabla W_m)\cdot d\boldsymbol{r} = dW_s \tag{9.33}$$

（1）　系に対する入力エネルギーが存在しない場合　　$dW_s = 0$ であるから，作用する力は

$$\boldsymbol{F} = -\nabla W_m \tag{9.34}$$

と与えられる。

（2）　各物体に流れる電流が一定である場合　　物体 i の電流 I_i は一定であるが，鎖交磁束 Λ_i は可変である場合，系に入力されるエネルギーの増分 dW_s は

$$dW_s = \sum_{i=1}^{n} I_i d\Lambda_i = \sum_{i=1}^{n} I_i d(L_i I_i) = \sum_{i=1}^{n} I_i^2 dL_i = d\left(\sum_{i=1}^{n} L_i I_i^2\right)$$
$$= d(2W_m) = 2dW_m$$

と変形されるので，作用する力は

$$\boldsymbol{F} = \nabla W_m \tag{9.35}$$

と与えられる。

（3）相互インダクタンスと電流間に作用する力の関係　電流 I_i が流れる閉曲線 C_i と電流 I_j が流れる閉曲線 C_j における磁気的蓄積エネルギーは，式 (9.29) から

$$W_m = \frac{1}{2} L_{ii} I_i^2 + L_{ij} I_i I_j + \frac{1}{2} L_{jj} I_j^2 \tag{9.36}$$

と与えられる。閉曲線 C_i, C_j の形状が不変であるとすれば，これらの閉曲線に流れる電流の間に作用する力は

$$\boldsymbol{F} = \nabla W_m = I_i I_j \nabla L_{ij} \tag{9.37}$$

と与えられる。

例題 9.3　一様な電流 I_1 が z 軸に沿って流れている。また，z 軸から d の位置に固定された一辺 a の正方形ループに沿って一様な電流 I_2 が流れている。相互インダクタンスの勾配を計算し，正方形ループに作用する力を求めよ。

【解答】　例題 8.4 より，相互インダクタンス M は，d を y に置き換えると

$$M = \frac{\mu_0 a}{2\pi} \ln \frac{y+a}{y} = -\frac{\mu_0 a}{2\pi} \{\ln y - \ln(y+a)\}$$

と与えられる。この M が y のみの関数であることに注意して，式 (9.37) より

$$\boldsymbol{F} = I_1 I_2 \nabla M = I_1 I_2 \frac{\partial M}{\partial y} \boldsymbol{a}_y = -\frac{\mu_0 I_1 I_2 a}{2\pi} \left(\frac{1}{y} - \frac{1}{y+a}\right) \boldsymbol{a}_y$$

となる。y を d に置き換えて

$$\boldsymbol{F} = -\frac{\mu_0 I_1 I_2 a}{2\pi}\left(\frac{1}{d} - \frac{1}{d+a}\right)\boldsymbol{a}_y$$

を得る。これは例題 8.1 の結果と一致する。　◇

9.4　変　位　電　流

（1）　変位電流の導入　　これまでに学習してきた電磁気に関する法則の微分形を列挙する。

$$\nabla \cdot \boldsymbol{D} = \rho_v \tag{9.38}$$

$$\nabla \times \boldsymbol{H} = \boldsymbol{J} \tag{9.39}$$

$$\nabla \cdot \boldsymbol{B} = 0 \tag{9.40}$$

$$\nabla \times \boldsymbol{E} = -\frac{\partial \boldsymbol{B}}{\partial t} \tag{9.41}$$

ベクトル恒等式 (B.22) を利用すると

$$\nabla \cdot (\nabla \times \boldsymbol{H}) = 0 \tag{9.42}$$

の関係が数学的につねに成り立つ。一方，式 (9.39) の両辺に対して発散を考えると

$$\nabla \cdot (\nabla \times \boldsymbol{H}) = \nabla \cdot \boldsymbol{J} \tag{9.43}$$

となるから，$\nabla \cdot \boldsymbol{J} = 0$ とならなければならない。しかしながら，連続の式

$$\nabla \cdot \boldsymbol{J} = -\frac{\partial \rho_v}{\partial t} \tag{9.44}$$

から，必ずしも $\nabla \cdot \boldsymbol{J} = 0$ とはならない。$\nabla \cdot \boldsymbol{J} = 0$ となる例として，ρ_v が時間的に変化しない，すなわち，時刻 t の関数でない場合が考えられるが，一般に，$\nabla \cdot \boldsymbol{J} \neq 0$ と考えるべきである。この矛盾を解決するために，式 (9.39) の右辺に $\boldsymbol{G}$ を追加してみよう。

$$\nabla \times \boldsymbol{H} = \boldsymbol{J} + \boldsymbol{G} \tag{9.45}$$

式 (9.45) の両辺の発散を考えると

$$\nabla \cdot (\nabla \times \boldsymbol{H}) = \nabla \cdot \boldsymbol{J} + \nabla \cdot \boldsymbol{G} \tag{9.46}$$

となり，ベクトル恒等式 (9.42) および連続の式 (9.44) から

$$-\frac{\partial \rho_v}{\partial t} + \nabla \cdot \boldsymbol{G} = 0 \tag{9.47}$$

の関係を得る。式 (9.47) を式 (9.38) に代入し，時間微分 $\partial/\partial t$ と発散 $\nabla\cdot$ の演算順序を入れ替えると

$$\nabla \cdot \left(\boldsymbol{G} - \frac{\partial \boldsymbol{D}}{\partial t}\right) = 0 \tag{9.48}$$

を得る。このように，$\boldsymbol{G} = \dfrac{\partial \boldsymbol{D}}{\partial t}$ とすれば，先ほどの矛盾は解決されることになる。そこで，式 (9.39) の右辺に**変位電流密度**（displacement current density）$\dfrac{\partial \boldsymbol{D}}{\partial t}$ を追加し，**アンペア・マクスウェルの法則**の微分形とする。

$$\nabla \times \boldsymbol{H} = \boldsymbol{J} + \frac{\partial \boldsymbol{D}}{\partial t} \tag{9.49}$$

積分形は，ある曲面 S に対して式 (9.49) の面積分を考え，ストークスの定理 (7.25) を適用することにより得られる。

$$\oint_C \boldsymbol{H} \cdot d\boldsymbol{r} = \iint_S \left(\boldsymbol{J} + \frac{\partial \boldsymbol{D}}{\partial t}\right) \cdot d\boldsymbol{S} = I_{\text{net through } S} + I_d \tag{9.50}$$

このように，定常磁界に関するアンペアの周回路の法則 (7.16) に**変位電流**（displacement current）

$$I_d = \iint_S \frac{\partial \boldsymbol{D}}{\partial t} \cdot d\boldsymbol{S} \tag{9.51}$$

の項を追加することにより，時間的に変化する場合に拡張される。変位電流は，1864 年，マクスウェルによって導入された。

（2） 空間を伝わる変位電流　変位電流は，導体が存在しなくても，電束

密度 $\boldsymbol{D}$ の時間的な変化により空間を流れる。その一例として，図 **9.5** に示す平行平板コンデンサの極板間を流れる変位電流について考える。極板の位置は時間的に変化しないと仮定する。電流 I が電源より導線を通じて上部極板まで流れ，下部極板から導線を通じて電源まで戻るとしよう。電源が直流電源であれば，コンデンサの極板間に電流が流れることはない。直流の場合，時間的な変化はないので，極板間の変位電流密度が $\partial\boldsymbol{D}/\partial t = \boldsymbol{0}$ となるためである。ところが，電源が交流電源であれば，極板間の変位電流密度が $\partial\boldsymbol{D}/\partial t \neq \boldsymbol{0}$ となり，極板間に変位電流が流れることになる。

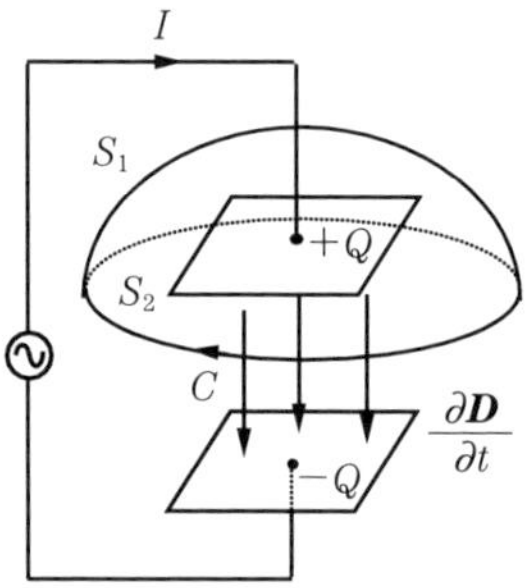

図 9.5　平行平板コンデンサの極板間を流れる変位電流

さて，導線を流れる導電電流 I は上部極板の電荷 Q に時間的な変化を引き起こすので，極板の面電荷密度を ρ_s とすれば

$$I = \frac{\partial Q}{\partial t} = \frac{\partial}{\partial t}\iint_S \rho_s dS \tag{9.52}$$

という関係にある。ただし，S は極板の平面を表す。一方，クーロンの定理の式 (5.9) から，$\rho_s = \boldsymbol{D}\cdot\boldsymbol{a}_n$ が成り立つ。ただし，$\boldsymbol{a}_n$ は極板に関する法単位ベクトルである。これから

$$I = \frac{\partial}{\partial t}\iint_S \boldsymbol{D}\cdot\boldsymbol{a}_n dS = \frac{\partial}{\partial t}\iint_S \boldsymbol{D}\cdot d\boldsymbol{S} \tag{9.53}$$

となる。極板は静止しているので，時間微分と面積分の順序を入れ替えて

$$I = \iint_S \frac{\partial\boldsymbol{D}}{\partial t}\cdot d\boldsymbol{S} = I_d \tag{9.54}$$

という関係を得る。すなわち，コンデンサに流れ込んだ導電電流 I が極板間において変位電流 I_d に変換されることがわかる。

このように，導体がなくとも電流が流れることから，電界および磁界が波として伝わること，すなわち，電磁波の存在が予想される。実際，変位電流の導入よりマクスウェルは電界および磁界が波の性質を示し，その速さが光速であることを予言した。この予言は，1888 年，ヘルツによって実験的に確認された。

過去の Q&A から

Q9.2:「変位電流は，導体が存在しなくても，電束密度 $\boldsymbol{D}$ の時間的な変化により空間を流れる」ことがイメージできません。

A9.2: 図 9.5 において，電極間に閉曲線 C を取り，アンペアの周回路の法則 (7.15) を適用しよう。閉曲線 C を周囲とする曲面を S_1 とするとき，鎖交電流は I となるので

$$\oint_C \boldsymbol{H} \cdot d\boldsymbol{r} = I$$

が得られます。閉曲線 C を周囲とする曲面は任意に設定できるので，これを S_2 とします。図 9.5 に示す曲面 S_2 を通過する電流は存在しないので

$$\oint_C \boldsymbol{H} \cdot d\boldsymbol{r} = 0$$

が得られます。ところで，電流が流れると，コンデンサには電荷が送り込まれ，電極間には電束密度 $\boldsymbol{D}$ が生じます。上部極板 S 上の電荷を Q とすると，単位時間当りの電荷の増加量は

$$\frac{\partial Q}{\partial t} = \frac{\partial}{\partial t}\iint_S \boldsymbol{D} \cdot d\boldsymbol{S} = \iint_S \frac{\partial \boldsymbol{D}}{\partial t} \cdot d\boldsymbol{S}$$

と記述でき，電荷の時間変化に応じて電束密度も時間的に変化することになります。電荷の単位時間当りの増加量 dQ/dt は上部極板に流れ込む電流 I に等しいので，この電流に等しいだけの変位電流が電極間を流れると考えられます。このように考えると，電極間に導線がなくとも，コンデンサの極板間に交流電流が流れることを理解できるでしょう。なお，変位電流の導入より，曲面 S_1 および S_2 に対して，磁界に関する線積分は同じとなり，導入前の矛盾点が解消されます。

Q9.3: 変位電流は電磁波と同じですか。

A9.3: 変位電流密度，つまり，電束密度の時間的な変化を導入すると，電束密度の時間変化によって磁界が空間的に渦を巻く変化をし，磁束密度の時間変化によって電界が空間的に渦を巻く変化をします。つまり，電界の変化と磁界の変化が同時に起きることになります。この変化を調べると（10 章参照），電界や磁界は波として伝わることがわかります。これを電磁波と呼んでいます。

9.5　マクスウェルの方程式

本節では，これまで学習した電磁気学に関する法則を**マクスウェルの方程式**（Maxwell's equations）としてまとめる。

（1）マクスウェルの方程式の微分形

$$\nabla \times \boldsymbol{E} = -\frac{\partial \boldsymbol{B}}{\partial t} \tag{9.55a}$$

$$\nabla \times \boldsymbol{H} = \boldsymbol{J} + \frac{\partial \boldsymbol{D}}{\partial t} \tag{9.55b}$$

$$\nabla \cdot \boldsymbol{D} = \rho_v \tag{9.55c}$$

$$\nabla \cdot \boldsymbol{B} = 0 \tag{9.55d}$$

式 (9.55a) および式 (9.55b) は，回転が含まれることから，**マクスウェルの回転方程式**（Maxwell's rotation equations）と呼ばれることがある。また，これら 4 本の方程式から導出できるが，連続の式

$$\nabla \cdot \boldsymbol{J} = -\frac{\partial \rho_v}{\partial t} \tag{9.55e}$$

についても記憶にとどめておくべきであろう。

（2）構 成 関 係　　マクスウェルの方程式は成分に分解すると 8 本の方程式であるのに対して，未知量は $\boldsymbol{E}$, $\boldsymbol{D}$, $\boldsymbol{B}$, $\boldsymbol{H}$ のそれぞれ 3 成分の 12 個である。このままでは電磁界を決定できないので，媒質の性質を与える**構成関係**（constitutive relations）が必要となる。例えば，等方性媒質の構成関係は

$$\boldsymbol{D} = \varepsilon \boldsymbol{E} \tag{9.56a}$$

$$\boldsymbol{B} = \mu \boldsymbol{H} \tag{9.56b}$$

$$\boldsymbol{J} = \boldsymbol{J}_0 + \sigma \boldsymbol{E} \tag{9.56c}$$

となる。ただし，ε は媒質の誘電率，μ は媒質の透磁率，$\boldsymbol{J}_0$ は外部から与えられた**印加電流密度** (impressed current density)，σ は媒質の導電率である。媒質が無損失であるとき，その導電率は $\sigma = 0$ となる。

なお，体積電荷密度 ρ_v および印加電流密度 $\boldsymbol{J}_0$ の存在が電磁界の源となっていることに注意されたい。

例題 9.4 マクスウェルの回転方程式 (9.55a), (9.55b) と連続の式 (9.55e) からガウスの法則の微分形 (9.55c), (9.55d) を導出せよ。

【解答】 式 (9.55a) の発散を計算する。ベクトル恒等式 (B.22) を利用して

$$0 = \nabla \cdot (\nabla \times \boldsymbol{E}) = \nabla \cdot \left(-\frac{\partial \boldsymbol{B}}{\partial t} \right) = -\frac{\partial}{\partial t} (\nabla \cdot \boldsymbol{B})$$

となるので，時間積分を行うことより，$\nabla \cdot \boldsymbol{B} = 0$ を得る。

一方，式 (9.55b) の発散を計算し，連続の式 (9.55e) を適用する。ベクトル恒等式 (B.22) を利用して

$$0 = \nabla \cdot (\nabla \times \boldsymbol{H}) = \nabla \cdot \boldsymbol{J} + \nabla \cdot \left(\frac{\partial \boldsymbol{D}}{\partial t} \right) = \frac{\partial}{\partial t} (-\rho_v + \nabla \cdot \boldsymbol{D})$$

となる。上式を時間積分することにより，$\nabla \cdot \boldsymbol{D} = \rho_v$ を得る。 ◇

(3) マクスウェルの方程式の積分形

$$\oint_C \boldsymbol{E} \cdot d\boldsymbol{r} = -\iint_S \frac{\partial \boldsymbol{B}}{\partial t} \cdot d\boldsymbol{S} \tag{9.57a}$$

$$\oint_C \boldsymbol{H} \cdot d\boldsymbol{r} = \iint_S \left(\boldsymbol{J} + \frac{\partial \boldsymbol{D}}{\partial t} \right) \cdot d\boldsymbol{S} \tag{9.57b}$$

$$\oiint_S \boldsymbol{D} \cdot d\boldsymbol{S} = \iiint_v \rho_v dv \tag{9.57c}$$

$$\oiint_S \boldsymbol{B} \cdot d\boldsymbol{S} = 0 \tag{9.57d}$$

式 (9.57a), (9.57b) は，式 (9.55a), (9.55b) を閉曲線 C で囲まれた曲面 S で面積分し，回転を含む面積分に対してストークスの定理 (7.25) を適用することで導かれる。式 (9.57c), (9.57d) は，式 (9.55c), (9.55d) を閉曲面 S を境界面とする領域 v で体積分し，発散を含む体積分に対してガウスの発散定理 (3.23) を適用することで導かれる。

(4) 境界条件　図 **9.6** に示すような異なる二つの媒質の境界において成り立つ関係であり，マクスウェルの方程式を解く際に不可欠である。

① 電界の接線成分は等しい。

$$\boldsymbol{a}_n \times (\boldsymbol{E}_1 - \boldsymbol{E}_2) = \boldsymbol{0} \tag{9.58a}$$

② 磁界の接線成分は境界に流れる面電流密度 $\boldsymbol{J}_s$ の分だけ不連続である。

$$\boldsymbol{a}_n \times (\boldsymbol{H}_1 - \boldsymbol{H}_2) = \boldsymbol{J}_s \tag{9.58b}$$

③ 電束密度の法線成分は境界の面電荷密度 ρ_s の分だけ不連続である。

$$\boldsymbol{a}_n \cdot (\boldsymbol{D}_1 - \boldsymbol{D}_2) = \rho_s \tag{9.58c}$$

④ 磁束密度の法線成分は等しい。

$$\boldsymbol{a}_n \cdot (\boldsymbol{B}_1 - \boldsymbol{B}_2) = 0 \tag{9.58d}$$

これらの境界条件は静電界あるいは定常磁界における境界条件と同じ形である。

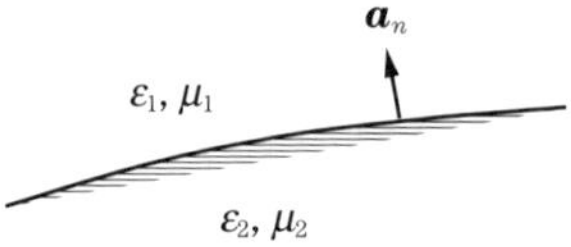

図 **9.6**　異なる二つの媒質の境界における境界条件

過去の Q&A から

Q9.4: 例題 9.4 の $\nabla \cdot \boldsymbol{B} = 0$ の初期条件について教えて下さい。

A9.4: 回転方程式と連続の式から得られる式は $d(\nabla \cdot \boldsymbol{B})/dt = 0$ ですから，本来であれば，初期条件（$t = 0$ における $\nabla \cdot \boldsymbol{B}$ の値）を考慮しなければなりません。磁気モノポール（磁石の N 極や S 極が単独で存在する状態）が実験的に発見されていないので，$\nabla \cdot \boldsymbol{B}$ を 0 としています。

9.6 ポインティングベクトル

（1） **ポインティング定理** ベクトル恒等式 (B.16) に，マクスウェルの回転方程式 (9.55a), (9.55b) および構成関係 (9.56a), (9.56b), (9.56c) を代入すると

$$\begin{aligned}\nabla\cdot(\boldsymbol{E}\times\boldsymbol{H}) &= \boldsymbol{H}\cdot\nabla\times\boldsymbol{E}-\boldsymbol{E}\cdot\nabla\times\boldsymbol{H}\\ &= \boldsymbol{H}\cdot\left(-\mu\frac{\partial\boldsymbol{H}}{\partial t}\right)-\boldsymbol{E}\cdot\left(\boldsymbol{J}_0+\sigma\boldsymbol{E}+\varepsilon\frac{\partial\boldsymbol{E}}{\partial t}\right)\\ &= -\frac{\partial}{\partial t}\left(\frac{1}{2}\varepsilon\boldsymbol{E}\cdot\boldsymbol{E}\right)-\frac{\partial}{\partial t}\left(\frac{1}{2}\mu\boldsymbol{H}\cdot\boldsymbol{H}\right)-\sigma\boldsymbol{E}\cdot\boldsymbol{E}-\boldsymbol{E}\cdot\boldsymbol{J}_0\end{aligned}$$

となる。上式を領域 v で体積分し，ガウスの発散定理 (3.23) を適用すると

$$\oiint_S \boldsymbol{E}\times\boldsymbol{H}\cdot d\boldsymbol{S} = -\frac{\partial W_e}{\partial t}-\frac{\partial W_m}{\partial t}-P_l-P_s \tag{9.59}$$

の関係を得る。ただし，閉曲面 S は領域 v を境界面とし，W_e, W_m, P_l, P_s はつぎのように与えられる。

$$W_e = \iiint_v \frac{\varepsilon\boldsymbol{E}\cdot\boldsymbol{E}}{2}dv = \iiint_v \frac{\boldsymbol{D}\cdot\boldsymbol{E}}{2}dv \tag{9.60a}$$

$$W_m = \iiint_v \frac{\mu\boldsymbol{H}\cdot\boldsymbol{H}}{2}dv = \iiint_v \frac{\boldsymbol{B}\cdot\boldsymbol{H}}{2}dv \tag{9.60b}$$

$$P_l = \iiint_v \sigma\boldsymbol{E}\cdot\boldsymbol{E}dv \tag{9.60c}$$

$$P_s = \iiint_v \boldsymbol{E}\cdot\boldsymbol{J}_0 dv \tag{9.60d}$$

式 (9.59) の関係は**ポインティング定理**（Poynting's theorem）と呼ばれており，電磁界のエネルギー収支を表している。式 (9.59) の右辺の第 1 項および第 2 項は領域 v に蓄えられる電気的エネルギー W_e および磁気的エネルギー W_m の単位時間当りの減少量を表し，第 3 項および第 4 項は領域 v におけるジュール損 P_l および供給電力 P_s の減少量を表すので，これに相当するエネルギーが

領域 v の外部へ放出されなければならない。したがって，式 (9.59) の左辺は領域 v の境界面 S から流出する単位時間当りのエネルギーに相当する。

（2） **ポインティングベクトル**　式 (9.59) の面積分に含まれるベクトル $\boldsymbol{E} \times \boldsymbol{H}$ をポインティングベクトル（Poynting vector）といい，$\boldsymbol{S}$ で表す†。

$$\boldsymbol{S} = \boldsymbol{E} \times \boldsymbol{H} \quad 〔\mathrm{W/m^2}〕 \tag{9.61}$$

ポインティングベクトル $\boldsymbol{S}$ は電磁界の**電力密度**（power density）に相当し，大きさは単位面積当りの電力を表し，向きはエネルギーの進む向きを表す。

章 末 問 題

【1】 巻き数 N のコイルに $\Phi = \Phi_0 \sin \omega t$ の磁束が鎖交するとき，コイル内に発生する起電力を求めよ。ただし，Φ_0 は定数とする。

【2】 面積 S，巻き数 N の長方形コイルを，一様磁界 H 中で，磁界に垂直な軸のまわりに角速度 ω で回転させるとき，コイルに発生する起電力を求めよ。

【3】 一様磁束密度 $\boldsymbol{B} = B_0 \boldsymbol{a}_z$ 内において，長さ l の金属棒がその一端を原点 O に固定して xy 平面内を z 軸のまわりに角速度 ω で回転している。この金属棒に生じる起電力を求めよ。

【4】 源なし（$\rho_v = 0$, $\boldsymbol{J}_0 = \boldsymbol{0}$）の一様な無損失媒質において，磁束密度

$$\boldsymbol{B} = \begin{cases} B_0 \sin \omega t \, \boldsymbol{a}_z & \rho \leqq a \\ \boldsymbol{0} & \rho > a \end{cases}$$

が存在する。ファラデーの電磁誘導の法則を利用して，電界 $\boldsymbol{E}$ を決定せよ。

【5】 内導体半径 a, 外導体の内径（内側の半径）b, 外導体の外径（外側の半径）c の同軸ケーブルに蓄えられる磁気的エネルギーを計算し，単位長さ当りの自己インダクタンスを求めよ。ただし，内外導体間には空気（透磁率 μ_0）が充填されており，電流は内導体，外導体の断面において一様に流れると仮定する。

【6】 無限に長い直線電流 I_1 と半径 a の円電流 I_2 が同一平面内にある。円の中心から直線電流までの距離が $d\,(d > a)$ であるとき，仮想変位の原理を利用して，その間に作用する力を求めよ。

【7】 アンペア・マクスウェルの法則の微分形 (9.55b) とガウスの法則の微分形 (9.55c) から連続の式 (9.55e) を導出せよ。

† 面積ベクトルの $\boldsymbol{S}$ と混同しないように注意されたい。

【8】 源なし（$\rho_v = 0$, $\boldsymbol{J}_0 = \boldsymbol{0}$）の一様な無損失媒質（誘電率 ε，透磁率 μ）において，電界 $\boldsymbol{E}$ がつぎのベクトル波動方程式を満足することを示し，v を決定せよ。

$$\nabla^2 \boldsymbol{E} = \frac{1}{v^2}\frac{\partial^2 \boldsymbol{E}}{\partial t^2}$$

【9】 電界の接線成分に関する境界条件 (9.58a) を証明せよ。

【10】 磁界の接線成分に関する境界条件 (9.58b) を証明せよ。

10 一様平面波の初歩

フェーザ表示では，時間に関する微分 $\partial/\partial t$ を $j\omega$ に置き換える。電気回路を記述する方程式は一般に時間に関する微分を含む微分方程式として与えられるが，フェーザ表示の導入により，$j\omega$ に関する代数方程式（例えば，2 次方程式）に置き換えることができ，数学的な取扱いが容易になる。同様に，フェーザ表示は時間的に変化する電磁界を記述する方程式，すなわち，マクスウェルの方程式に対しても適用できる。マクスウェルの方程式には回転や発散といった空間座標に関する偏微分と時間に関する偏微分が含まれているが，フェーザ表示の導入により，時間に関する偏微分 $\partial/\partial t$ は $j\omega$ に置き換えられる。このことによって，マクスウェルの方程式の数学的な取扱いは飛躍的に容易になる。本章では，マクスウェル方程式のフェーザ表示を与え，その基本的な解である一様平面波について簡単に述べる。

10.1　フェーザ表示と一様平面波

（1）**フェーザ表示**　電磁界が角周波数 ω〔rad/s〕† で時間的に正弦波振動している場合，**フェーザ表示**（phasor representation）を利用すると便利である。例えば，電界の実時間表示 $\boldsymbol{E}(\boldsymbol{r},t)$ は，位置 $\boldsymbol{r}$ のみの関数である二つの実ベクトル $\widetilde{\boldsymbol{E}}_r(\boldsymbol{r})$, $\widetilde{\boldsymbol{E}}_i(\boldsymbol{r})$ を用いて

$$\boldsymbol{E}(\boldsymbol{r},t) = \widetilde{\boldsymbol{E}}_r(\boldsymbol{r})\cos\omega t - \widetilde{\boldsymbol{E}}_i(\boldsymbol{r})\sin\omega t \tag{10.1}$$

† 周波数（frequency）は $f = \omega/2\pi$〔Hz〕，周期（period）は $T = 1/f = 2\pi/\omega$〔s〕に対応する。

と与えられる。これを書き直すと

$$\boldsymbol{E}(\boldsymbol{r},t) = \mathrm{Re}[\widetilde{\boldsymbol{E}}(\boldsymbol{r})e^{j\omega t}] \tag{10.2}$$

となる。ここで，$\widetilde{\boldsymbol{E}}(\boldsymbol{r}) = \widetilde{\boldsymbol{E}}_r(\boldsymbol{r}) + j\widetilde{\boldsymbol{E}}_i(\boldsymbol{r})$ とする。$j = \sqrt{-1}$ は虚数単位である。式 (10.2) の導出には，オイラーの公式

$$e^{j\omega t} = \cos\omega t + j\sin\omega t \tag{10.3}$$

を利用している。このようにして定義された $\widetilde{\boldsymbol{E}}(\boldsymbol{r})$ を電界 $\boldsymbol{E}(\boldsymbol{r},t)$ のフェーザ表示という。本書では，フェーザ表示であることを明記するために変数の上に ~ を付す†。フェーザ表示 $\widetilde{\boldsymbol{E}}(\boldsymbol{r})$ は複素数のベクトルであるが，式 (10.2) の操作によりフェーザ表示 $\widetilde{\boldsymbol{E}}(\boldsymbol{r})$ から実時間表示 $\boldsymbol{E}(\boldsymbol{r},t)$ を求めることができる。

フェーザ表示を得るためには，実時間表示 $\boldsymbol{E}(\boldsymbol{r},t)$ をそのフェーザ表示 $\widetilde{\boldsymbol{E}}(\boldsymbol{r})$ に置き換え，$\partial/\partial t$ を機械的に $j\omega$ に置き換えればよい。

(2)　フェーザ表示されたマクスウェル方程式　マクスウェルの方程式 (9.55a), (9.55b), (9.55c), (9.55d) のフェーザ表示はつぎのように与えられる。

$$\nabla \times \widetilde{\boldsymbol{E}} = -j\omega\widetilde{\boldsymbol{B}} \tag{10.4a}$$

$$\nabla \times \widetilde{\boldsymbol{H}} = \widetilde{\boldsymbol{J}} + j\omega\widetilde{\boldsymbol{D}} \tag{10.4b}$$

$$\nabla \cdot \widetilde{\boldsymbol{D}} = \widetilde{\rho}_v \tag{10.4c}$$

$$\nabla \cdot \widetilde{\boldsymbol{B}} = 0 \tag{10.4d}$$

上式では，例えば，$\widetilde{\boldsymbol{E}}(\boldsymbol{r})$ を簡略化して $\widetilde{\boldsymbol{E}}$ と表記している。

(3)　複素ポインティングベクトル　**時間平均ポインティングベクトル** (time-average Poynting vector) を計算すると，$T = 2\pi/\omega$ を周期として

$$\begin{aligned}\langle \boldsymbol{S}(t) \rangle &= \frac{1}{T}\int_0^T \boldsymbol{E} \times \boldsymbol{H} dt = \frac{1}{T}\int_0^T \mathrm{Re}[\widetilde{\boldsymbol{E}}e^{j\omega t}] \times \mathrm{Re}[\widetilde{\boldsymbol{H}}e^{j\omega t}]dt \\ &= \frac{1}{T}\int_0^T \frac{\widetilde{\boldsymbol{E}}e^{j\omega t} + \widetilde{\boldsymbol{E}}^* e^{-j\omega t}}{2} \times \frac{\widetilde{\boldsymbol{H}}e^{j\omega t} + \widetilde{\boldsymbol{H}}^* e^{-j\omega t}}{2} dt\end{aligned}$$

† 本書では行わないが，~ を省略して表記するのが通例である。

$$= \frac{1}{4T}\int_0^T \left(\widetilde{\boldsymbol{E}} \times \widetilde{\boldsymbol{H}}^* + \widetilde{\boldsymbol{E}}^* \times \widetilde{\boldsymbol{H}} + \widetilde{\boldsymbol{E}} \times \widetilde{\boldsymbol{H}} e^{j2\omega t} + \widetilde{\boldsymbol{E}}^* \times \widetilde{\boldsymbol{H}}^* e^{-j2\omega t}\right) dt$$

$$= \frac{1}{2}\frac{\widetilde{\boldsymbol{E}} \times \widetilde{\boldsymbol{H}}^* + \widetilde{\boldsymbol{E}}^* \times \widetilde{\boldsymbol{H}}}{2} = \mathrm{Re}\left[\frac{1}{2}\widetilde{\boldsymbol{E}} \times \widetilde{\boldsymbol{H}}^*\right] \tag{10.5}$$

となる。ただし，* は複素共役を表す。式 (10.5) の導出において

$$\int_0^T e^{\pm j2\omega t} dt = \left[\frac{1}{\pm j2\omega} e^{\pm j2\omega t}\right]_0^T = 0$$

となることを利用した。ここで, **複素ポインティングベクトル**（complex Poynting vector）を

$$\widetilde{\boldsymbol{S}}_p = \frac{1}{2}\widetilde{\boldsymbol{E}} \times \widetilde{\boldsymbol{H}}^* \tag{10.6}$$

と定義すると，式 (10.5) は

$$\langle \boldsymbol{S}(t) \rangle = \mathrm{Re}[\widetilde{\boldsymbol{S}}_p] \tag{10.7}$$

と書き直すことができる。このように，複素ポインティングベクトルを計算することで，時間平均ポインティングベクトルを求めることができる。

（4）　無損失媒質中における一様平面波　　源なし（$\rho_v = 0$, $\boldsymbol{J}_0 = \boldsymbol{0}$），無損失の等方性媒質を考える。このとき，構成関係 $\widetilde{\boldsymbol{D}} = \varepsilon \widetilde{\boldsymbol{E}}$，$\widetilde{\boldsymbol{B}} = \mu \widetilde{\boldsymbol{H}}$（$\varepsilon$，$\mu$ ともに実数）を考慮すると，フェーザ表示されたマクスウェルの方程式 (10.4a)～(10.4d) はつぎのようになる。

$$\nabla \times \widetilde{\boldsymbol{E}} = -j\omega\mu \widetilde{\boldsymbol{H}} \tag{10.8a}$$

$$\nabla \times \widetilde{\boldsymbol{H}} = j\omega\varepsilon \widetilde{\boldsymbol{E}} \tag{10.8b}$$

$$\nabla \cdot \widetilde{\boldsymbol{E}} = 0 \tag{10.8c}$$

$$\nabla \cdot \widetilde{\boldsymbol{H}} = 0 \tag{10.8d}$$

式 (10.8a) の回転を計算すると，ベクトル恒等式 (B.23)，(10.8b) および式 (10.8c) の関係を利用して

$$\nabla \times \nabla \times \widetilde{\boldsymbol{E}} = \nabla(\nabla \cdot \widetilde{\boldsymbol{E}}) - \nabla^2 \widetilde{\boldsymbol{E}} = -\nabla^2 \widetilde{\boldsymbol{E}}$$
$$= -j\omega\mu\nabla \times \widetilde{\boldsymbol{H}} = -j\omega\mu(j\omega\varepsilon\widetilde{\boldsymbol{E}}) = \omega^2\mu\varepsilon\widetilde{\boldsymbol{E}}$$

となり，**ベクトルヘルムホルツ方程式**（vector Helmholtz equation）

$$\nabla^2 \widetilde{\boldsymbol{E}} + k^2 \widetilde{\boldsymbol{E}} = \boldsymbol{0} \tag{10.9}$$

を得る。ただし，k は**波数**（wave number）であり

$$k = \omega\sqrt{\mu\varepsilon} \quad 〔\mathrm{rad/m}〕 \tag{10.10}$$

と与えられる。このとき，式 (10.9) の解は $\boldsymbol{E}_0$ を定ベクトルとして

$$\widetilde{\boldsymbol{E}} = \boldsymbol{E}_0 e^{-j\boldsymbol{k}\cdot\boldsymbol{r}} = \boldsymbol{E}_0 e^{-j(k_x x + k_y y + k_z z)} \tag{10.11}$$

と与えられる。ただし，$\boldsymbol{k}$ は**波数ベクトル**（wave vector）であり

$$\boldsymbol{k} = k_x \boldsymbol{a}_x + k_y \boldsymbol{a}_y + k_z \boldsymbol{a}_z \tag{10.12}$$

と与えられ，その大きさは波数である。

$$|\boldsymbol{k}| = \sqrt{k_x^2 + k_y^2 + k_z^2} = k$$

式 (10.11) が式 (10.9) の解であることの確認は章末問題【3】(1) に残しておく。

さて，式 (10.11) をフェーザ表示から実時間表示に戻すと，式 (10.2) から

$$\boldsymbol{E}(\boldsymbol{r}, t) = \mathrm{Re}[\widetilde{\boldsymbol{E}} e^{j\omega t}] = \mathrm{Re}[\boldsymbol{E}_0 e^{-j\boldsymbol{k}\cdot\boldsymbol{r}} e^{j\omega t}]$$

となる。$\boldsymbol{E}_1$，$\boldsymbol{E}_2$ を実数の定ベクトルとし，$\boldsymbol{E}_0 = \boldsymbol{E}_1 + j\boldsymbol{E}_2$ とすれば

$$\boldsymbol{E}(\boldsymbol{r}, t) = \mathrm{Re}[(\boldsymbol{E}_1 + j\boldsymbol{E}_2) e^{j(\omega t - \boldsymbol{k}\cdot\boldsymbol{r})}]$$
$$= \boldsymbol{E}_1 \cos(\omega t - \boldsymbol{k}\cdot\boldsymbol{r}) - \boldsymbol{E}_2 \sin(\omega t - \boldsymbol{k}\cdot\boldsymbol{r})$$

となり，電界の実時間表示 $\boldsymbol{E}(\boldsymbol{r}, t)$ は時間的にも空間的にも正弦波振動しており，$\boldsymbol{E}_1$ と $\boldsymbol{E}_2$ とが張る平面上に存在していることがわかる。

つぎに，式 (10.11) を式 (10.8c) に代入すると

$$\boldsymbol{k} \cdot \widetilde{\boldsymbol{E}} = 0 \tag{10.13}$$

が得られ，式 (10.11) を式 (10.8a) に代入すると

$$\widetilde{\boldsymbol{H}} = \frac{1}{\omega\mu}\boldsymbol{k} \times \widetilde{\boldsymbol{E}} \tag{10.14}$$

が得られる。式 (10.13) および式 (10.14) の確認は章末問題【**3**】(2) に残しておく。これらの関係から，**図 10.1** に示すように，$\boldsymbol{k}$, $\widetilde{\boldsymbol{E}}$, $\widetilde{\boldsymbol{H}}$ は互いに直交していることがわかる。また，$\boldsymbol{k}$ に垂直な平面 $\boldsymbol{k} \cdot \boldsymbol{r} = c$ (定数) 上において，$\widetilde{\boldsymbol{E}} = \boldsymbol{E}_0 e^{-jc} =$ 定ベクトル となるから，電界 $\widetilde{\boldsymbol{E}}$ は変化しない。すなわち，この平面上において電界が一様であることがわかる。

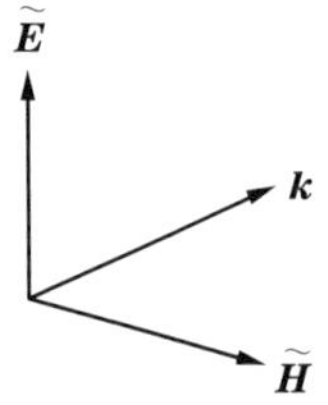

図 10.1　波数ベクトル，電界，磁界の関係

複素ポインティングベクトル $\widetilde{\boldsymbol{S}}_p$ は，$\boldsymbol{k}$ が実ベクトルであること ($\boldsymbol{k}^* = \boldsymbol{k}$) およびベクトル三重積の公式 (B.5) に注意して

$$\widetilde{\boldsymbol{S}}_p = \frac{1}{2}\widetilde{\boldsymbol{E}} \times \widetilde{\boldsymbol{H}}^* = \frac{1}{2\omega\mu}\widetilde{\boldsymbol{E}} \times (\boldsymbol{k} \times \widetilde{\boldsymbol{E}}^*)$$
$$= \frac{1}{2\omega\mu}\left\{(\widetilde{\boldsymbol{E}} \cdot \widetilde{\boldsymbol{E}}^*)\boldsymbol{k} - (\widetilde{\boldsymbol{E}} \cdot \boldsymbol{k})\widetilde{\boldsymbol{E}}^*\right\} = \frac{|\widetilde{\boldsymbol{E}}|^2}{2\omega\mu}\boldsymbol{k}$$

と計算される。したがって，この波は波数ベクトル $\boldsymbol{k}$ の方向に進行する。以上から，$\widetilde{\boldsymbol{E}}, \widetilde{\boldsymbol{H}}$ は波の伝搬方向 $\boldsymbol{k}$ と垂直な平面上にあり，その平面で一様である。すなわち，この平面上で電界は定ベクトルである。このような波を**一様平面波** (uniform plane wave) という。

過去の Q&A から

Q10.1: マクスウェルの方程式のフェーザ表示への変換についてもう少し詳しく説明して下さい。

A10.1: 式 (10.4a) を導きます。

$\boldsymbol{E}(\boldsymbol{r},t)=\mathrm{Re}[\widetilde{\boldsymbol{E}}(\boldsymbol{r})e^{j\omega t}]$, $\boldsymbol{B}(\boldsymbol{r},t)=\mathrm{Re}[\widetilde{\boldsymbol{B}}(\boldsymbol{r})e^{j\omega t}]$の関係がありますから

$$\nabla\times\boldsymbol{E}(\boldsymbol{r},t)=\nabla\times\mathrm{Re}[\widetilde{\boldsymbol{E}}(\boldsymbol{r})e^{j\omega t}]=\mathrm{Re}[\nabla\times\widetilde{\boldsymbol{E}}(\boldsymbol{r})e^{j\omega t}]$$

$$-\frac{\partial\boldsymbol{B}(\boldsymbol{r},t)}{\partial t}=-\frac{\partial}{\partial t}\mathrm{Re}[\widetilde{\boldsymbol{B}}(\boldsymbol{r})e^{j\omega t}]=\mathrm{Re}\left[-\frac{\partial}{\partial t}\left(\widetilde{\boldsymbol{B}}(\boldsymbol{r})e^{j\omega t}\right)\right]$$
$$=\mathrm{Re}[-\widetilde{\boldsymbol{B}}(\boldsymbol{r})(j\omega)e^{j\omega t}]=\mathrm{Re}[-j\omega\widetilde{\boldsymbol{B}}(\boldsymbol{r})e^{j\omega t}]$$

となり，式 (9.55a) は

$$\mathrm{Re}[\nabla\times\widetilde{\boldsymbol{E}}(\boldsymbol{r})e^{j\omega t}]=\mathrm{Re}[-j\omega\widetilde{\boldsymbol{B}}(\boldsymbol{r})e^{j\omega t}]$$

と書き直すことができます。括弧の中を比較し，両辺に共通の $e^{j\omega t}$ を省略すれば，式 (10.4a) が得られます。

Q10.2: $\boldsymbol{k}\cdot\boldsymbol{r}=c$（定数）が平面を表す理由を教えて下さい。

A10.2: 図 **10.2** に示すように，平面に含まれるベクトルを $\boldsymbol{a}$, $\boldsymbol{b}$ とし，平面上のある点の位置ベクトルを $\boldsymbol{c}$ とするとき，平面上の任意の点の位置ベクトル $\boldsymbol{r}$ は，s,t を任意のスカラーとして

$$\boldsymbol{r}-\boldsymbol{c}=s\boldsymbol{a}+t\boldsymbol{b}$$

と記述できます。この平面に垂直なベクトル $\boldsymbol{k}$ を考えると，$\boldsymbol{k}\cdot\boldsymbol{a}=0$, $\boldsymbol{k}\cdot\boldsymbol{b}=0$ の関係より

$$\boldsymbol{k}\cdot(\boldsymbol{r}-\boldsymbol{c})=\boldsymbol{k}\cdot(s\boldsymbol{a}+t\boldsymbol{b})=0$$

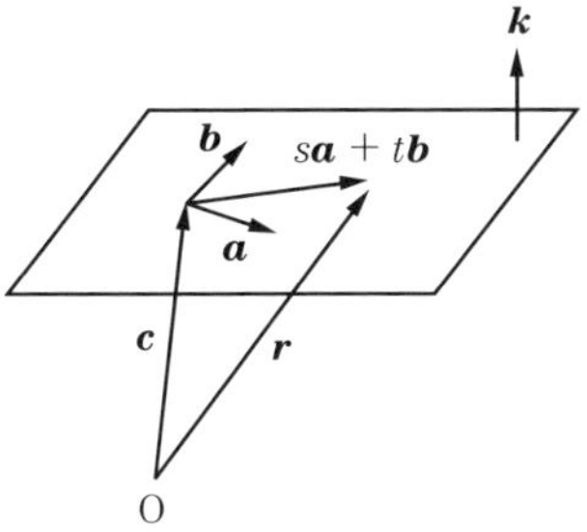

図 **10.2** 平面の方程式

となります。このように，平面の方程式は $\boldsymbol{k}\cdot\boldsymbol{r}=\boldsymbol{k}\cdot\boldsymbol{c}=$ 一定 と表すことができます。

10.2 損失媒質中における一様平面波

損失がある等方性媒質において，源なし（$\rho_v=0$, $\boldsymbol{J}_0=\boldsymbol{0}$）のマクスウェルの方程式は，構成関係 $\widetilde{\boldsymbol{D}}=\varepsilon\widetilde{\boldsymbol{E}}$，$\widetilde{\boldsymbol{B}}=\mu\widetilde{\boldsymbol{H}}$，$\widetilde{\boldsymbol{J}}=\sigma\widetilde{\boldsymbol{E}}$（$\varepsilon$, μ, σ とも実数）を考慮して

$$\nabla\times\widetilde{\boldsymbol{E}}=-j\omega\mu\widetilde{\boldsymbol{H}} \tag{10.15a}$$

$$\nabla\times\widetilde{\boldsymbol{H}}=(\sigma+j\omega\varepsilon)\widetilde{\boldsymbol{E}} \tag{10.15b}$$

$$\nabla\cdot\widetilde{\boldsymbol{E}}=0 \tag{10.15c}$$

$$\nabla\cdot\widetilde{\boldsymbol{H}}=0 \tag{10.15d}$$

となる。式 (10.15a) の回転を計算すると，ベクトル恒等式 (B.23), (10.15b) および式 (10.15c) を利用して

$$\begin{aligned}\nabla\times\nabla\times\widetilde{\boldsymbol{E}}&=\nabla(\nabla\cdot\widetilde{\boldsymbol{E}})-\nabla^2\widetilde{\boldsymbol{E}}=-\nabla^2\widetilde{\boldsymbol{E}}\\&=-j\omega\mu\nabla\times\widetilde{\boldsymbol{H}}=-j\omega\mu(\sigma+j\omega\varepsilon)\widetilde{\boldsymbol{E}}\end{aligned}$$

となり，$\widetilde{\boldsymbol{E}}$ に関するベクトルヘルムホルツ方程式

$$\nabla^2\widetilde{\boldsymbol{E}}+\omega^2\mu\varepsilon\left(1-j\frac{\sigma}{\omega\varepsilon}\right)\widetilde{\boldsymbol{E}}=\boldsymbol{0} \tag{10.16}$$

を得る。**伝搬定数**（propagation constant）γ を

$$\gamma^2=-\omega^2\mu\varepsilon\left(1-j\frac{\sigma}{\omega\varepsilon}\right) \tag{10.17}$$

と定義すれば，式 (10.16) は

$$\nabla^2\widetilde{\boldsymbol{E}}-\gamma^2\widetilde{\boldsymbol{E}}=\boldsymbol{0}$$

すなわち

$$\left(\frac{\partial^2}{\partial x^2}+\frac{\partial^2}{\partial y^2}+\frac{\partial^2}{\partial z^2}\right)\widetilde{\boldsymbol{E}}-\gamma^2\widetilde{\boldsymbol{E}}=\boldsymbol{0} \tag{10.18}$$

となる。いま $\widetilde{\boldsymbol{E}}=\widetilde{E}_x(z)\boldsymbol{a}_x$ と仮定すると，式 (10.18) は z に関する 2 階の常微分方程式

$$\frac{d^2\widetilde{E}_x}{dz^2}-\gamma^2\widetilde{E}_x=0 \tag{10.19}$$

となる。その一般解は，A, B を複素数の定数として

$$\widetilde{E}_x(z)=Ae^{-\gamma z}+Be^{\gamma z}=Ae^{-(\alpha+j\beta)z}+Be^{(\alpha+j\beta)z} \tag{10.20}$$

と与えられる。ここで

$$\gamma=\alpha+j\beta \tag{10.21}$$

とする。α, β は実定数である。α は**減衰定数**（attenuation constant）であり，その単位は〔Np/m〕（〔Np〕はネーパー）である。β は**位相定数**（phase constant）であり，その単位は〔rad/m〕である。式 (10.20) を実時間表示すると，式 (10.2) より

$$\begin{aligned}E_x(z,t)&=\mathrm{Re}[\widetilde{E}_x e^{j\omega t}]\\&=\mathrm{Re}\left[|A|e^{j\phi_A}e^{-(\alpha+j\beta)z}e^{j\omega t}+|B|e^{j\phi_B}e^{(\alpha+j\beta)z}e^{j\omega t}\right]\\&=|A|\underbrace{e^{-\alpha z}}_{z\text{ 方向で減衰}}\underbrace{\cos(\omega t-\beta z+\phi_A)}_{z\text{ 方向に進行}}\\&\qquad+|B|\underbrace{e^{\alpha z}}_{-z\text{ 方向で減衰}}\underbrace{\cos(\omega t+\beta z+\phi_B)}_{-z\text{ 方向に進行}}\end{aligned} \tag{10.22}$$

ここで，第 1 項の $\cos(\omega t-\beta z+\phi_A)$ は，$\omega t-\beta z+\phi_A=$ 一定 とすると，t が増えると z も増えるので，時間とともに z 方向に進行することに対応している。同様に，第 2 項の $\cos(\omega t+\beta z+\phi_B)$ は時間とともに $-z$ 方向に進行することに対応している。

（1） **位相速度**　　式 (10.22) の第1項の cos の括弧内の位相が一定である。すなわち

$$\omega t - \beta z + \phi_A = \text{一定} \tag{10.23}$$

をみたす点 z の速さ v は，上式を t で微分して整理すると

$$v = \frac{dz}{dt} = \frac{\omega}{\beta} \tag{10.24}$$

となる。これを**位相速度**（phase velocity）という。自由空間（$\mu = \mu_0$, $\varepsilon = \varepsilon_0$, $\sigma = 0$）では，式 (10.17) および式 (10.21) より $\beta = \omega\sqrt{\mu_0\varepsilon_0}$ となるから

$$v_0 = \frac{\omega}{\beta} = \frac{1}{\sqrt{\mu_0\varepsilon_0}} = 2.998 \times 10^8 \quad \text{〔m/s〕} \tag{10.25}$$

となり，位相速度は光速に等しい。

（2） **波　　長**　　距離 z に関する周期を**波長**（wavelength）といい，λ で表す。このとき，$(\omega t - \beta z + \phi_A) - [\omega t - \beta(z + \lambda) + \phi_A] = 2\pi$ の関係より

$$\lambda = \frac{2\pi}{\beta} \tag{10.26}$$

を得る。自由空間では，式 (10.25) より

$$\lambda_0 = \frac{2\pi}{\omega/v_0} = \frac{2\pi v_0}{\omega} = \frac{2\pi v_0}{2\pi f} = \frac{v_0}{f} \tag{10.27}$$

の関係が成り立つ。

（3） **波動インピーダンス**　　式 (10.20) に対応する磁界は，式 (10.15a) より

$$\begin{aligned}\widetilde{\boldsymbol{H}} &= -\frac{1}{j\omega\mu}\nabla \times \widetilde{\boldsymbol{E}} = -\frac{1}{j\omega\mu}\frac{d\widetilde{E}_x(z)}{dz}\boldsymbol{a}_y \\ &= \frac{\gamma}{j\omega\mu}\left(Ae^{-\gamma z} - Be^{\gamma z}\right)\boldsymbol{a}_y = \frac{1}{Z_w}\left(Ae^{-\gamma z} - Be^{\gamma z}\right)\boldsymbol{a}_y\end{aligned} \tag{10.28}$$

となる。ここで

$$Z_w = \frac{j\omega\mu}{\gamma} \tag{10.29}$$

は**波動インピーダンス**（wave impedance）と呼ばれる量で，z 方向に進行する波に関する磁界に対する電界の比に対応している。特に自由空間では

$$Z_0 = \frac{j\omega\mu_0}{j\omega\sqrt{\mu_0\varepsilon_0}} = \sqrt{\frac{\mu_0}{\varepsilon_0}} = 120\pi \fallingdotseq 377 \quad [\Omega] \tag{10.30}$$

となる。これを自由空間の**固有インピーダンス** (intrinsic impedance) という。

(4) 無損失媒質における減衰定数，位相定数　無損失条件 $\sigma = 0$ を式 (10.17) に代入すると，$\gamma^2 = -\omega^2\mu\varepsilon$ となるので

$$\alpha = 0 \tag{10.31}$$

$$\beta = \omega\sqrt{\mu\varepsilon} \tag{10.32}$$

の関係が得られる。位相速度と波長を自由空間のそれらと比較すると

$$v = \frac{\omega}{\beta} = \frac{1}{\sqrt{\mu\varepsilon}} = \frac{1}{\sqrt{\mu_r\mu_0\varepsilon_r\varepsilon_0}} = \frac{v_0}{\sqrt{\mu_r\varepsilon_r}}$$

$$\lambda = \frac{2\pi}{\beta} = \frac{2\pi}{\omega/v} = \frac{2\pi v}{\omega} = \frac{2\pi v}{2\pi f} = \frac{v}{f} = \frac{1}{\sqrt{\mu_r\varepsilon_r}}\frac{v_0}{f} = \frac{\lambda_0}{\sqrt{\mu_r\varepsilon_r}}$$

となり，ともに $1/\sqrt{\mu_r\varepsilon_r}$ 倍となっている。$\mu_r \geqq 1$，$\varepsilon_r \geqq 1$ であるから，$v \leqq v_0$，$\lambda \leqq \lambda_0$，すなわち，位相速度 v は自由空間よりも遅く（**遅波効果**），波長 λ は自由空間より短くなる（**波長短縮効果**）。

(5) 損失性媒質における減衰定数，位相定数　$\sigma \neq 0$ のとき，式 (10.17) および式 (10.21) より，$\gamma^2 = (\alpha + j\beta)^2 = -\omega^2\mu\varepsilon\left(1 - j\dfrac{\sigma}{\omega\varepsilon}\right)$ となるから

$$\left.\begin{aligned} \beta^2 - \alpha^2 &= \omega^2\mu\varepsilon \\ 2\alpha\beta &= \omega\mu\sigma \end{aligned}\right\} \tag{10.33}$$

の関係が成り立つ。これら α，β に関する連立方程式を解くと，損失媒質中における減衰定数および位相定数は

$$\alpha = \omega\sqrt{\mu\varepsilon}\left[\frac{\sqrt{1 + (\sigma/\omega\varepsilon)^2} - 1}{2}\right]^{1/2} \quad [\mathrm{Np/m}] \tag{10.34}$$

$$\beta = \omega\sqrt{\mu\varepsilon}\left[\frac{\sqrt{1 + (\sigma/\omega\varepsilon)^2} + 1}{2}\right]^{1/2} \quad [\mathrm{rad/m}] \tag{10.35}$$

と与えられる。

(a) 表　皮　厚　　式 (10.20) で与えられる電界のうち z 方向に進行する項を取り出し，その大きさを求めると

$$|\widetilde{E}_x(z)| = |A|e^{-\alpha z}$$

となり，**図 10.3** に示すように，指数関数的に減衰する。その減衰の目安として，電界の大きさが $z=0$ の値の $e^{-1}(\fallingdotseq 0.368)$ 倍となる距離を**表皮厚**（skin depth）δ と定義する。定義から，表皮厚は減衰定数の逆数，すなわち

$$\delta = \frac{1}{\alpha} \tag{10.36}$$

と与えられる。表皮厚 δ は電磁波が媒質に侵入する領域の目安を与える。

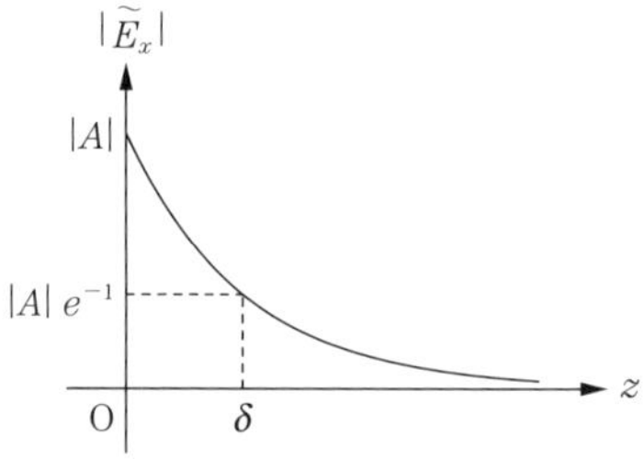

図 10.3　損失性媒質内部における電界の大きさの変化と表皮厚 δ

(b) 低損失媒質　　$\sigma \ll \omega\varepsilon$ となる低損失媒質では，減衰定数および位相定数は，式 (10.34) および式 (10.35) より

$$\alpha \fallingdotseq \omega\sqrt{\mu\varepsilon}\left[\frac{\{1+(\sigma/\omega\varepsilon)^2/2\}-1}{2}\right]^{1/2} = \frac{\sigma}{2}\sqrt{\frac{\mu}{\varepsilon}} \tag{10.37}$$

$$\beta \fallingdotseq \omega\sqrt{\mu\varepsilon}\left[\frac{\{1+(\sigma/\omega\varepsilon)^2/2\}+1}{2}\right]^{1/2} \fallingdotseq \omega\sqrt{\mu\varepsilon} \tag{10.38}$$

と近似される。ここで，$|x| \ll 1$ のとき，$\sqrt{1+x} = (1+x)^{1/2} \fallingdotseq 1 + x/2$ であることを利用した。このように，低損失媒質では，減衰定数は周波数に無関係な定数となり，位相定数は無損失媒質の位相定数に一致する。

(c) 導電性媒質　　$\sigma \gg \omega\varepsilon$ となる導電性媒質（例えば金属内部）では，減衰定数および位相定数は，式 (10.34) および式 (10.35) より

$$\alpha \fallingdotseq \omega\sqrt{\mu\varepsilon}\left[\frac{(\sigma/\omega\varepsilon)-1}{2}\right]^{1/2} \fallingdotseq \sqrt{\frac{\omega\mu\sigma}{2}} \tag{10.39}$$

$$\beta \fallingdotseq \omega\sqrt{\mu\varepsilon}\left[\frac{(\sigma/\omega\varepsilon)+1}{2}\right]^{1/2} \fallingdotseq \sqrt{\frac{\omega\mu\sigma}{2}} \tag{10.40}$$

と近似される。ここで，$|x| \gg 1$ のとき，$\sqrt{1+x} = \sqrt{x}(1+1/x)^{1/2} \fallingdotseq \sqrt{x}(1+1/2x) \fallingdotseq \sqrt{x}$ であることを利用した。式 (10.39), (10.40) からわかるように，導電性媒質では，減衰定数および位相定数は周波数の平方根に比例する。また，表皮厚は

$$\delta = \sqrt{\frac{2}{\omega\mu\sigma}} \tag{10.41}$$

と与えられるので，周波数が高くなるにつれて，導電性媒質の表面に電磁界が集中することになる。この現象を**表皮効果**（skin effect）という。

過去の Q&A から

Q10.3: 減衰定数 α および位相定数 β の単位のネーパーおよびラジアンについて説明して下さい。

A10.3: 複素数の量 A に対する量 B の比の大きさを $|B/A|$ の自然対数で表すと $\ln|B/A|$ となります。この単位をネーパー（naper）といい，Np と略記します。例えば，式 (10.22) の z 方向に進行する項 $\widetilde{E}_x^+(z) = Ae^{-(\alpha+j\beta)z}$ に対して，単位長さ当りの減衰を自然対数で表すと

$$\ln\frac{|\widetilde{E}_x^+(z+1)|}{|\widetilde{E}_x^+(z)|} = \ln\left(\frac{|A|e^{-\alpha(z+1)}}{|A|e^{-\alpha z}}\right) = \alpha \quad \text{〔Np/m〕}$$

となり，減衰定数 α に一致します。なお，電気関係の分野では，この比の大きさを常用対数の 10 倍で表すことがほとんどです。すなわち，$10\log_{10}|B/A|$ の単位をデシベル（decibel）といい，dB と記します。$1\,\text{Np} = 8.686\,\text{dB}$ の関係があります。

一方，複素数の量 A に対する量 B の比の位相は $\angle(B/A)$ となります。この単位をラジアン（radian）といい，rad と略記します。式 (10.22) の z 方向に進行する項 $\widetilde{E}_x^+(z) = Ae^{-(\alpha+j\beta)z}$ に対して，単位長さ当りの位相差は

$$\angle\left(\frac{\widetilde{E}_x^+(z+1)}{\widetilde{E}_x^+(z)}\right) = \angle e^{-j\beta(z+1)} - \angle e^{-j\beta z} = \beta \quad \text{〔rad/m〕}$$

となり，位相定数 β に一致します。

Q10.4: 連立方程式 (10.33) の解き方を教えて下さい。

A10.4: $\alpha \neq 0$ のとき，$2\alpha\beta = \omega\mu\sigma$ を β について解くと，$\beta = \omega\mu\sigma/2\alpha$ となります。これを $\beta^2 - \alpha^2 = \omega^2\mu\varepsilon$ に代入すると，α^2 に関する 2 次方程式

$$(\alpha^2)^2 + \omega^2\mu\varepsilon(\alpha^2) - (\omega\mu\sigma/2)^2 = 0$$

が得られます。$\alpha^2 > 0$ であることに注意して，この 2 次方程式を解くと

$$\alpha^2 = \omega^2\mu\varepsilon\frac{\sqrt{1+(\sigma/\omega\varepsilon)^2}-1}{2}$$

となります。上式を $\beta^2 = \alpha^2 + \omega^2\mu\varepsilon$ に代入すれば，β^2 が得られます。

章　末　問　題

【1】 式 (9.60a), (9.60b), (9.60c), (9.60d) で与えられる W_e, W_m, P_l, P_s の時間平均値 $\langle W_e\rangle, \langle W_m\rangle, \langle P_l\rangle, \langle P_s\rangle$ は，フェーザ表示された電界 $\widetilde{\boldsymbol{E}}$，磁界 $\widetilde{\boldsymbol{H}}$ などを用いてどのように記述されるか。ただし，μ, ε, σ は実数と仮定せよ。

【2】 つぎの複素ポインティング定理を導出せよ。

$$\oiint_S \widetilde{\boldsymbol{S}}_p \cdot d\boldsymbol{S} = -2j\omega\left(\langle W_m\rangle - \langle W_e\rangle\right) - \langle P_l\rangle - \frac{1}{2}\iiint_v \widetilde{\boldsymbol{E}}\cdot\widetilde{\boldsymbol{J}}_0^* dv$$

ただし，μ, ε, σ は実数とし，$\langle W_e\rangle, \langle W_m\rangle, \langle P_l\rangle$ は前問と同一とする。

【3】 無損失で波源なしの一様な空間において

(1) $\widetilde{\boldsymbol{E}} = \boldsymbol{E}_0 e^{-j\boldsymbol{k}\cdot\boldsymbol{r}}$ が $\nabla^2\widetilde{\boldsymbol{E}} + k^2\widetilde{\boldsymbol{E}} = \boldsymbol{0}$ の解であることを確認せよ。

(2) $\boldsymbol{k}\cdot\widetilde{\boldsymbol{E}} = 0$ および $\widetilde{\boldsymbol{H}} = \dfrac{1}{\omega\mu}\boldsymbol{k}\times\widetilde{\boldsymbol{E}}$ であることを示せ。このように，一様平面波では，形式的に ∇ を $-j\boldsymbol{k}$ に置き換えることができる。

【4】 ポインティングベクトルを利用して，海水をはじめとする一様な損失性媒質における電磁波の電力減衰について論ぜよ。

【5】 源なしの自由空間において，電界および磁界のフェーザ表示が

$$\widetilde{\boldsymbol{E}} = E_0(e^{-jk_0 z} + \mathit{\Gamma} e^{jk_0 z})\boldsymbol{a}_x, \quad \widetilde{\boldsymbol{H}} = H_0(e^{-jk_0 z} - \mathit{\Gamma} e^{jk_0 z})\boldsymbol{a}_y$$

と与えられる。ただし，E_0，H_0, k_0 は実数の定数，$\varGamma$ は複素数の定数とする。

(1)　マクスウェルの回転方程式を利用して，つぎの関係を導け。

$$k_0 = \omega\sqrt{\mu_0\varepsilon_0}, \quad \frac{E_0}{H_0} = \sqrt{\frac{\mu_0}{\varepsilon_0}}$$

(2)　時間平均ポインティングベクトル $\langle \boldsymbol{E} \times \boldsymbol{H} \rangle$ を求めよ。

付　　　　　録

A.　ヘルムホルツの輸送定理

曲面 S が速度 $\boldsymbol{v}$ で運動するとき，ベクトル場 $\boldsymbol{A}$ に対して

$$\frac{d}{dt}\iint_S \boldsymbol{A}\cdot d\boldsymbol{S} = \iint_S \left\{\frac{\partial \boldsymbol{A}}{\partial t} + \boldsymbol{v}\nabla\cdot\boldsymbol{A} - \nabla\times(\boldsymbol{v}\times\boldsymbol{A})\right\}\cdot d\boldsymbol{S} \tag{A.1}$$

の関係が成り立つ。これをヘルムホルツの輸送定理という。以下，式 (A.1) を証明する。まず，式 (A.1) の左辺を I とおく。このとき，微分の定義より

$$I = \lim_{\Delta t\to 0}\frac{1}{\Delta t}\left\{\iint_{S(\boldsymbol{r},t+\Delta t)} \boldsymbol{A}(\boldsymbol{r},t+\Delta t)\cdot d\boldsymbol{S} - \iint_{S(\boldsymbol{r},t)} \boldsymbol{A}(\boldsymbol{r},t)\cdot d\boldsymbol{S}\right\}$$

となる。右辺の｛　｝内に $-\iint_{S(\boldsymbol{r},t+\Delta t)} \boldsymbol{A}(\boldsymbol{r},t)\cdot d\boldsymbol{S} + \iint_{S(\boldsymbol{r},t+\Delta t)} \boldsymbol{A}(\boldsymbol{r},t)\cdot d\boldsymbol{S}$ を加えると

$$\begin{aligned} I &= \iint_{S(\boldsymbol{r},t+\Delta t)} \lim_{\Delta t\to 0}\left\{\frac{\boldsymbol{A}(\boldsymbol{r},t+\Delta t)-\boldsymbol{A}(\boldsymbol{r},t)}{\Delta t}\right\}\cdot d\boldsymbol{S} \\ &\quad + \lim_{\Delta t\to 0}\frac{1}{\Delta t}\left\{\iint_{S(\boldsymbol{r},t+\Delta t)} \boldsymbol{A}(\boldsymbol{r},t)\cdot d\boldsymbol{S} - \iint_{S(\boldsymbol{r},t)} \boldsymbol{A}(\boldsymbol{r},t)\cdot d\boldsymbol{S}\right\} \end{aligned} \tag{A.2}$$

となる。第 1 項の極限は t に関する偏微分となり，第 2 項の極限の｛　｝内はガウスの発散定理より変形ができる。以下に，式 (A.2) の第 2 項の変形について説明する。図 9.2 のように，閉曲線に囲まれた曲面が通過した領域 v を考える。その境界面は閉曲面であり，$S(\boldsymbol{r},t)$, $S(\boldsymbol{r},t+\Delta t)$ および残りの側面 S_{side} より構成される。領域 v において，ベクトル場 $\boldsymbol{A}$ に対してガウスの発散定理 (B.24) を適用すると

$$\begin{aligned} &\iint_{S(\boldsymbol{r},t)} \boldsymbol{A}\cdot(-d\boldsymbol{S}) + \iint_{S(\boldsymbol{r},t+\Delta t)} \boldsymbol{A}\cdot d\boldsymbol{S} \\ &\qquad + \iint_{S_{\mathrm{side}}} \boldsymbol{A}\cdot d\boldsymbol{S} = \iiint_v \nabla\cdot\boldsymbol{A}dv \end{aligned} \tag{A.3}$$

となる。ガウスの発散定理を適用する際，面積分の面素は外向きに選ぶことから，式 (A.3) の左辺第 1 項の面素を $-d\boldsymbol{S}$ としている。領域 v の体積素は，曲面 $S(\boldsymbol{r},t)$ の面

素 $d\boldsymbol{S}$ および閉曲線 $C(\boldsymbol{r},t)$ の微小変位 $\boldsymbol{v}dt$ を用いて，$dv = d\boldsymbol{S}\cdot\boldsymbol{v}dt$ と与えられるので

$$\iiint_v \nabla\cdot\boldsymbol{A}dv = \int_0^{\Delta t}\iint_{S(\boldsymbol{r},t)} \nabla\cdot\boldsymbol{A}(d\boldsymbol{S}\cdot\boldsymbol{v}dt)$$

$$\fallingdotseq \Delta t\iint_{S(\boldsymbol{r},t)} (\boldsymbol{v}\nabla\cdot\boldsymbol{A})\cdot d\boldsymbol{S} \tag{A.4}$$

と近似できる。一方，側面 S_{side} における面素は，閉曲線 $C(\boldsymbol{r},t)$ における線素 $d\boldsymbol{r}$ および閉曲線の微小変位 $\boldsymbol{v}dt$ を用いて，$d\boldsymbol{S} = d\boldsymbol{r}\times\boldsymbol{v}dt$ と与えられるので，Δt が十分に小さいとすれば

$$\iint_{S_{\mathrm{side}}} \boldsymbol{A}\cdot d\boldsymbol{S} = \int_0^{\Delta t}\oint_{C(\boldsymbol{r},t)} \boldsymbol{A}\cdot(d\boldsymbol{r}\times\boldsymbol{v})dt$$

$$\fallingdotseq -\Delta t\oint_{C(\boldsymbol{r},t)} (\boldsymbol{v}\times\boldsymbol{A})\cdot d\boldsymbol{r} \tag{A.5}$$

と近似できる。ここで，スカラー三重積の公式 (B.4) を用いた。式 (A.4) および式 (A.5) を式 (A.3) に代入すると

$$\iint_{S(\boldsymbol{r},t+\Delta t)} \boldsymbol{A}\cdot d\boldsymbol{S} - \iint_{S(\boldsymbol{r},t)} \boldsymbol{A}\cdot d\boldsymbol{S}$$

$$\fallingdotseq \Delta t\left\{\iint_{S(\boldsymbol{r},t)} (\boldsymbol{v}\nabla\cdot\boldsymbol{A})\cdot d\boldsymbol{S} - \oint_{C(\boldsymbol{r},t)} (\boldsymbol{v}\times\boldsymbol{A})\cdot d\boldsymbol{r}\right\}$$

となり，これを式 (A.2) に代入すると

$$\frac{d}{dt}\iint_S \boldsymbol{A}\cdot d\boldsymbol{S} = \iint_S \left\{\frac{\partial\boldsymbol{A}}{\partial t} + \boldsymbol{v}\nabla\cdot\boldsymbol{A}\right\}\cdot d\boldsymbol{S} - \oint_C (\boldsymbol{v}\times\boldsymbol{A})\cdot d\boldsymbol{r} \tag{A.6}$$

が得られる。最後に，式 (A.6) の第 2 項に対してストークスの定理 (B.25) を適用すると式 (A.1) が得られる。

B. ベクトル公式

紙面の都合で本欄には掲載しないが，円筒座標系における勾配，発散，回転，ラプラシアンの成分表示はそれぞれ式 (4.25b), (3.21b), (7.23b), (4.35b) に与えられている。また，球座標系における勾配，発散，回転，ラプラシアンの成分表示はそれぞれ式 (4.25c), (3.21c), (7.23c), (4.35c) に与えられている。

$$\boldsymbol{A}\cdot\boldsymbol{B} = A_xB_x + A_yB_y + A_zB_z \tag{B.1}$$

$$\begin{aligned}\boldsymbol{A}\times\boldsymbol{B} &= \begin{vmatrix}\boldsymbol{a}_x & \boldsymbol{a}_y & \boldsymbol{a}_z\\ A_x & A_y & A_z\\ B_x & B_y & B_z\end{vmatrix}\\ &= \boldsymbol{a}_x(A_yB_z - A_zB_y) + \boldsymbol{a}_y(A_zB_x - A_xB_z)\\ &\quad + \boldsymbol{a}_z(A_xB_y - A_yB_x)\end{aligned} \tag{B.2}$$

$$\boldsymbol{A}\times\boldsymbol{B} = -\boldsymbol{B}\times\boldsymbol{A} \tag{B.3}$$

$$\boldsymbol{A}\cdot(\boldsymbol{B}\times\boldsymbol{C}) = \boldsymbol{B}\cdot(\boldsymbol{C}\times\boldsymbol{A}) = \boldsymbol{C}\cdot(\boldsymbol{A}\times\boldsymbol{B}) \tag{B.4}$$

$$\boldsymbol{A}\times(\boldsymbol{B}\times\boldsymbol{C}) = (\boldsymbol{A}\cdot\boldsymbol{C})\boldsymbol{B} - (\boldsymbol{A}\cdot\boldsymbol{B})\boldsymbol{C} \tag{B.5}$$

$$\nabla f = \boldsymbol{a}_x\frac{\partial f}{\partial x} + \boldsymbol{a}_y\frac{\partial f}{\partial y} + \boldsymbol{a}_z\frac{\partial f}{\partial z} \tag{B.6}$$

$$\nabla\cdot\boldsymbol{A} = \frac{\partial A_x}{\partial x} + \frac{\partial A_y}{\partial y} + \frac{\partial A_z}{\partial z} \tag{B.7}$$

$$\begin{aligned}\nabla\times\boldsymbol{A} &= \begin{vmatrix}\boldsymbol{a}_x & \boldsymbol{a}_y & \boldsymbol{a}_z\\ \dfrac{\partial}{\partial x} & \dfrac{\partial}{\partial y} & \dfrac{\partial}{\partial z}\\ A_x & A_y & A_z\end{vmatrix}\\ &= \boldsymbol{a}_x\left(\frac{\partial A_z}{\partial y} - \frac{\partial A_y}{\partial z}\right) + \boldsymbol{a}_y\left(\frac{\partial A_x}{\partial z} - \frac{\partial A_z}{\partial x}\right)\\ &\quad + \boldsymbol{a}_z\left(\frac{\partial A_y}{\partial x} - \frac{\partial A_x}{\partial y}\right)\end{aligned} \tag{B.8}$$

$$\nabla^2 f = \nabla\cdot(\nabla f) = \frac{\partial^2 f}{\partial x^2} + \frac{\partial^2 f}{\partial y^2} + \frac{\partial^2 f}{\partial z^2} \tag{B.9}$$

$$\nabla^2\boldsymbol{A} = (\nabla^2 A_x)\boldsymbol{a}_x + (\nabla^2 A_y)\boldsymbol{a}_y + (\nabla^2 A_z)\boldsymbol{a}_z \tag{B.10}$$

$$\nabla(f+g) = \nabla f + \nabla g \tag{B.11}$$

$$\nabla(fg) = g\nabla f + f\nabla g \tag{B.12}$$

$$\nabla g(f) = \frac{dg(f)}{df}\nabla f \tag{B.13}$$

$$\nabla \cdot (\boldsymbol{A} + \boldsymbol{B}) = \nabla \cdot \boldsymbol{A} + \nabla \cdot \boldsymbol{B} \tag{B.14}$$

$$\nabla \cdot (f\boldsymbol{A}) = (\nabla f) \cdot \boldsymbol{A} + f\nabla \cdot \boldsymbol{A} \tag{B.15}$$

$$\nabla \cdot (\boldsymbol{A} \times \boldsymbol{B}) = \boldsymbol{B} \cdot (\nabla \times \boldsymbol{A}) - \boldsymbol{A} \cdot (\nabla \times \boldsymbol{B}) \tag{B.16}$$

$$\nabla(\boldsymbol{A} \cdot \boldsymbol{B}) = (\boldsymbol{A} \cdot \nabla)\boldsymbol{B} + (\boldsymbol{B} \cdot \nabla)\boldsymbol{A} + \boldsymbol{A} \times (\nabla \times \boldsymbol{B}) + \boldsymbol{B} \times (\nabla \times \boldsymbol{A}) \tag{B.17}$$

$$\nabla \times (\boldsymbol{A} + \boldsymbol{B}) = \nabla \times \boldsymbol{A} + \nabla \times \boldsymbol{B} \tag{B.18}$$

$$\nabla \times (f\boldsymbol{A}) = (\nabla f) \times \boldsymbol{A} + f\nabla \times \boldsymbol{A} \tag{B.19}$$

$$\nabla \times (\boldsymbol{A} \times \boldsymbol{B}) = \boldsymbol{A}\nabla \cdot \boldsymbol{B} - \boldsymbol{B}\nabla \cdot \boldsymbol{A} + (\boldsymbol{B} \cdot \nabla)\boldsymbol{A} - (\boldsymbol{A} \cdot \nabla)\boldsymbol{B} \tag{B.20}$$

$$\nabla \times (\nabla f) = \boldsymbol{0} \tag{B.21}$$

$$\nabla \cdot (\nabla \times \boldsymbol{A}) = 0 \tag{B.22}$$

$$\nabla \times \nabla \times \boldsymbol{A} = \nabla(\nabla \cdot \boldsymbol{A}) - \nabla^2 \boldsymbol{A} \tag{B.23}$$

$$\iiint_v \nabla \cdot \boldsymbol{A} dv = \oiint_S \boldsymbol{A} \cdot d\boldsymbol{S} \quad \text{（ガウスの発散定理）} \tag{B.24}$$

$$\iint_S \nabla \times \boldsymbol{A} \cdot d\boldsymbol{S} = \oint_C \boldsymbol{A} \cdot d\boldsymbol{r} \quad \text{（ストークスの定理）} \tag{B.25}$$

$$\iiint_v \nabla \times \boldsymbol{A}\, dv = \oiint_S \boldsymbol{n} \times \boldsymbol{A} dS \tag{B.26}$$

$$\iiint_v \nabla f dv = \oiint_S f d\boldsymbol{S} \tag{B.27}$$

$$\iiint_v (f\nabla^2 g + \nabla f \cdot \nabla g) dv = \oiint_S f\nabla g \cdot d\boldsymbol{S} \tag{B.28}$$

$$\iiint_v (f\nabla^2 g - g\nabla^2 f) dv = \oiint_S (f\nabla g - g\nabla f) \cdot d\boldsymbol{S} \tag{B.29}$$

C. 積 分 公 式

以下に，本書で取り扱った例題，章末問題において利用する積分公式を掲載する。

$$\int \frac{dx}{(x^2+a^2)^{3/2}} = \frac{x}{a^2\sqrt{x^2+a^2}} \tag{C.1}$$

$$\int \frac{xdx}{(x^2+a^2)^{3/2}} = -\frac{1}{\sqrt{x^2+a^2}} \tag{C.2}$$

$$\int \frac{dx}{x^2+a^2} = \frac{1}{a}\tan^{-1}\frac{x}{a} \tag{C.3}$$

$$\int \frac{dx}{\sqrt{x^2+a^2}} = \ln\left(x+\sqrt{x^2+a^2}\right) \tag{C.4}$$

$$\int \frac{dx}{x\sqrt{x^2+a^2}} = -\frac{1}{a}\ln\left|\frac{\sqrt{x^2+a^2}+a}{x}\right| \quad (a>0) \tag{C.5}$$

$$\int_0^{2\pi} \ln(\alpha-\cos\phi)d\phi = 2\pi\ln\left(\frac{\alpha+\sqrt{\alpha^2-1}}{2}\right) \quad (\alpha>1) \tag{C.6}$$

$$\int_0^{2\pi} \frac{d\phi}{a+b\cos\phi} = \frac{2\pi}{\sqrt{a^2-b^2}} \quad (a>b>0) \tag{C.7}$$

参　考　文　献

1) 永田一清：静電気，培風館 (1987)
2) 新井宏之：よくわかる電磁気学，オーム社 (1994)
3) W. H. Hayt, Jr.，山中惣之助，岡本孝太郎，宇佐美興一 訳：改訂新版 工学系の基礎電磁気学，朝倉書店 (1995)
4) R. A. Serway，松村博之 訳：科学者と技術者のための物理学 III　電磁気学，学術図書 (1995)
5) 関根松夫，佐野元昭：電磁気学を理解する，昭晃堂 (1996)
6) 佐川弘幸，本間道雄：電磁気学，シュプリンガー・フェアラーク東京 (1997)
7) 小柴正則：基礎からの電磁気学，培風館 (1998)
8) 小塚洋司：電気磁気学——その物理像と詳論，森北出版 (1998)
9) 太田浩一：電磁気学の基礎 I，シュプリンガー・ジャパン (2007)
10) 和達三樹：物理のための数学，岩波書店 (1983)
11) 和達三樹：微分積分，岩波書店 (1988)
12) 丸山武男，石井望：要点がわかるベクトル解析，コロナ社 (2007)
13) L. C. Shen and J. A. Kong : *Applied Electromagnetism, 3rd Ed.*, PWS Publishing Company (1987)
14) D. K. Cheng : *Field and Wave Electromagnetics, 2nd Ed.*, Addison-Wesley (1989)
15) C. R. Paul, K. W. Whites and S. A. Nasar : *Introduction to Electromagnetic Fields, 3rd Ed.*, McGraw-Hill (1998)
16) W. H. Hayt, Jr. and J. A. Buck : *Engineering Electromagnetics, 6th Ed.*, McGraw-Hill (2001)
17) D. A. de Wolf : *Essentials of Electromagnetics for Engineering*, Cambridge University Press (2001)

章末問題略解

1章

【3】 $\boldsymbol{a}_\phi/\rho$

【4】 半径を a として，$2\pi a$

【5】 円錐の底面の半径を a，母線の長さを l として，πal

【6】 円柱の底面の半径を a，高さの長さを h として，$\pi a^2 h$

【7】 半径を a として，$4\pi a^3/3$

2章

【1】 $B(1, \sqrt{\sqrt{5}-2}, 0)$

【2】 例題 2.1 で，積分範囲を $0 \leqq z' < \infty$ とすればよい。

$$\boldsymbol{E} = \frac{\rho_l}{4\pi\varepsilon_0\rho}\left\{\left(1 + \frac{z}{\sqrt{\rho^2+z^2}}\right)\boldsymbol{a}_\rho - \frac{\rho}{\sqrt{\rho^2+z^2}}\boldsymbol{a}_z\right\}$$

【3】 $\boldsymbol{E} = \dfrac{\rho_l}{2\pi\varepsilon_0\rho}\dfrac{L}{\sqrt{\rho^2+L^2}}\boldsymbol{a}_\rho$

【4】 (1) $\boldsymbol{E} = \dfrac{\rho_l}{2\varepsilon_0}\dfrac{za}{(z^2+a^2)^{3/2}}\boldsymbol{a}_z$

(2) $\boldsymbol{E} = \boldsymbol{0}$

(3) $z = \pm\dfrac{a}{\sqrt{2}}$ において $E_{\max} = \dfrac{\rho_l}{3\sqrt{3}\varepsilon_0 a}$

【5】 $\boldsymbol{E} = \dfrac{\rho_s}{2\varepsilon_0}\left(\mathrm{sgn}(z) - \dfrac{z}{\sqrt{z^2+a^2}}\right)\boldsymbol{a}_z$

【6】 $\boldsymbol{E} = \dfrac{\rho_s}{\pi\varepsilon_0}\tan^{-1}\left(\dfrac{W}{z}\right)\boldsymbol{a}_z$

3章

【1】 z 軸に平行な直線

【2】 $r < a$ のとき $\Psi = 0$，$r > a$ のとき $\Psi = Q$

【4】 $r < a$ のとき $\boldsymbol{E} = \boldsymbol{0}$，$r > a$ のとき $\boldsymbol{E} = \dfrac{\rho_s a^2}{\varepsilon_0 r^2}\boldsymbol{a}_r$

【5】 $r < a$ のとき $\boldsymbol{E} = \dfrac{\rho_v r}{3\varepsilon_0}\boldsymbol{a}_r$，$r > a$ のとき $\boldsymbol{E} = \dfrac{\rho_v a^3}{3\varepsilon_0 r^2}\boldsymbol{a}_r$

【6】 $\rho < a$ のとき $\boldsymbol{E} = \boldsymbol{0}$，$\rho > a$ のとき $\boldsymbol{E} = \dfrac{\rho_s a}{\varepsilon_0 \rho}\boldsymbol{a}_\rho$

【7】 $\rho < a$ のとき $\boldsymbol{E} = \dfrac{\rho_v \rho}{2\varepsilon_0}\boldsymbol{a}_\rho$， $\rho > a$ のとき $\boldsymbol{E} = \dfrac{\rho_v a^2}{2\varepsilon_0 \rho}\boldsymbol{a}_\rho$

【8】 $|z| < d$ のとき $\boldsymbol{E} = \dfrac{\rho_v z}{\varepsilon_0}\boldsymbol{a}_z$， $|z| > d$ のとき $\boldsymbol{E} = \dfrac{\rho_v d}{\varepsilon_0}\mathrm{sgn}(z)\boldsymbol{a}_z$

4章

【1】 $\left(5/3 - 3\sqrt{3}\right)Q$

【2】 $z = 0$

【4】 $V = \dfrac{\rho_s}{2\varepsilon_0}\left(-|z| + \sqrt{z^2 + a^2} - a\right)$， $a \to \infty$ のとき $V = -\dfrac{\rho_s}{2\varepsilon_0}|z|$

【5】 $\rho < a$ のとき $V = \dfrac{\rho_s a}{\varepsilon_0}\ln\dfrac{b}{a}$， $\rho > a$ のとき $V = \dfrac{\rho_s a}{\varepsilon_0}\ln\dfrac{b}{\rho}$

【6】 $\rho < a$ のとき $V = \dfrac{\rho_v}{2\varepsilon_0}\left(a^2\ln\dfrac{b}{a} - \dfrac{\rho^2 - a^2}{2}\right)$， $\rho > a$ のとき $V = \dfrac{\rho_v a^2}{2\varepsilon_0}\ln\dfrac{b}{\rho}$

【7】 $r < a$ のとき $V = \dfrac{\rho_s a}{\varepsilon_0}$， $r > a$ のとき $V = \dfrac{\rho_s a^2}{\varepsilon_0 r}$

【8】 $r < a$ のとき $V = \dfrac{\rho_v}{2\varepsilon_0}\left(a^2 - \dfrac{r^2}{3}\right)$， $r > a$ のとき $V = \dfrac{\rho_v a^3}{3\varepsilon_0 r}$

【9】 $V = \dfrac{Qd^2(3\cos^2\theta - 1)}{4\pi\varepsilon_0 r^3}$， $\boldsymbol{E} = \dfrac{3Qd^2}{4\pi\varepsilon_0 r^4}\left\{(3\cos^2\theta - 1)\boldsymbol{a}_r + 2\sin\theta\cos\theta\boldsymbol{a}_\theta\right\}$

5章

【1】 (1) $\boldsymbol{E}_1 = \boldsymbol{E}_2 = \dfrac{Q}{4\pi\varepsilon_0 r^2}\boldsymbol{a}_r$, $V_1 = \dfrac{Q}{4\pi\varepsilon_0}\left(\dfrac{1}{a} - \dfrac{1}{b} + \dfrac{1}{c}\right)$, $V_2 = \dfrac{Q}{4\pi\varepsilon_0 c}$

(2) $\boldsymbol{E}_1 = \boldsymbol{0}$, $\boldsymbol{E}_2 = \dfrac{Q}{4\pi\varepsilon_0 r^2}\boldsymbol{a}_r$, $V_1 = V_2 = \dfrac{Q}{4\pi\varepsilon_0 c}$

(3) $\boldsymbol{E}_1 = \dfrac{Q}{4\pi\varepsilon_0 r^2}\boldsymbol{a}_r$, $\boldsymbol{E}_2 = \boldsymbol{0}$, $V_1 = \dfrac{Q}{4\pi\varepsilon_0}\left(\dfrac{1}{a} - \dfrac{1}{b}\right)$, $V_2 = 0$

【2】 $V = V_0\dfrac{1/r - 1/b}{1/a - 1/b}$

【3】 (2) $Q'/Q = -a/d$

【4】 $r < a$ のとき $V = \dfrac{\rho_v}{3\varepsilon_0}\left(a^2 + \dfrac{a^2 - r^2}{2\varepsilon_r}\right)$， $r > a$ のとき $V = \dfrac{\rho_v a^3}{3\varepsilon_0 r}$

【7】 $\boldsymbol{F} = \dfrac{Q^2}{16\pi\varepsilon_0 d^2}\dfrac{\varepsilon_0 - \varepsilon}{\varepsilon_0 + \varepsilon}\boldsymbol{a}_z$

【8】 (1) $c = \sqrt{ab}$

(2) $C = \dfrac{4\pi\varepsilon_0}{(1/\varepsilon_{r1} + 1/\varepsilon_{r2})\ln(b/a)}$

【9】 $C = \dfrac{\pi\varepsilon_0(\varepsilon_{r1} + \varepsilon_{r2})}{\ln(b/a)}$

【10】 $C = \dfrac{\pi\varepsilon_0\{(2 - \sqrt{3})\varepsilon_{r1} + (2 + \sqrt{3})\varepsilon_{r2}\}}{1/a - 1/b}$

6章

【2】 $C = \varepsilon \oiint_S \boldsymbol{E} \cdot d\boldsymbol{S} \bigg/ \left(-\int_-^+ \boldsymbol{E} \cdot d\boldsymbol{r}\right),\ R = \left(-\int_-^+ \boldsymbol{E} \cdot d\boldsymbol{r}\right) \bigg/ \sigma \oiint_S \boldsymbol{E} \cdot d\boldsymbol{S}$

7章

【1】 正方形の頂点を $(\pm a/2, \pm a/2, 0)$ とし，$\boldsymbol{H} = \dfrac{Ia^2}{2\pi(z^2 + a^2/4)\sqrt{z^2 + a^2/2}}\boldsymbol{a}_z$

【2】 $\boldsymbol{H} = -(I/4a)\boldsymbol{a}_z$

【3】 $N_A/a^2 = N_B/b^2$

【5】 $\rho < a$ のとき $\boldsymbol{H} = \boldsymbol{0}$，$\rho > a$ のとき $\boldsymbol{H} = \dfrac{I}{2\pi\rho}\boldsymbol{a}_\phi$

【6】 $x = d$ で $\boldsymbol{J}_s = (I/w)\boldsymbol{a}_z$，$x = 0$ で $\boldsymbol{J}_s = (-I/w)\boldsymbol{a}_z$ として，$\boldsymbol{H} = (-I/w)\boldsymbol{a}_y$

【9】 (1) $B_\rho = 0,\ B_\phi = -\dfrac{dA_z(\rho)}{d\rho},\ B_z = 0$

(2) $\boldsymbol{A} = \left(-\dfrac{\mu_0 I}{2\pi}\ln\rho + C\right)\boldsymbol{a}_z$，$C$ は定数

8章

【1】 角速度 $\omega_c = |Q|B/m$，半径 $R = mv_0/|Q|B$ の等速円運動

【2】 $y = \dfrac{eV}{\omega_c^2 md}(\sin\omega_c t - \omega_c t),\ z = \dfrac{eV}{\omega_c^2 md}(1 - \cos\omega_c t),\ \omega_c = \dfrac{eB}{m}$

【3】 直線電流 I_1 を z 軸，円電流 I_2 を yz 平面に選び，$\boldsymbol{F} = \mu_0 I_1 I_2 \left(1 - \dfrac{d}{\sqrt{d^2 - a^2}}\right)\boldsymbol{a}_y$

【4】 $\boldsymbol{F}_{\text{half circle}} = -2IaB\boldsymbol{a}_z$

【5】 半径 a の円形ループを xy 平面に設定すれば，$\boldsymbol{T} = I(\pi a^2)(-B_y\boldsymbol{a}_x + B_x\boldsymbol{a}_y)$

【6】 $L = \mu_0 n^2(\pi a^2)$

【7】 $L = \mu N^2(a - \sqrt{a^2 - b^2})$

【8】 $M = \mu_0 \pi a_2^2 N_1 N_2 \cos\theta / l_1$

【9】 $M = \dfrac{\mu_0}{2\pi}\left\{l \ln\dfrac{\sqrt{d^2 + l^2} + l}{d} - \sqrt{d^2 + l^2} + d\right\}$，$M \fallingdotseq \dfrac{\mu_0 l}{2\pi}\left(\ln\dfrac{2l}{d} - 1\right)$

【10】 $M = \mu_0(d - \sqrt{d^2 - a^2})$

9章

【1】 $V_e = -N\Phi_0 \omega \cos\omega t$

【2】 $V_e = -N\mu_0 HS\omega \cos\omega t$

【3】 $V_e = -\omega B_0 l^2/2$

【4】 $\rho \leqq a$ のとき $\boldsymbol{E} = -\dfrac{\omega B_0 \cos\omega t}{2}\rho\boldsymbol{a}_\phi$，$\rho > a$ のとき $\boldsymbol{E} = -\dfrac{\omega B_0 \cos\omega t}{2}\dfrac{a^2}{\rho}\boldsymbol{a}_\phi$

【5】 内導体，外導体の内部の透磁率を μ とするとき

$$L=\frac{\mu}{8\pi}+\frac{\mu_0}{2\pi}\ln\frac{b}{a}+\frac{\mu}{2\pi}\left[\frac{c^4}{(c^2-b^2)^2}\ln\frac{c}{b}-\frac{3c^2-b^2}{4(c^2-b^2)}\right]$$

【6】 直線電流 I_1 を z 軸, 円電流 I_2 を yz 平面に選び, $\boldsymbol{F}=\mu_0 I_1 I_2\left(1-\dfrac{d}{\sqrt{d^2-a^2}}\right)\boldsymbol{a}_y$

【8】 $v=\pm 1/\sqrt{\mu\varepsilon}$

10章

【1】 $\langle W_e\rangle=\iiint_v \dfrac{\varepsilon}{4}\widetilde{\boldsymbol{E}}\cdot\widetilde{\boldsymbol{E}}^* dv$, $\langle W_m\rangle=\iiint_v \dfrac{\mu}{4}\widetilde{\boldsymbol{H}}\cdot\widetilde{\boldsymbol{H}}^* dv$, $\langle P_l\rangle=\iiint_v \dfrac{\sigma}{2}\widetilde{\boldsymbol{E}}\cdot\widetilde{\boldsymbol{E}}^* dv$,

$\langle P_s\rangle=\iiint_v \mathrm{Re}\left[\dfrac{1}{2}\widetilde{\boldsymbol{E}}\cdot\widetilde{\boldsymbol{J}}_0^*\right]dv$

【4】 損失媒質中において z 方向に進行する平面波として $\widetilde{\boldsymbol{E}}=E_0 e^{-\gamma z}\boldsymbol{a}_x$, $\widetilde{\boldsymbol{H}}=\dfrac{E_0}{Z_w}e^{-\gamma z}\boldsymbol{a}_y$ を考えると, その複素ポインティングベクトルは $\widetilde{\boldsymbol{S}}_p=\dfrac{|E_0|^2}{2Z_w}e^{-2\alpha z}\boldsymbol{a}_z$ となる。これから，進行方向に対して指数関数的に減衰する。

【5】 (2) $\langle\boldsymbol{E}\times\boldsymbol{H}\rangle=\dfrac{E_0H_0(1-|\varGamma|^2)}{2}\boldsymbol{a}_z$

索　　引

―― 著者略歴 ――

1989年　北海道大学工学部電子工学科卒業
1991年　北海道大学大学院工学研究科修士課程修了（電子工学専攻）
1991年　北海道大学助手
1996年　博士（工学）（北海道大学）
1998年　新潟大学助教授
2007年　新潟大学准教授
現在に至る

要点がわかる**電磁気学**
Elementary Electromagnetism

2009年 4 月30日　初版第 1 刷発行
2022年10月 5 日　初版第 5 刷発行

検印省略

著　者　石井（いしい）　望（のぞむ）
発行者　株式会社　コロナ社
　　　　代表者　牛来真也
印刷所　三美印刷株式会社
製本所　有限会社　愛千製本所

112–0011　東京都文京区千石 4–46–10
発行所　株式会社　コロナ社
CORONA PUBLISHING CO., LTD.
Tokyo Japan
振替 00140–8–14844・電話(03)3941–3131(代)
ホームページ　https://www.coronasha.co.jp

ISBN 978–4–339–00806–7　C3054　Printed in Japan　（岩崎）

電子情報通信レクチャーシリーズ

（各巻B5判，欠番は品切または未発行です）

■電子情報通信学会編

共　通

	配本順	書名	著者	頁	本体
A-1	（第30回）	電子情報通信と産業	西村吉雄著	272	4700円
A-2	（第14回）	電子情報通信技術史 ―おもに日本を中心としたマイルストーン―	「技術と歴史」研究会編	276	4700円
A-3	（第26回）	情報社会・セキュリティ・倫理	辻井重男著	172	3000円
A-5	（第6回）	情報リテラシーとプレゼンテーション	青木由直著	216	3400円
A-6	（第29回）	コンピュータの基礎	村岡洋一著	160	2800円
A-7	（第19回）	情報通信ネットワーク	水澤純一著	192	3000円
A-9	（第38回）	電子物性とデバイス	益一哉 天川修平共著	244	4200円

基　礎

	配本順	書名	著者	頁	本体
B-5	（第33回）	論理回路	安浦寛人著	140	2400円
B-6	（第9回）	オートマトン・言語と計算理論	岩間一雄著	186	3000円
B-7	（第40回）	コンピュータプログラミング ―Pythonでアルゴリズムを実装しながら問題解決を行う―	富樫敦著	208	3300円
B-8	（第35回）	データ構造とアルゴリズム	岩沼宏治他著	208	3300円
B-9	（第36回）	ネットワーク工学	田村裕 中野敬介 仙石正和共著	156	2700円
B-10	（第1回）	電磁気学	後藤尚久著	186	2900円
B-11	（第20回）	基礎電子物性工学 ―量子力学の基本と応用―	阿部正紀著	154	2700円
B-12	（第4回）	波動解析基礎	小柴正則著	162	2600円
B-13	（第2回）	電磁気計測	岩﨑俊著	182	2900円

基　盤

	配本順	書名	著者	頁	本体
C-1	（第13回）	情報・符号・暗号の理論	今井秀樹著	220	3500円
C-3	（第25回）	電子回路	関根慶太郎著	190	3300円
C-4	（第21回）	数理計画法	山下信雄 福島雅夫共著	192	3000円

配本順		書名	著者	頁	本体
C-6	(第17回)	インターネット工学	後藤滋樹・外山勝保共著	162	2800円
C-7	(第3回)	画像・メディア工学	吹抜敬彦著	182	2900円
C-8	(第32回)	音声・言語処理	広瀬啓吉著	140	2400円
C-9	(第11回)	コンピュータアーキテクチャ	坂井修一著	158	2700円
C-13	(第31回)	集積回路設計	浅田邦博著	208	3600円
C-14	(第27回)	電子デバイス	和保孝夫著	198	3200円
C-15	(第8回)	光・電磁波工学	鹿子嶋憲一著	200	3300円
C-16	(第28回)	電子物性工学	奥村次徳著	160	2800円

展　開

配本順		書名	著者	頁	本体
D-3	(第22回)	非線形理論	香田徹著	208	3600円
D-5	(第23回)	モバイルコミュニケーション	中川正雄・大槻知明共著	176	3000円
D-8	(第12回)	現代暗号の基礎数理	黒澤馨・尾形わかは共著	198	3100円
D-11	(第18回)	結像光学の基礎	本田捷夫著	174	3000円
D-14	(第5回)	並列分散処理	谷口秀夫著	148	2300円
D-15	(第37回)	電波システム工学	唐沢好男・藤井威生共著	228	3900円
D-16	(第39回)	電磁環境工学	徳田正満著	206	3600円
D-17	(第16回)	VLSI工学 —基礎・設計編—	岩田穆著	182	3100円
D-18	(第10回)	超高速エレクトロニクス	中村徹・三島友義共著	158	2600円
D-23	(第24回)	バイオ情報学 —パーソナルゲノム解析から生体シミュレーションまで—	小長谷明彦著	172	3000円
D-24	(第7回)	脳工学	武田常広著	240	3800円
D-25	(第34回)	福祉工学の基礎	伊福部達著	236	4100円
D-27	(第15回)	VLSI工学 —製造プロセス編—	角南英夫著	204	3300円

定価は本体価格+税です。
定価は変更されることがありますのでご了承下さい。

図書目録進呈◆